国家出版基金项目
NATIONAL PUBLICATION FOUNDATION

丛书主编　于康震

动 物 疫 病 防 控 出 版 工 程

非洲猪瘟

AFRICAN
SWINE FEVER

U0395128

王志亮　吴晓东　王君玮 ｜ 主编

中国农业出版社

图书在版编目（CIP）数据

非洲猪瘟/王志亮，吴晓东，王君玮主编. —北京：中国农业出版社，2015.10（2019.1重印）
（动物疫病防控出版工程/于康震主编）
ISBN 978-7-109-20909-1

Ⅰ.①非… Ⅱ.①王…②吴… Ⅲ.①非洲猪瘟病毒－防治 Ⅳ.①S852.65

中国版本图书馆CIP数据核字（2015）第216299号

中国农业出版社出版
（北京市朝阳区麦子店街18号楼）
（邮政编码100125）
策划编辑　黄向阳　邱利伟
责任编辑　郭永立

北京通州皇家印刷厂印刷　新华书店北京发行所发行
2015年12月第1版　2019年1月北京第3次印刷

开本：710mm×1000mm　1/16　印张：18.25
字数：400千字
定价：70.00元
（凡本版图书出现印刷、装订错误，请向出版社发行部调换）

本书编写人员

主　编　王志亮　吴晓东　王君玮
副主编　李金明
编　者（按姓氏笔画排序）

王　华	王志亮	王君玮
王淑娟	戈胜强	包静月
任伟杰	刘拂晓	刘雨田
刘春菊	李　林	李长友
李金明	吴发兴	吴晓东
吴延功	邹艳丽	宋建德
迟田英	张永强	张志诚
张　昱	张鑫宇	陈国胜
姜　雯	侯玉慧	徐天刚
龚振华	蔺　东	

总　序

近年来，我国动物疫病防控工作取得重要成效，动物源性食品安全水平得到明显提升，公共卫生安全保障水平进一步提高。这得益于国家政策的大力支持，得益于广大动物防疫人员的辛勤工作，更得益于我国兽医科技不断进步所提供的强大支撑。

当前，我国正处于加快建设现代养殖业的历史新阶段，人民生活水平的提高，不仅要求我国保持世界最大规模的养殖总量，以满足动物产品供给；还要求我们不断提高养殖业的整体质量效益，不断提高动物产品的安全水平；更要求我们最大限度地减少养殖业给人类带来的疫病风险和环境压力。要解决这些问题，最根本的出路还是要依靠科技进步。

2012年5月，国务院审议通过了《国家中长期动物疫病防治规划（2012—2020年）》，这是新中国成立以来，国务院发布的第一个指导全国动物疫病防治工作的综合性规划，具有重要的标志性意义。为配合此规划的实施，及时总结、推广我国最新兽医科技创新成果，同时借鉴国外先进的研究成果和防控经验，我们通过顶层设计规划了《动物疫病防控出版工程》，以期通过系列专著出版，及时将研究成果转化和传播到疫病防控一线，全面提高从业人员素质，提高我国动物疫病防控能力和水平。

本出版工程站在我国动物疫病防控全局的高度，力求权威性、科学性、指导性和实用性相兼容，致力于将动物疫病防控成果整体规划实施，重点把国家优先防治和重点防范的动物疫病、人兽共患病和重大外来动物疫病纳入项目中。全套书共31分册，其中原创专著21部，是根据我国当前动物疫病防控工作的实际需要而规划，每本书的主编都是编委会反复酝酿选定的、有一定行业公认度的、长期在单个疫病研究领域有较高造诣的专家；同时引进世界兽医名著10本，以借鉴世界同行的先进技术，弥补我国在某些领域的不足。

　　本套出版工程得到国家出版基金的大力支持。相信这些专著的出版，将会有力地促进我国动物疫病防控水平的提升，推动我国兽医卫生事业的发展，并对兽医人才培养和兽医学科建设起到积极作用。

农业部副部长

非洲猪瘟为世界动物卫生组织（OIE）法定报告疫病，我国将其列为一类病、外来病，是当前我国动物疫病防控的重点对象。该病可通过动物及其产品的移动、野生动物迁徙和媒介昆虫等途径传播。近年来，非洲猪瘟在俄罗斯及东欧国家持续流行，传入我国的风险极大，一旦传入，将给国家畜牧业生产造成难以估量的损失，甚至影响社会稳定。由于非洲猪瘟在我国属于外来动物疫病，其病原特性、流行特点、防控措施等尚未被充分了解，存在不能及时识别甚至误诊的风险，从而贻误防控最佳时机。

为提高我国养猪从业人员对非洲猪瘟的认知能力，提高兽医人员及时识别诊断的能力，指导各级各类人员提高非洲猪瘟防控意识和管理水平，国家外来动物疫病研究中心结合数年来从事非洲猪瘟等多种外来动物疫病研究、检测及监测的经验，编写了《非洲猪瘟》一书。全书共分7章，对全球非洲猪瘟发生、流行与控制概况，病原学、流行病学、临床与病理学、实验室诊断技术、免疫与疫苗，以及我国的预防控制措施等内容进行了系统阐述。内容简洁、实用、新颖，适用于科研院所、大专院校、畜牧兽医管理部门、养殖场户等从业人员参考，也可作为农业、医学、卫生、生物类技术和管理人员的参考资料。

本书由多年从事非洲猪瘟研究的技术专家主持编写，并组织多位外来病研究、诊断、检测的专家共同收集资料，经反复论证、修改完成。但限于作者的学识水平，书中难免存在不妥和错漏之处，恳请广大读者指正。

本书的策划、编写和出版得到了农业部兽医局、中国动物卫生与流行病学中心领导和有关专家的大力支持，在此谨表谢意。同时，对参与本书编写的工作人员致以真诚的感谢！

编者

2015年3月

目 录

第一章

非洲猪瘟发生、流行和控制概况

非洲猪瘟（African swine fever，ASF）是由非洲猪瘟病毒（African swine fever virus，ASFV）感染引起的猪的一种急性、热性、高度接触性传染病，又称非洲猪瘟疫或疣猪病。临床以高热、食欲废绝、皮肤和内脏器官出血、高死亡率为特征。该病属于世界动物卫生组织（OIE）要求法定报告的动物疫病，我国动物病原微生物名录中将其列为一类动物疫病。本章着重介绍非洲猪瘟疫情的发生、流行现状及疫情暴发国家的控制情况等内容。

第一节　历史与分布

非洲猪瘟缘起非洲。据文献记载分析，非洲猪瘟疫情最早可以追溯到20世纪初期。1921年，非洲东部的肯尼亚首次确认非洲猪瘟疫情[1]，之后，陆续蔓延至欧洲、南美洲、欧亚交界处的欧洲地区。

一、非洲

（一）东部非洲

1909—1915年肯尼亚的家猪暴发非洲猪瘟疫情，共造成1 366头猪感染，1 352头猪死亡，死亡率高达98.9%。疫情溯源显示，这起疫情是由于家猪与野生动物尤其疣猪（Warthogs：*Phacochoerus aethiopicus*和*Phacochoerus africanus*）密切接触引起。1921年，病毒学家Montgomery[1]对肯尼亚的疫情进行了系统研究，认为疫情传染源为携带病毒而不表现症状的疣猪，首次指出这是一种病毒病，并对非洲猪瘟进行了系统的描述。此后，大多数亚撒哈拉地区的非洲国家均有非洲猪瘟疫情的报道。最初报告多来自东部和南部非洲国家，这些地区可能很长时间以来就有感染ASFV的野生动物宿主存在。但非洲猪瘟很快就传播到中西部非洲，进而传播到印度洋岛国——马达加斯加（1998）[2]、毛里求斯（2007）[3]。20世纪60年代和90年代、2007年，肯尼亚分别再次暴发非洲猪瘟。2001年以来，布隆迪、坦桑尼亚也有过疫情报道。

（二）南部非洲

由于经常有感染ASFV的野猪（warthogs）出没，所以南非北部一狭长地带被认定为非洲猪瘟流行区。1933—1934年间，南非暴发非洲猪瘟，1.1万头猪感染，其中8 000多头猪死亡，2 000多头猪被扑杀，仅存活862头。此后，赞比亚、莫桑比克、博茨瓦纳连续报道有疫情发生。1989年，马拉维首次报道暴发非洲猪瘟。1998年以后马达加斯加有非洲猪瘟发生的报道。2001年以来，南非、赞比亚、马达加斯加、莫桑比克等国家再度报告疫情。

（三）中、西部非洲

从1958年开始，塞内加尔、冈比亚、佛得角群岛和几内亚比绍也一直有非洲猪瘟流行。1973年在尼日利亚暴发非洲猪瘟疫情。1996年科特迪瓦大面积暴发非洲猪瘟疫情，直到1996年10月才扑灭；2014年8月，科特迪瓦再次发生疫情，600多头猪发病死亡。喀麦隆在1982年首次报道非洲猪瘟后，该病一直在流行。贝宁于1997年报道疫情，紧接着蔓延至多哥、尼日利亚（1997）、刚果民主共和国（1998）。1999年10月，加纳发生疫情，当局采取紧急控制措施。2010年，中非共和国首次报告发生疫情，直到2012年才得到控制。2001年以来，塞内加尔、喀麦隆、刚果民主共和国、刚果（布）、多哥、贝宁、加纳、尼日利亚、肯尼亚等国家再次报告非洲猪瘟疫情。

（四）非洲北部

至今尚没有非洲猪瘟发生的报道。

在非洲，由于部分国家内乱不断，疫病报告机制迟滞、落后，非洲猪瘟在一些非洲国家的疫情状况仍不清楚。有些国家没有报告疫情发生，但并不能说明这些国家不存在该病。

非洲猪瘟在非洲国家的传播经过见表1-1。

表1-1　非洲猪瘟从东部和南部非洲国家传入其他非洲国家日期及简史

（资料来源：Jose Manuel Sánchez-Vizcaíno，等，2009）

国家	日期	简述	数据来源
几内亚比绍	1958	没有首次传入的信息，但依流行状况推测可能是1958年之后	Sarr, 1990
塞内加尔	1959	传入Dakar某农场，可疑传染源为从几内亚比绍购入猪只	Sarr, 1990
	自1959年后	没有官方报告，但所有养猪地区均发生慢性型ASF，成为病毒携带者	Gilbert & Memery (nd)
	1978	第一次官方报告，但可能早已经存在	FAO, 1998a
	1986—1989	每年在Ziguinchor、Fatick、Thies和Dakar多次发生	Sarr, 1990
	1996—2005	每年在Casamance、Sine-Saloum和Thies地区暴发1~5次，只有商业化农场发病暴发官方才报告	FAO, 1998a
尼日利亚	1973	首次报告	FAO, 1998a
	1997	自Lagos和Ogun州传入，来源于贝宁	FAO, 1998a
	1998	扩散至有大型商业化农场的Benue区（<60 000头猪死亡）	FAO, 1998d
	2001	在大学的教学和研究实验场以及Ibadan市的其他地区暴发，传染源不清楚	Babalobi, 2003

（续）

国家	日期	简述	数据来源
苏丹	1978	2 次暴发	Sanchez Botija, 1982
圣多美和普林西比民主共和国	1979	与接收来自安哥拉的猪肉的农场相邻的一养殖场暴发 1 起疫情，死亡或紧急屠宰 7 000 头猪。没有进一步传播的信息	Sanchez Botija, 1982
佛得角共和国	1980	首次在 Santiago 岛报告疫情	FAO, 1998b
	1985	传入后至少在 Maio 和 Santiago 地区流行，一年春季和冬季各一次发病 / 死亡高峰	FAO, 1998c
	1998	暴发后对养猪业造成了毁灭性灾难	FAO, 1998c
喀麦隆	1982	50% 猪只死亡，扑杀政策导致小养殖户放弃养猪。可疑传染源来源于欧洲。传入后，在本国流行，每年零星暴发	FAO, 1998a
乍得	1983—1985	疫情暴发可能由喀麦隆传入	Sanchez Botija, 1982
科特迪瓦	1996	首先在 Agban 暴发，之后传播到 Adidjan 地区的养殖场。Adidjan 地区疫情是由于购入 Agban 地区的发病猪肉引起的，结果导致 22 000 头猪死亡，紧急屠宰 100 000 头猪	FAO, 1997
贝宁	1997—1999	从 Nokoué 湖的 Hindé 地区和 Cotonou 的 Dantokpa 国际交易市场传入，主要在中、南部的 tlantique、Mono、Ouémé 和 Zou 地区，暴发 1 781 起疫情，350 000 头猪死亡，扑杀 42 000 头猪	FAO, 1998a, Ayissiwebe, 2004
	2000	在上述同样四个区暴发 51 起疫情	Ayissiwebe, 2004
	2001	扩散到 Natitingou 和 Parakou 地区，暴发 47 起疫情	Ayissiwebe, 2004
多哥	1997	从与贝宁接壤的边境传入，进一步扩散到南部区域，疫情导致 4 000 ~ 5 000 头猪死亡，2 500 头猪紧急屠宰	FAO, 1998a
	1998	扩散至洛美（Lomé）和位于贝宁、加纳、布基纳法索三国交界的卡拉（Kara）地区	FAO, 1998a
	2002	在与加纳接壤的 Bassar 地区暴发 1 起疑似疫情	

（续）

国家	日期	简述	数据来源
加纳	1999	传入后扩散到 Greater Accra 地区的 Dangme 东部，中部的 Awutu Efutu Senya 地区以及 Volta 地区的 Tongu 南部，600 头猪死亡，紧急屠宰 6 927 头猪	FAO, 2000
	2002	Zabzugu 地区再次发生，可疑传染源来源于多哥。病毒毒力极强，发病群猪只全部死亡	FAO, 2002
冈比亚	2000	Greater Banjul 地区首先暴发，之后扩散至西部、北部，共 38 个疫点、1 0291 个病例、死亡 8 511 头猪	FAO, 2001
布基纳法索	2003—2005	与多哥和贝宁接壤的 Kompienga 地区首先发生，进而传播到 Kadiogo 省的 Cantral 区 (Kadiogo 省 90% 的猪只死亡)，再传播至中南部地区和中部山区	Rey-Herme, 2004;OIE, 2005
马达加斯加	1997	首次从非洲大陆的东部海岸传播到该岛的南部，并进一步传播到除北部和西部的其他地区	Rousset, 2001
	自 1998 年后	整个国家多次报告 ASF 疫情，说明一直在流行，但还有大量疫情没有报告	

二、欧洲

　　历史上，1957年非洲猪瘟第一次传出非洲大陆，从非洲西南部的安哥拉传入葡萄牙的里斯本。尽管当时疫情很快被扑灭，但1960年再次在里斯本地区暴发，并在亚平宁半岛广泛流行。之后，在欧洲其他国家也有陆续报道，如西班牙（1960—1995）、法国（1964，1967，1977）、意大利（1967，1980）、前苏联（1977）、马耳他（1978）、比利时（1985）和荷兰（1986）。疫情在这些国家得到了有效控制，多数很快或数年后被彻底根除，但在意大利的撒丁岛自从1982年传入后至今仍在流行[4]。

2007年非洲猪瘟进一步跨洲传播至位于欧亚接壤的高加索地区。由于没能及时确诊，导致疫情在格鲁吉亚广泛传播并波及亚美尼亚、阿塞拜疆。同年，疫情传入俄罗斯联邦的车臣共和国，最后扩散至北奥塞梯–阿兰共和国、印古什、奥伦堡、斯塔夫罗波尔边疆区、克拉斯诺达尔边疆区，进一步向西传播到与乌克兰边界接壤的罗斯托夫州。这些地区野猪分布较广，疫情已在当地野猪群中流行，防控工作更加困难[3, 7]。疫情在高加索地区持续发生并不断扩散，2012年7月传播到乌克兰，2013年6月传播到白俄罗斯；2014年又进一步扩散到立陶宛、波兰和拉脱维亚，目前这3个国家的疫情仍在持续。

三、美洲

1971年非洲猪瘟首次传至古巴，使古巴成为加勒比海地区第一个报道暴发非洲猪瘟的美洲国家[5]。疫情追溯表明，古巴疫情是由西班牙传入。之后，1978年再次在古巴发生，1980年后不再有报道。1978年多米尼加共和国暴发非洲猪瘟疫情，至1981年流行结束。海地于1979年暴发非洲猪瘟，1984年才宣布疫情终结。1978年巴西报告发生疫情，1981年宣布根除。巴西疫情可能由西班牙或葡萄牙乘客携带的动物产品或使用洲际航班上的泔水饲喂猪而引起[6]。

四、亚洲

目前，除了在欧亚接壤的格鲁吉亚、亚美尼亚、阿塞拜疆以及俄罗斯境内与西亚相邻的部分地区有非洲猪瘟疫情报告外，还没有其他亚洲国家发生疫情的报道。

第二节   流行现状

一、非洲猪瘟全球分布

迄今为止，报道发生非洲猪瘟的国家共有55个，主要集中在非洲、欧洲、美洲加勒比海地区和欧亚接壤地区（图1-1、表1-3）。

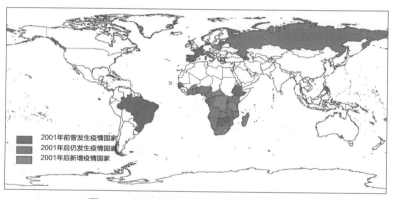

图1-1　非洲猪瘟疫情分布图（李金明绘制）
图中粉红色地区为2001年前曾发病国家，红色地区为2001年后新增发病国家。

1. 2001年前曾报道发生非洲猪瘟的国家

共有39个，见表1-2。

表1-2   2001年前全球发生非洲猪瘟的国家

非洲（24/17）	博茨瓦纳、佛得角、埃塞俄比亚、加蓬、冈比亚、津巴布韦、圣多美和普林西比、科特迪瓦、安哥拉、贝宁、喀麦隆、刚果共和国、加纳、肯尼亚、马达加斯加、马拉维、莫桑比克、纳米比亚、尼日利亚、塞内加尔、南非、多哥、乌干达、赞比亚
欧洲（9/2）	法国、荷兰、葡萄牙、西班牙、马耳他、安道尔、比利时、**意大利**、**俄罗斯**
美洲（4/0）	古巴、巴西、海地、多米尼加共和国

注：表中加粗字体所示国为2001年后仍有疫情国家。

　　2. 2001年后新增非洲猪瘟疫情国家

　　共有18个，包括：① 欧亚接壤地区的格鲁吉亚、亚美尼亚和阿塞拜疆。② 欧洲的俄罗斯、乌克兰、白俄罗斯、立陶宛、波兰、拉脱维亚和爱沙尼亚。③ 非洲的布基纳法索、布隆迪、刚果民主共和国、几内亚比绍、卢旺达、毛里求斯、坦桑尼亚和中非共和国。

　　3. 2014年1月至今发生非洲猪瘟疫情的欧盟国家

　　共4个，分别为立陶宛、波兰、拉脱维亚和爱沙尼亚。

　　最近10年全球非洲猪瘟发生情况见表1-3。

二、非洲猪瘟现状

　　据OIE-WAHIS数据资料[8]，2007年至今全球共有36个国家报告发生非洲猪瘟，其中非洲仍是重灾区，发病国家累计达26个；同期，疫情从非洲传入欧洲，引起全球广泛关注（见表1-3）。2007年以来，非洲猪瘟在俄罗斯的持续发生和向周边国家的不断蔓延，给欧洲和亚洲地区带来了巨大威胁，传入我国的风险日益加大。

　　（一）非洲

　　最近10年来，非洲仍不断有疫情报告，每年有20多个非洲国家报告发生非洲猪瘟。毫不讳言，非洲猪瘟在当地已难以根除，如控制不力，疫情还有向周边国家乃至全球扩散的趋势。

　　2014年8月27日科特迪瓦兽医卫生局向OIE紧急通报，圣佩德罗省（San Pedro）圣佩德罗市一家养猪场发生疫情，600头猪感染死亡。这是科特迪瓦自1996年12月以来首次发生非洲猪瘟。

　　2007—2013年全球共有安哥拉、贝宁、布基纳法索、布隆迪、喀麦隆、佛得角、中非共和国、乍得、刚果民主共和国、刚果共和国、加纳、几内亚比绍、肯尼亚、马达加斯加、马拉维、毛里求斯、莫桑比克、纳米比亚、尼日利亚、卢旺达、塞内加尔、南非、坦桑尼亚、多哥、乌干达和赞比亚共26个非洲国家报告发生非洲猪瘟。由于有的国家

表 1-3　最近 10 年全球非洲猪瘟发生情况 [8]

（数据来源：OIE 历年年报告）

洲	2005年	2006年	2007年	2008年	2009年	2010年	2011年	2012年	2013年	2014年
非洲	安哥拉	安哥拉	安哥拉	安哥拉	安哥拉	安哥拉	安哥拉	安哥拉	贝宁	科特迪瓦
	贝宁	贝宁	贝宁	贝宁	贝宁	贝宁	贝宁	贝宁	布基纳法索	
	布基纳法索		布基纳法索	布基纳法索	布基纳法索	布基纳法索	布基纳法索	布基纳法索		
	布隆迪			布隆迪	布隆迪	布隆迪				
						中非共和国	中非共和国	中非共和国		
						乍得	乍得	乍得		
	多哥	多哥	多哥	多哥	多哥	多哥	多哥	多哥	多哥	
	刚果民主共和国[简称刚果（金）]	刚果（金）	刚果（金）	刚果（金）	刚果（金）	刚果（金）	刚果（金）	刚果（金）	刚果（金）	
	刚果共和国	刚果共和国	刚果共和国	刚果共和国	刚果共和国	刚果共和国	刚果共和国	刚果共和国		
	加纳	加纳	加纳	加纳	加纳	加纳	加纳	加纳	加纳	
	几内亚比绍	几内亚比绍	几内亚比绍	几内亚比绍	几内亚比绍	几内亚比绍	几内亚比绍	几内亚比绍	几内亚比绍	
	喀麦隆	喀麦隆	喀麦隆	喀麦隆	喀麦隆	喀麦隆	喀麦隆	喀麦隆	喀麦隆	
				佛得角共和国	佛得角共和国					
			肯尼亚			肯尼亚	肯尼亚	肯尼亚		
	马达加斯加	马达加斯加	马达加斯加	马达加斯加	马达加斯加	马达加斯加	马达加斯加	马达加斯加		
	马拉维	马拉维	马拉维	马拉维	马拉维	马拉维	马拉维	马拉维		

（续）

洲	2005 年	2006 年	2007 年	2008 年	2009 年	2010 年	2011 年	2012 年	2013 年	2014 年
非洲	南非 莫桑比克 纳米比亚 尼日利亚 塞内加尔 坦桑尼亚 乌干达 赞比亚	南非 莫桑比克 尼日利亚 卢旺达 塞内加尔 乌干达 赞比亚	毛里求斯 南非 莫桑比克 尼日利亚 卢旺达 塞内加尔 乌干达 赞比亚	毛里求斯 南非 莫桑比克 纳米比亚 尼日利亚 卢旺达 坦桑尼亚 乌干达 赞比亚	南非 莫桑比克 纳米比亚 尼日利亚 卢旺达 塞内加尔 坦桑尼亚 乌干达 赞比亚	莫桑比克 纳米比亚 尼日利亚 卢旺达 坦桑尼亚 乌干达 赞比亚	南非 莫桑比克 纳米比亚 尼日利亚 卢旺达 坦桑尼亚 乌干达 赞比亚	南非 莫桑比克 纳米比亚 尼日利亚 卢旺达 坦桑尼亚 乌干达 赞比亚	南非 莫桑比克 纳米比亚 尼日利亚 坦桑尼亚 乌干达 赞比亚	
欧洲	意大利	意大利	意大利 俄罗斯	意大利 俄罗斯	意大利 俄罗斯	意大利 俄罗斯	意大利 俄罗斯	意大利 俄罗斯 乌克兰	意大利 俄罗斯 白俄罗斯	意大利 俄罗斯 波兰 立陶宛 拉脱维亚 爱沙尼亚
欧亚接壤			亚美尼亚 格鲁吉亚	亚美尼亚 格鲁吉亚 阿塞拜疆		亚美尼亚	亚美尼亚			

至今还没有向OIE提交2013年年度报告和2014年半年报告，预计2013年和2014年存在疫情的国家数量不会有大的变化。

（二）欧亚接壤地区

2007年以来，在欧亚接壤地区频频暴发非洲猪瘟疫情（图1-2）。

1. 格鲁吉亚

2007年6月，非洲猪瘟首次传入格鲁吉亚，在黑海东部海岸Poti港地区出现病例，由于未能及时确诊，且养殖模式落后、野猪数量大，导致疫情迅速扩散，截至2008年1月共向OIE报告发生58起疫情，此后再未报告发生该病。

2. 亚美尼亚

2007年8月29日，亚美尼亚共和国北部与格鲁吉亚接壤的地区首次报道非洲猪瘟疫情，此后又报告发生13起疫情，直到2008年3月才将疫

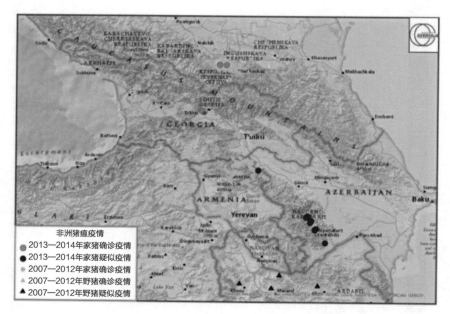

图 1-2　欧亚接壤地区发生非洲猪瘟疫情情况 [9]

[图片来源：EFSA Journal 2014; 12(4): 3628] [2]

情扑灭。2010—2011年再次发生非洲猪瘟，共报告14起疫情。

3. 阿塞拜疆

2008年1月，非洲猪瘟首次传入阿塞拜疆，在其国家西北部与格鲁吉亚东部接壤的边界省份发生疫情。由于阿塞拜疆猪养殖数量和密度较小且高度集约化，并采取了全面扑杀措施，疫情很快得到根除，此后再未发生疫情。2011年6月，阿塞拜疆向OIE提交了报告，自行宣布无非洲猪瘟。

（三）俄罗斯

格鲁吉亚发生非洲猪瘟后，疫情迅速向俄罗斯逼近，并于2007年12月传入俄罗斯联邦车臣共和国，此后该病在俄罗斯的家猪和野猪中不断蔓延和散播。2008—2010年在俄罗斯南部和北部高加索地区呈地方性流行，如北奥塞梯–阿兰共和国；2011—2013年除了高加索地区持续发生外，非洲猪瘟进一步向俄罗斯欧洲区域扩散。其中，2011年俄罗斯暴发的疫情造成30万头家猪死亡或被扑杀，经济损失约2.4亿美元；2012年共有11个地区发生66起家猪和野猪疫情，约23万多头家猪被扑杀或销毁；2013年俄罗斯共有14个地区发生近70起家猪或野猪疫情。进入2014年以来，非洲猪瘟在俄罗斯境内继续流行，截至2014年8月31日已有伏尔加格勒州、卡卢加州、莫斯科州、图拉州、布良斯克州、罗斯托夫州、斯摩棱斯克州、别尔哥罗德州、特维尔州卡、普斯科夫州、诺夫哥罗德州和沃罗涅日州12个地区暴发61起家猪或野猪非洲猪瘟疫情。据统计，从2008年至2014年8月，俄罗斯官方报告疫情300多起（图1-3、图1-4、图1-5）。

（四）乌克兰

2012年7月30日乌克兰向OIE通报其东南部扎波罗热州发生非洲猪瘟，这是乌克兰首次报告发生疫情。2014年1月6日乌克兰报告在靠近俄罗斯边界河岸的野猪感染非洲猪瘟。此后，在该地区猎获的野猪中也检测出ASFV。疫情发生后，在半径10km范围内采取了控制措施，多个村

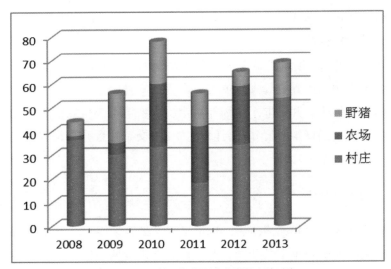

图 1-3　俄罗斯非洲猪瘟暴发次数对比

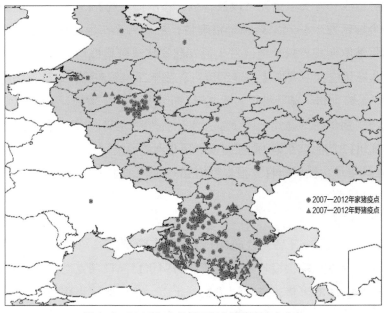

图 1-4　2013 年之前俄罗斯非洲猪瘟疫点分布

图 1-5　2013 年俄罗斯非洲猪瘟疫点分布

（图片来源：朱迪国）

庄被隔离封锁，100多头庭院养殖的猪被扑杀。2014年1月30日在距离上次发现阳性野猪尸体约20km的卢甘斯克州一个小农场发生非洲猪瘟。

（五）白俄罗斯

2013年6月21日白俄罗斯报告格罗德诺州（Grodno）的散养猪发生非洲猪瘟，这是白俄罗斯首次发生该病；2013年7月4日白俄罗斯报告维捷布斯克州（Vitebsk）发生疫情。考虑到白俄罗斯是俄罗斯的海关联盟成员，在通过边界时没有海关和兽医检查，因此，仍然存在从俄罗斯再次传入疫情的风险。

（六）欧盟成员国

2014年以来，非洲猪瘟传入了欧盟，立陶宛、波兰和拉脱维亚3个欧盟成员国先后报告发生疫情，目前疫情仍在持续。

1. 立陶宛

2014年1月24日立陶宛向OIE紧急报告，靠近白俄罗斯的阿利图斯省（Alytus）和维尔纽斯省（Vilnius）各发现1头野猪感染非洲猪瘟；7月24日立陶宛向OIE后续通报，靠近白俄罗斯边境的乌田纳省（Utena）一家大型商业猪场发生疫情，19 411头猪感染，这是首次发现家猪非洲猪瘟疫情。此后，又分别在8月6日、11日和13日共向OIE通报发生4起疫情。8月22日，立陶宛再次向OIE紧急通报，在非洲猪瘟强化监测期间，帕涅韦日斯省（Panevezys）Rokiskis地区在庭院农场饲养的1头临床表现健康的猪只血样中检测到非洲猪瘟病毒核酸阳性。截至2014年8月底，立陶宛共有阿利图斯省（Alytus）、维尔纽斯省（Vilnius）、乌田纳省（Utena）和帕涅韦日斯省（Panevezys）4个省报告发生5起家猪和3起野猪疫情，共有19 416头家猪和3头野猪感染。

2. 波兰

2014年2月18日波兰向OIE通报，在与白俄罗斯接壤的波德拉谢省（Podlaskie）发现的2头死亡野猪检测出ASFV；5月30日，再次通报该省发生2起野猪非洲猪瘟疫情，共有4头野猪发病死亡；此后又在7月和8月，先后7次向OIE通报称波德拉谢省发生疫情。截至2014年8月底，波兰共向OIE通报发生12起野猪和2起家猪非洲猪瘟疫情，共有31头野猪和6头家猪发病死亡。

3. 拉脱维亚

2014年6月26日拉脱维亚通报称靠近白俄罗斯边境的达格达县（Dagdas county）的3头野猪和克拉斯拉瓦县（Kraslavas County）一村庄的3头家猪确诊感染非洲猪瘟，这是拉脱维亚首次报告发生疫情。此后，拉脱维亚在当年7—8月间先后5次向OIE后续通报发生家猪或野猪疫情。8月21日，拉脱维亚再次向OIE后续通报，瓦尔加县（Valkas）又发生1起家猪非洲猪瘟疫情，1头猪发病死亡，22头猪被扑杀；马多纳县（Madonas）、雷泽克内县（Rezekne）和陶格夫皮尔斯县（Daugavpils）3个县新发4起野猪非洲猪瘟疫情，共有5头野猪感染，死亡3头，扑杀2头。截至2014年8月底，拉脱维亚已有克拉斯拉瓦县、达格达县、瓦尔加县、马多纳县、卢扎县、雷泽克内县和陶格夫皮尔斯县累计发生67起家猪或野猪非洲猪瘟疫情。

第三节　主要危害及影响

　　无论在非洲猪瘟（ASF）新发地区还是流行地区，疫情的暴发和流行都会对发病国家产生严重的社会经济影响。在非洲，有非洲猪瘟疫情存在的国家中，多年来由于该病的发生，猪产品生产和贸易受到了严重影响。但损失最为惨重的应是非洲贫穷的养猪户。由于资源匮乏，政府财政困难，很多疫情发生国家无力实施有效的预防和控制措施[10]，也没有基本的生物安全保障。疫情发生后，由于没有足够的资金，政府补偿不到位，常常不能及时或长时间不能恢复养猪业生产。例如，科特迪瓦和马达加斯加，在非洲猪瘟疫情传入后，分别有30%和50%猪只死亡[11,12]，对当地养猪业造成重创。

　　非洲猪瘟不感染人，不会对人的生命构成直接威胁，但其对食品安全会带来严重的影响。很多非洲国家，尤其在牛肉生产比较困难的国家，国民往往把猪肉及其相关制品作为重要的动物蛋白质来源。而猪能在相对较短的生产循环中将废弃的食物资源和农业生产中的副产品转化成高质量的蛋白质。疫情的发生导致猪只死亡或猪群的严重疾病，同时造成猪只生产能力的急剧下降，严重影响养猪生产，大大降低了猪产品的供应能力，从而改变当地居民的饮食结构，间接对人体健康造成危害。

　　非洲猪瘟传至非洲大陆外的其他国家也同样会造成类似的影响。除引起大量猪只死亡以外，猪及其产品的贸易将受到严重影响。此外，为根除突发疫情，需要花费大量的人力、物力和财力，制定控制方案，采取扑灭和根除措施。在古巴，1980年疫情传入后，扑杀、根除疫情花费高达940万美元。在西班牙，仅仅在实施根除计划的最后5年就耗费9 200万美元[13]。Rendleman等[14]推算，假如1994年非洲猪瘟在美国发生，除猪及其产品贸易受到影响外，加上实施根除计划的费用，估计花费将达到45亿美元。在俄罗斯，截至2013年9月俄罗斯农业部统计，已经扑杀40多万头感染病猪，直接经济损失超过20亿卢布（以当前汇率计算约合5 400万美元），间接经济损失达200亿～300亿卢布（以当前汇率计算约合5亿～8亿美元）[15]。

非洲猪瘟根除难度极大，许多国家往往经过几十年的努力才将该病根除，如疏忽防控，其还会死灰复燃。并且，野猪作为自然宿主一旦介入感染循环链，会大大增加防控、根除的难度。由于非洲猪瘟是OIE规定的法定报告动物疫病，按照世界贸易组织的规定，一旦非洲猪瘟疫情发生，输入国将停止进口发病国的猪及其猪相关产品。因此，除了疾病控制带来的巨大损失外，猪及其产品的贸易损失也会更加严重。另外，疫情被扑灭后，发病国家的无疫认证过程常需要很长的时间，且在认证过程中不能对外出口猪及其产品，进一步给染疫国家造成严重影响。

第四节　国外疫情控制情况

一、OIE建议的防控策略

（一）对于无非洲猪瘟的国家

应当具有防疫非洲猪瘟的意识，按照国际规则开展动物和动物产品的国际贸易，彻底清洁和消毒来自发病国家的飞机、轮船与交通工具，严格处置食物残渣和废弃物，严密防范非洲猪瘟从境外传入。

（二）对于正在暴发非洲猪瘟的国家

要快速划定感染区和受威胁区，扑杀感染动物，妥善处理所有动物尸体和垃圾，对于疫区要彻底清洁及消毒，要进行详细的流行病学调查，追查可能的感染来源和可能的扩散范围，对感染区和受威胁区进行监控，严格控制感染区内猪及其产品的流动，避免猪和软蜱接触。

（三）对于存在非洲猪瘟感染的国家

主要是避免家猪与野猪、软蜱接触。

二、FAO推荐的防控策略

（一）进口隔离检疫政策

《OIE陆生动物卫生法典》对防范非洲猪瘟传入提供了重要技术指南，主要包括家猪和野猪、猪肉和猪肉制品、猪精液、猪胚胎及受精卵，以及用于药物制剂制备原料的其他猪制品的进口检疫要求。

（二）边境检疫

重点在国际机场、海港码头、边境口岸通道检疫、检查含有猪肉的食物、物品和其他风险物质。查获的风险物质以及国际空港、海港的废弃食物要通过深埋、焚烧、化制等方法安全妥善处理。

（三）泔水控制

来自发病国家的飞机、轮船的残羹剩饭、废弃的食物用于饲喂动物，常常是非洲猪瘟和其他重要动物疫病（如猪水疱病、口蹄疫、猪瘟）跨境传播的重要途径。因此，应制定法规禁止用泔水饲喂动物，应尽可能采取措施防止机场、码头周边等地用泔水饲喂猪。

（四）猪群控制

大量散养猪、猪群自由移动都将给非洲猪瘟侵入和快速传播提供便利条件，并严重影响疫病扑灭效果，应采取措施控制和规范猪的调运。非洲猪瘟高风险地区应采取措施提高猪群的饲养管理水平，鼓励规模化、规范化饲养。

三、部分国家的非洲猪瘟疫情防控

（一）西班牙

1. 西班牙非洲猪瘟历史[16]

1960年非洲猪瘟传入西班牙时，该病主要在落后农场里传播。随着20世纪60年代西班牙经济的起飞，养猪业发生了巨大的变化。短短几年，西班牙养猪业由落后的家庭式饲养模式转变为技术先进的集约化饲养模式。之前主要在南方和西南方的开放式生产操作逐步转变为6个区域内的工业化农场模式。Galicia、Gastilla、Leon和Murcia地区主要从事仔猪的生产，Aragon、Cataluna和Segovia主要为大型饲养农场。这种饲养格局造成西班牙境内猪群移动频繁，使得疫情控制极为不便。

1960年，非洲猪瘟在西班牙境内特定区域内迅速传播。一开始该病临床表现为急性症状和高死亡率。随着该病的广泛流行，其流行病学、临床症状和剖检病变等发生较大改变，表现为发病方式较温和，有些呈隐性感染，出现病毒携带动物和死亡率低于5%的所谓非典型非洲猪瘟类型[17]。曾有研究对西班牙流行区的408个农场进行了调查，结果17个农场（4.2%）有动物携带病毒的现象[18]。这种变化使得临床诊断变得十分困难，对该病的确诊必须借助实验室才能完成。此外，在西南地区，发现ASFV也可以通过软蜱传播。

在如此复杂的疫情状况下，西班牙的相关出口贸易受到严重制约，其活猪、鲜猪肉和特定猪肉产品无法对欧盟成员国出口，给养殖者造成了重大的经济损失。据统计，在1983年实施非洲猪瘟控制计划之前，西班牙政府为控制非洲猪瘟直接投入的资金，如用于鉴定、诊断、流行病学监测等的花费高达1 900万欧元[19]。西班牙当局逐渐意识到现有防控手段的被动和陈旧，于是在1985年3月颁布西班牙根除计划（Royal Decree 524/1985）。该计划由欧盟直接授权并提供约72亿比塞塔（超过4 300万欧元）的财政支持。

2. 西班牙非洲猪瘟根除计划的关键点

1985年之前，西班牙控制非洲猪瘟的方法只是采取卫生管理措施和消灭临床阳性猪群。1985年西班牙颁布非洲猪瘟根除计划之后，控制策略发生了重大改进。关键措施如下[16]：

（1）建设流动兽医临床团队（mobile veterinary field teams）网络体系这些临床团队参与动物圈舍的卫生监督、动物识别、流行病学调查、血清样品采集，并督促和鼓励养猪生产者创建卫生协会。到1990年，西班牙境内共成立了979个协会，囊括了41 321位农民和922 996只种猪。同时，根据猪群的健康状态、猪场的卫生设施水平和当时猪场所处的状态，如健康状态、特殊保护状态以及有无非洲猪瘟状态等对猪场进行分类登记注册[16]。

（2）开展所有猪场血清学监测工作　设立国家农业研究院（National Institute of Agricultural Research，INIA），并在其下建立国家级实验室（CISA-INIA），目前，CISA-INIA实验室已成为OIE和欧盟的非洲猪瘟国际参考实验室。该实验室建立了准确性高、特异性强的ELISA快速诊断方法，向全国17个自治区参与根除计划的39个实验室提供血清学检测标准品和耗材，确保了各个实验室试验结果的准确和可信度。

（3）提高饲养场及饲养设施的卫生水平　该项计划的实施旨在防止

该病的散播。包括采用基本的卫生措施，如栅栏、安全处置粪便等。同时给予财政相关支持，如高效低利率的贷款用于设施改造。1985—1990年共改造饲养场2 175个。

（4）拔除所有非洲猪瘟疫点　一旦国家参考实验室确认暴发非洲猪瘟，立刻对感染猪群整群扑杀，同时对周边猪群开展流行病学调查和采样监测。遵照相关法律，有关主管部门应立刻对感染猪群的生产者进行足额补偿。

（5）严格控制猪群移动　交通工具必须冲洗消毒，猪群移动调运必须获得官方兽医证明，并标注出发地和健康状况。在整个移动过程中（包括目的地，如屠宰场和育种场），根除计划的管理者都具有管理控制动物的权利。当猪只抵达屠宰场时，官方兽医会在屠宰之前审查检疫证明，且屠宰之后该检疫证明在屠宰场至少要保存一年。对于猪肉生产企业，制造商需保留猪肉来源的证明材料。

根除计划得到了养猪从业人员和社会各界的积极参与和配合，疫情防控形势迅速得到改善。到1987年西班牙境内96%的地区已经无非洲猪瘟临床病例。1989年10月西班牙通过立法将全国分为两个区域，包括非洲猪瘟无疫血清监测区（2年内无疫情）和非洲猪瘟感染区。非洲猪瘟无疫血清监测区覆盖了西班牙的大部分地区，猪肉产能约占全国70%左右；感染区仅剩Salamanca等8个自治区。法律规定感染区的活动物和新鲜猪肉不得进入无疫区，无疫区的活猪、鲜肉和特定猪肉制品可以进入欧盟其他国家进行贸易。随着疫情逐步减少，到1991年感染区又划分为两个区域，一个是已经至少1年无临床病例但还有少量血清学阳性样品的地区，另一个是感染区[20]。到1994年西班牙境内已经无非洲猪瘟疫情报道。1995年10月，西班牙正式对外宣布根除非洲猪瘟。

3. 西班牙非洲猪瘟根除计划的经验与借鉴

西班牙之所以能迅速根除非洲猪瘟，主要由于生猪饲养人员及相关产业人员的根除意愿极高。西班牙人嗜爱吃生火腿，其火腿产品享誉世界，猪肉消费量极高，猪是主要的饲养畜类。据统计，2009年西班牙猪肉产量居世界第4位，居欧盟第2位，仅次于中国、美国和德国。西班牙猪肉出口量占其产量的32.3%，出口量仅次于德国、丹麦和美国[21]，为世界第四大猪肉供应国。由于西班牙人对猪肉制品的依赖度高，故非洲猪瘟严重制约了该行业的发展，据估算仅1983年西班牙为控制非洲猪瘟而消耗的费用就高达1 140万欧元。Steen Bech-Nielsen等对非洲猪瘟根除计划的效益成本进行分析，结果推测实施根除计划后获益会远远大于损失，且越快完成根除计划越能获得最大效益，而财政支持缩水导致根除计划延缓将使损失大于获益[22]。

我国肉类生产结构与西班牙类似，尤其是猪肉产量所占比例在60%以上。相较于西班牙，我国在非洲猪瘟的防控工作面临更多问题。一是散养猪数量大，缺乏良好的生物安全措施。虽然近年来规模化养殖场日渐增多，呈取代散养猪的趋势，但散养猪的数量占比仍高达30%~40%，部分还存在泔水喂猪现象。二是部分规模化猪场管理欠科学，疫病防范意识不到位。很多规模场是封闭化循环饲养，缺少引进猪只的隔离场所，而且没有对不同日龄的群体进行有效分隔。此外，兽医人员和养猪场（户）的非洲猪瘟防控知识相对匮乏，猪繁殖障碍综合征、古典猪瘟和猪圆环病毒病（2型）广泛存在[23]，可能干扰非洲猪瘟的诊断。综合来看，由于存在上述不利因素，非洲猪瘟一旦传入我国，如不能及时发现，扩散风险极高，将会对我国养猪生产和猪肉供给造成巨大冲击[24]。

尽管两国国情不同，但西班牙的根除经验仍有许多值得借鉴之处。① 制定根除计划，并通过立法确保计划的执行。根据风险分析，制定与国情相适应的根除计划和实施方案，明确时间表和路线图；配套相应的法律，落实相关经费保障，严格动物移动执法监督，推动计划的顺利实施。② 政府组织强化防控知识宣传教育。通过电视、广播、报刊等渠道进行广泛宣传报道，特别是对散养户有针对性地进行宣传，普及非洲猪瘟防控知识，营造群防群控局面。③ 养猪协会发挥积极推动作用。发挥社会力量，开展疫病监测，特别是对种猪进行血清学监测，及时发现并剔除感染猪。

（二）高加索地区

2007年非洲猪瘟疫情传入高加索地区的格鲁吉亚，并引发周边亚美尼亚、阿塞拜疆和俄罗斯联邦发生疫情。格鲁吉亚政局不稳，各地对非洲猪瘟疫情防控的重视力度不一，难以有效协调。诊断技术能力不足，疫情初发时确诊不及时，最初误诊为断奶仔猪多系统衰竭综合征，直到6月份才由英国非洲猪瘟OIE参考实验室（IAH，Pirbright）确诊，据推测疫情可能在4月份就已经发生[25]。另外，饲养模式落后（庭院式养殖、散养、自由觅食）、大量野猪出没，也是疫情难以有效防控的重要原因。亚美尼亚除部分地区有全封闭饲养的专门圈舍外，其他状况与格鲁吉亚非常相似[26]。阿塞拜疆猪养殖量（该国大多数居民为穆斯林）相对较少，非洲猪瘟疫情发生后采取了全面扑杀的方式，该病得以很快根除[27]。格鲁吉亚和亚美尼亚在疫情控制中都接受了国际援助，并在控制计划、控制措施以及流行病学调查等方面采纳了EC/FAO/OIE联合专家组的建议[28]。亚美尼亚还邀请FAO专家组就补偿机制、诊断和监测方法、养殖从业人员培训等方面提供帮助。在亚美尼亚和格鲁吉亚的非洲猪瘟疫情控制中，两国分别获得FAO技术协调项目50万美元的资助[29，30]。

（三）非洲大陆

在非洲的很多国家，商业化养殖模式主要集中于城郊及其周边地区，小规模饲养方式主要在农村。商业化饲养模式下，养殖场主通常能采取严格的卫生措施，保障自养猪群不受ASFV感染。但在农村，仍然沿用散养的传统饲养方式，往往很难防止家猪与野猪或软蜱的接触。此外，散养农户不了解非洲猪瘟疫情的传播方式以及如何防范。商业化猪场的疫情常常可追溯到农村的散养农户。

在南部和东部非洲，存在蜱-野猪的森林循环模式（sylvatic cycle），通过将家猪与野猪隔离，用杀虫剂杀蜱（存在蜱叮咬传播风险时），均可有效地控制非洲猪瘟疫情传播[31，32]。在南非，自1935年起，就鼓励商业化养殖场主采取双层隔离屏障，防止家猪与野猪或蜱接触，同时猪及其产品的流通也受到严格控制。这些措施在1964—1994年肯尼亚的疫情控制中发挥了很好的作用[33]。

在莫桑比克、安哥拉、马拉维以及多数西部非洲国家，ASFV只在家猪内传播，通常从一个猪群传播到另一个猪群。这种情况下，只要限制猪群移动，防止健康猪接触病猪或病毒污染物就可以达到控制目的。这对商业化、规模化养殖的企业主或有足够圈舍的养殖户来说，是非常容易做到的。但在非洲的发展中国家，由于经济条件限制，仍存在诸多防控薄弱环节。一是规模化程度不高，在农村地区存在大量自由觅食的散养猪，几乎没有任何生物安全防护措施；二是当地兽医设施技术落后，疫情发生后很难及时诊断；三是缺乏有效的扑杀补偿机制，多数养猪户的经济来源单一。上述存在的客观不利因素是影响当地非洲猪瘟等动物疫病有效控制的主要原因。目前来看，仅靠当地的力量短时间内难以根除该病。因此，这些地区已成为全球非洲猪瘟重要的疫源地，导致了多起疫情的跨洲传播。

总之，发展中国家非洲猪瘟疫情控制中，养猪生产者的积极参与和合作是非常重要的。政府应根据疫情传入风险大小，适时开展宣传教育和应急知识培训，使养殖从业人员了解非洲猪瘟是如何传播的，以及怎样预防和控制。

由于地理位置、自然环境、野猪、昆虫等难于控制，疫情扑灭后再发生的现象时有发生，如多数非洲国家以及目前尚存在非洲猪瘟疫情的俄罗斯。这些因素主要集中于几个方面：① 引进种猪、精液的检疫控制；② 野猪流动控制，尤其在国与国边界；③ 国内猪只的流动管理；④ 媒介昆虫控制；⑤ 边境贸易、航空、海港废弃食物、泔水的安全处置；⑥ 人员的动物疫病识别能力、动物卫生意识。

但从近年来ASF发病国家疫情发生和采取的措施看，一些防控措施发挥了极其重要的作用，包括① 早期的预警和报告；② 隔离、限制发病猪只流动；③ 立即扑杀所有猪只和及时补偿养殖户；④ 尽可能在疫点周围深埋、焚烧或处理病死及扑杀的猪尸，避免远距离移动猪尸；⑤ 销毁污染的猪肉，或运输和食用前对未受污染的猪肉进行30min煮沸处理；⑥ 清理并用2%次氯酸钠、氢氧化钠或其他适宜的商品化消毒剂消毒污染场所；⑦ 使用杀虫剂处理污染圈舍；⑧ 重新饲养前空舍规定时间（OIE建议40d）；⑨ 岗哨动物监测等[34]。

参考文献

[1]　Montgomery R E. On a form of swine fever occurring in British East Africa [J]. Journal of Comparative Pathology, 1921, 34: 59−191.

[2]　Roger F, Ratovonjato J, Vola P. & Uilenberg, G. Ornithodoros porcinus ticks, bushpigs, and African swine fever in Madagascar [J]. Experimental and Applied Acarology, 2001, 25: 263−269.

[3]　OIE WAHID 2009 Office International des Epizooties−World Animal Health Information Database (WAHID) Interface [S]. [2015/05/06]. http: //www. oie. int/wahis/public. php?page=home.

[4]　Plowright W, Thomson G R, Neser J A. Infectious diseases of livestock [M]. South Africa: Oxford University Press, 1994.

[5]　Seifert H S H. Tropical animal health [M]. The Netherlands: Springer, 1996.

[6]　Lyra T M P. The eradication of African swine fever in Brazil, 1978−1984 [J]. Revue scientifique et technique, 2006, 25: 93−103.

[7]　Beltran-Alcrudo D, Lubroth J, Depner K, et al. African swine fever in the Caucasus [EB/OL]. 2008: 1−8. [2015/05/06]. ftp: //ftp. fao. org/docrep/fao/011/aj214e/aj214e00.pdf.

[8]　OIE, WAHIS [EB/OL]. [2015/05/25].

[9]　http: //www. oie. int/wahis_2/public/wahid. php/Diseaseinformation/Diseasetimelines.

[10]　Edelsten R M and Chinombo D O. An outbreak of African swine fever in the southern region of Malawi [J]. Revue Scientifique et Technique, 1995, 14: 655−666.

[11]　El Hicheri K, Gomez-Tejedor C, Penrith M L, et al. The 1996 epizootic of African swine fever in the Cote d'Ivoire [J]. Revue Scientifique et Technique, 1998, 17: 660−673.

[12]　Roger F, Ratovonjato J, Vola P, Uilenberg G. Ornithodoros porcinus ticks, bushpigs, and

African swine fever in Madagascar [J] Experimental and Applied Acarology, 2001, 25: 263 – 269.

[13] Morilla A, Yoon K J, Zimmerman J J. Trends in emerging viral infections of swine [M]. Ames, IA: Iowa State Press, 2002.

[14] Rendleman C M, Spinelli F J. The costs and benefits of African swine fever prevention [J]. American Journal of Agricultural Economics, 1994, 76: 1255 – 1255.

[15] 俄罗斯暴发非洲猪瘟疫情[EB/OL]. [2015/05/25]. http: //www. 21food. cn/html/news/35/952973.htm.

[16] Arias M, Sánchez-Vizcaíno J M, Morilla A, et al. Trends in Emerging Viral Infections of Swine [M]. Iowa: Iowa State Press, 2008.

[17] Schlafer D H, Mcvicar J W, Mebus C A. African swine fever convalescent sows: subsequent pregnancy and the effect of colostral antibody on challenge inoculation of their pigs [J]. American Journal of Veterinary Research, 1984, 45(7): 1361 – 1366.

[18] FAO. FAO/CEC Expert Consultation on AS Research [C]. Sassari (Italy): FAO, 1981.

[19] Bech-Nielsen S, Fernandez J, Martinez-Pereda F, et al. A case study of an outbreak of African swine fever in Spain [J]. The British Veterinary Journal, 1995, 151(2): 203 – 214.

[20] Steen B N, Maria L A, Jesus P, et al. Laboratory diagnosis and disease occurrence in the current African swine fever eradication program in Spain, 1989 – 1991 [J]. Preventive Veterinary Medicine, 1993, 17(3 – 4): 225 – 234.

[21] 曲春红. 西班牙畜牧业生产与畜产品贸易分析[J]. 中国畜牧杂志. 2011, 47(24): 48 – 51.

[22] Steen Bech-Nielsen, Q. Perez Bonilla, J. M, Sanchez-Vizcaino. Benefit-cost analysis of the current African swine fever eradication program in Spain and of an accelerated program [J]. Preventive Veterinary Medicine, 1993, 17(3 – 4): 235 – 249.

[23] Mcorist S, Khampee KGuo A. Modern pig farming in the People's Republic of China: growth and veterinary challenges [J]. Revue Scientifique et Technique, 2011, 30(3): 961 – 968.

[24] Sánchez-Vizcaíno J M, Mur L, Sánchez-Matamoros A, et al. African swine fever: new challenges and measures to prevent its spread [EB/OL]. [2015/05/25], http: //www. oie. int/doc/ged/D13786.PDF.

[25] OIE WAHIS [EB/OL]. [2015/05/25], http: //www. oie. int/wahis_2/public/wahid. php/Wahidhome/Home.

[26] Daniel Beltrán-Alcrudo, Juan Lubroth, Klaus Depner, et al. African swine fever in the Caucasus [EB/OL]. [2015/05/25], http: //www. fao. org/docs/eims/upload/242232/EW_caucasus_apr08.pdf.

[27] ProMED mail [EB/OL]. [2015/05/25], http: //promedmail. org/direct. php?id=20080202.0416.

[28]　ProMED mail l [EB/OL]. [2015/05/25], http: //promedmail. org/direct. php?id=20070627.2066.

[29]　TCP/ARM/3102, [EB/OL]. [2013/07/22], http: //www. fao. org/world/Regional/reu/projects/ TCP_ARM_3102%20(E)_en. pdf.

[30]　TCP/GEO/3103, [EB/OL]. [2013/07/22], http: //www. fao. org/world/Regional/reu/projects/ TCP_GEO_3103%20(E)_en. pdf.

[31]　Perez-Sanchez R, Oleaga A, Encinas A. Analysis of the specificity of the salivary antigens of Ornithodoros erraticus for the purpose of serological detection of swine farms harbouring the parasite [J]. Parasite Immunology, 1992, (14): 201−216.

[32]　Coetzer J A W, Thomson G, Tustin R C. Infectious Diseases of Livestock with Special Reference to Southern Africa [M]. Cape Town: Oxford University Press, 1994.

[33]　Coetzer J A W, Tustin R C. Infectious Diseases of Livestock with Special Reference to Southern Africa (Eds.), [M]. 2nd ed, Cape Town: Oxford University Press, 2004.

[34]　王君玮, 张玲, 王华, 等. 非洲猪瘟传入我国危害风险分析. [J]. 中国动物检疫, 2009, 26(3): 63−66.

第二章

病　原　学

第一节　病原分类

非洲猪瘟病毒（ASFV）以前曾被划入虹彩病毒科成员，但其DNA结构及复制方式与虹彩病毒差距很大，却与痘病毒很相似，1995年，国际病毒分类委员会（International Committee on Taxonomy of Viruses，ICTV）将它单独列为一新的病毒科——非洲猪瘟病毒科（*Asfarviridae*）[1]。2005年7月ICTV发表的最新病毒分类第八次报告，明确非洲猪瘟病毒在病毒分类中属于DNA病毒目（dsDNA）、非洲猪瘟病毒科、非洲猪瘟病毒属（Asfivirus），ASFV也是目前非洲猪瘟病毒科唯一被认可的成员[2]。

第二节　形态结构

ASFV是一种大型的胞质内复制的病毒，病毒粒子二十面体对称，直径200nm，呈同心圆状结构（图2-1）。中央为核质体，直径约80nm，由病毒基因组、完成基因早期转录所必需的酶以及一些DNA结合蛋白组成，如p150、p37、p34、p14以及p14.5、p10；核质体外围是一些蛋白组成的核衣壳，壳粒是其基本结构单位，共有1982~2172个，主要构成蛋白为p72和p17，其p72蛋白占病毒粒子总蛋白量的1/3；核衣壳外侧是来自内质网的病毒内层囊膜，该囊膜上结合着一些蛋白，如p22、p54、p32、p12以及CD2v等；再外侧则松散地包裹着一层外层囊膜，该囊膜是病毒出芽时获得的，它的存在与否对病毒的感染性无影响。除此之外，该病毒中还有一些蛋白如p49、p35、p15以及一些酶等[3-6]。

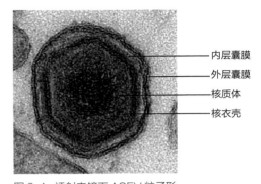

内层囊膜
外层囊膜
核质体
核衣壳

图 2-1　透射电镜下 ASFV 粒子形态结构
（https://en.wikipedia.org/wiki/African_swine_fever_virus）

第三节　基因组及编码蛋白

一、病毒基因组结构

ASFV基因组为一线性双股DNA分子（图2-2），最早研究的是1971年分离自西班牙的强毒株BA71V，该毒株全基因组序列测定结果表明，其基因组总长为170kb，后来又陆续测定了其他ASFV毒株，如Malawi Li20/1、Pretoriuskop/94/4等，发现毒株的不同基因组的长度也不一致，大小介于170～190kb，中部为中央保守区（C区），长度约125 kb，该区域的一些基因（如p72基因）常作为ASFV基因分型的依据。C区还含有一个4kb的中央可变区（CVR），不同基因型或同一基因型的不同毒株之间在这一区域都存在差异。C区两侧各有一个可变区，左侧可变区（VL）长度38～48 kb，右侧可变区（VR）长度13～22 kb，含有5个多基因家族（MGF），每个多基因家族都可发生缺失、增加、分化等变异，这在不同毒株之间差异很大，与病毒抗原变异、逃避宿主防御系统等机制有关。这些可变区也常用来进行流行病学分析。基因组的两末端为反向重复序

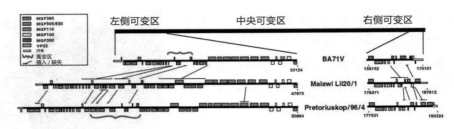

图 2-2　ASFV 基因组结构

（Tulman 等 [7]，2009）

列，长度 2.1 ~ 2.5 kb [3, 6]。

用 GATU 软件分析发现，不同的 ASFV 毒株基因组内包含的开放阅读框（ORF）数目为 160 ~ 175 个（图 2-3），其中保守的 ORF 约 125 个，目前功能已明确的编码蛋白约 50 个，可分成几类：① 组成病毒的结构蛋白；② 病毒装配相关蛋白；③ 核酸新陈代谢、DNA 复制和修复、mRNA 转录和加工等所需的酶及因子；④ 调节宿主细胞功能的蛋白；⑤ 与病毒免疫逃避相关的蛋白；⑥ 一些目前功能尚未知的蛋白。其中有些蛋白具有多重功能，下面重点介绍的是颇受关注的一些蛋白 [7]。

二、部分编码蛋白

（一）病毒主要结构蛋白

1. pp220　由 ASFV ORF CP2475L 编码，是一多聚蛋白的前体分子，被 SUMO1 样蛋白酶加工后形成 p150、p37、p34、p14，它们构成了病毒粒子的主要成分 [8, 9]，占 ASFV 总蛋白的 1/4 左右，参与病毒核质体的装配。Anders 等 [10] 用含 35S 标记甲硫氨酸培养基培养 ASFV 感染的细胞时发现，pp220 在 ASFV 粒子形态发生过程中有重要意义，可在核质体与核外层之间起蛋白支架作用，促发空壳体的装配，类似于其他有囊膜病毒的基质蛋白的功能，同时抑制主要衣壳蛋白 p72，导致拉链变体的产生。

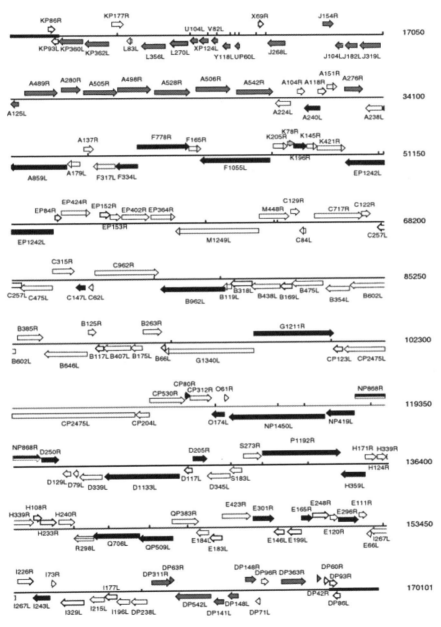

图 2-3 ASFV Ba71V 基因组结构图（箭头表示 ORF）
（Yanez 等 [8],1995）

2. pp62　pp62由ORF CP530R编码，是ASFV复制晚期表达的蛋白，出现在病毒工厂内，它也是一多聚蛋白前体，被蛋白酶水解后形成两种结构蛋白p35和p15。Gallardo等[11]在杆状病毒系统中表达了pp62，并以此作为检测抗原，用酶联免疫吸附试验（ELISA）检测ASFV抗体。结果发现，在检测抗体时，pp62要比p30和p54抗体特异性好、灵敏度高，表明pp62可作为ASFV抗体诊断的一种良好抗原。

3. p72　p72是由ASFV ORF B646L基因编码的主要结构蛋白，有时也被称为p73蛋白，产生于病毒感染晚期，是衣壳的重要成分。该蛋白序列高度保守，抗原性佳，病毒感染机体后能产生较高滴度的抗p72抗体，常被用于非洲猪瘟血清学诊断。p72所对应的基因也比较保守，其5'末端的一段478bp核酸序列，用来进行ASFV分离株基因型的分析。目前利用该基因片段已区分出22个不同的基因型，如Benin97/1为基因 I 型，Malawi Li20/1为基因Ⅷ型，2007年由格鲁吉亚传入欧洲的ASFV为基因 Ⅱ 型等[11-13]。

4. p54　p54是由ASFV ORF E183L基因编码的蛋白，大小为25kD，横跨病毒粒子内层囊膜，与动力蛋白LC8链结合，参与病毒对易感细胞的吸附与进入。在病毒感染过程中，吸附是病毒发生感染的前提条件。ASFV在吸附细胞时分两个过程，首先某些病毒蛋白与细胞受体结合，这是一快速的结合过程；随后是一缓慢的、难度更大的与第二受体结合的过程，p54蛋白在快速结合到易感细胞过程中发挥重要作用[14]。p54蛋白具有很好的抗原性，病毒进入机体刺激产生针对该蛋白的抗体，具有一定的保护作用。p54蛋白在氨基酸序列上存在一定差异，来自东非地区的ASFV p54抗原可很好地检测该地区和欧洲撒丁岛地区的ASFV抗体，但对西非地区ASFV感染猪抗体检测准确率较低，因此在血清学诊断中通常不作为非洲猪瘟的检测抗原[15]。p54还与细胞的凋亡有关，Danthi[16]报道，在ASFV感染的细胞内p54从微管中置换出Bim（bcl-2 interacting mediator of cell death），使其重新定位到线粒体上，启动细胞内部凋亡途径的活化，引起感染细胞的凋亡。

5. p30　又称为p32，p30是由ASFV ORF CP204L编码的一大小为30kD的蛋白，在病毒感染早期大量表达p30氨基末端丝氨酸残基发生磷酸化后，被包装进病毒粒子[17]。p30抗原性极好，可诱导机体产生强烈的体液免疫应答，激发动物机体产生具有一定中和作用的抗体，由于其在细胞内表达早、表达量大，用它作为抗原来检测ASFV抗体时比其他抗原（如p72）检测时间提前1周左右[15]。p30还可与细胞内的异源核糖核蛋白K（heterogeneous nuclear ribonucleoprotein K，hnRNP-K）作用，ASFV感染巨噬细胞或Vero细胞的早期，由于该作用机制，使65%的细胞自身蛋白合成关闭[18]。除此之外，p30还参与ASFV吸附易感细胞，主要与第二受体结合有关。

6. pB438L　该蛋白由ASFV ORF B438L编码，编码蛋白大小约48.8kD，该蛋白没有疏水区，推测可能与病毒内膜上的蛋白相互作用，结合到病毒内膜上。这种结合特点类似于痘苗病毒的p39。该蛋白与病毒粒子形成有关，如果病毒在复制过程中缺少该蛋白，只能形成体积较大的异形小管，外部包裹纤维状结构（主要有两种蛋白参与，p72和pE120R），而不能包装成二十面体对称的衣壳[19]。

7. p14.5　p14.5由ASFV ORF E120R编码，是在ASFV感染后期细胞内表达的分子量不均一的一类蛋白，大小为12~25kD。体外试验表明该蛋白具有与DNA结合的特性，还能和晚期表达的p72蛋白相互作用并结合到一起，组成病毒衣壳。研究表明，p14.5与ASFV感染无关，但在病毒扩散时发挥重要作用[20]。

8. p104R　由ASFV ORF A104R编码，与细菌的Histone样蛋白相似，与病毒DNA结合，大小为11.6kD，是病毒的重要结构蛋白[21]。该蛋白可刺激机体产生抗体，且无临床症状猪比有临床症状猪体内产生的抗体滴度高，可作为检测抗原进行血清学诊断[22，23]。

9. p10　p10由ASFV ORF A78R编码，为一疏水性多肽，同时富含大量的碱性氨基酸赖氨酸残基，可与单股或双股的DNA结合，与活化病毒DNA转运进宿主细胞核及DNA包装有关[24]。

10. CD2v　CD2v由ASFV ORF EP402R编码，存在于病毒粒子的外层囊膜，具有信号肽序列和一个跨膜区。胞外区含有两个免疫球蛋白样的结构域，其氨基酸序列与CD2非常相似，而猪红细胞表面具有CD2受体，因此ASFV能吸附到猪红细胞上。研究表明具有血吸附性的ASFV，90%的病毒粒子呈红细胞吸附状态，这种现象可能与病毒在猪体内的传播有关[25]。另外，CD2v具有抑制外周血中单核细胞增殖的作用，还与ASFV在蜱体内的复制有关[26]。

除此之外，还有ORF H108R的j5R[27, 28]，ORF E199L编码的j18L[29]，晚期基因ORF D117L编码的p17[30]，它们均分布于ASF粒子的内膜上，与病毒粒子形态形成有关；ORF O61R编码的p12，该蛋白成熟后大小为17kD，位于病毒粒子的外表面，与病毒粒子吸附易感细胞有关[31, 32]。

（二）病毒装配相关蛋白

主要是pB602L，由ASFV ORF B602L编码，该蛋白为伴侣蛋白，能封闭细胞内表达的p72上暴露的一些疏水性结构域，增加可溶性，防止其聚集。在病毒成熟过程中，pB602L还有利于p72的正确折叠，待成熟p72包装进内质网表面的病毒粒子里，该伴侣蛋白才从p72上解离。免疫电子显微试验显示，pB602L蛋白的缺失除了会引起p72和pE120R不足，还会引起包膜蛋白p17和其他多聚蛋白的非正常状况[33, 34]。

（三）核酸新陈代谢、DNA复制和修复、mRNA转录和加工等所需的酶及因子

1. dUTPase　由ASFV ORF S273R编码，在病毒感染后的早晚期均可表达该蛋白，且表达的蛋白位于细胞质内；该酶为三聚体蛋白，活化需要二价的阳离子参与，尤其是Mg^{2+}。在分裂的细胞内，该酶对病毒的复制是非必需的；但在非分裂的细胞内，该酶对病毒复制是必需的。缺失S273R基因的ASFV在Vero细胞上病毒复制效率降低到10%以

下。在ASFV自然宿主细胞猪巨噬细胞内，dUTPase在较低的dUTP浓度下，能有效减少脱氧尿嘧啶错配进病毒基因组，确保DNA复制时的忠实性[35]。

2. UBC酶　泛素结合酶由ASFV ORF S273R编码，大小为24kD，ASFV感染后，该酶位于胞质及细胞核内，使一些基质蛋白，如携带组氨酸等碱性氨基酸的蛋白，以及该酶自身泛素化，导致基因组结构改变，使DNA更有利于与一些调节蛋白接触；另外，该酶还可调节病毒粒子的脱壳及装配，调控病毒早期与晚期转录基因的转化，调节病毒DNA的复制与修复，以及调节单核巨噬细胞的功能等[36, 37]。

3. DNA聚合酶　ASFV编码两种DNA聚合酶，一种为PolB，该酶类似于真核细胞中DNA Polβ，与病毒的DNA复制有关[38]；另一种为PolX，这是一种高度分散的单体酶，该酶是目前已知的最小的DNA聚合酶，缺乏N-端与DNA结合的结构域，并且缺乏3'→5'校读功能。它介导的单核苷酸碱基剪切修复（single-nucleotide base excision repair，BER），能有效修复单链核酸上的空缺部位，对ASFV复制周期内DNA的修复有重要意义。但该酶保真性较低，在修复过程中易发生错误，催化G：G错配，类似变位酶的功能，导致ASFV基因及抗原蛋白发生变异[39-41]。

4. AP核酸内切酶　这是一种Ⅱ型脱嘌呤/脱嘧啶核酸内切酶，由ASFV ORF E296R编码，在其内部有一个二硫键，这对ASFV在巨噬细胞中的复制有重要意义。该酶具有AP核酸内切酶（apurinic/apyrimidinic endonuclease）、3'-5'方向外切酶、3'双酯酶以及核苷酸剪切修复功能，尤其在DNA错配修复过程中发挥作用[42, 43]。

5. pS273R　由ASFV ORF S273R编码，有着保守的Gly-Gly-Xaa结构，属于Sumo I特异性蛋白酶家族成员，该酶为病毒感染后晚期表达的蛋白，定位于病毒工厂内，与病毒结构蛋白pp220、pp62的加工成熟有关[44]。

除此之外，ASFV还能编码结合到复制原点上的DNA引物酶（C962R）[45]、螺旋酶（F1055L）[46]，与Holliday连接有关的溶解酶

（EP364R）[46]，Ⅱ型DNA拓扑异构酶（P1192R）[47]、λ样核酸内切酶（D345L）[48]、DNA连接酶（NP419L）[49]、增殖细胞核抗原样蛋白（E301R）[45]、转录因子SII（I243L）[50]等。

（四）调节宿主细胞功能的蛋白

1. pA238L　A238L基因编码的蛋白是一种抗宿主蛋白，在不同感染细胞中，其分子量略有差异，这可能是由于翻译后不同的加工修饰所致。由于该蛋白含有1kb锚蛋白重复序列，因此被认为是1kb的类似物，并能抑制NF-kappa B的激活。重组的A238L蛋白能抑制NF-kappa B复合物与靶DNA序列的结合，并能与NF-kappa B的p65亚单位共沉淀。用表达A238L的重组质粒转染NF-kappa B途径激活的细胞，结果导致NF-kappa B依赖的虫荧光素酶报告基因表达的抑制。另外，A238L蛋白还能抑制钙神经素磷酸酶的活性，其钙神经素结合基序位于多肽链的C端和锚蛋白重复序列的下游，与活化T细胞核因子（简称NFAT）的钙神经素结合基序非常相似。钙神经素参与多种细胞活性的调节，参与转录因子家族的NFAT的激活，在静止细胞的胞质内，NFAT以高度磷酸化的形式存在，由配体与细胞表面受体（如T细胞受体）结合等，刺激引起的钙水平升高导致钙神经素的激活和NFAT的去磷酸化，使NFAT上的核定位序列暴露，进而导致NFAT的核易位和相关基因的转录激活。据此可以推测，在ASFV感染细胞中，A238L蛋白能以与钙神经素结合的方式抑制NFAT依赖基因（如编码IL-2、IL-4和GM-CSF等细胞因子的基因）的转录，其后果是出现广泛的免疫抑制。此外，钙神经素还能促进BAD促凋亡蛋白（属于Bcl-2家族）的磷酸化，从而发挥促细胞凋亡作用[51]。

2. p54　前面已介绍过该蛋白是ASFV的一种结构蛋白，参与病毒粒子与靶细胞的吸附。基因转染试验结果显示，瞬时表达的ASFV p54蛋白能诱导Vero细胞的凋亡，而删除动力蛋白结合部位的E183L突变基因转染后，不能诱导Vero细胞的凋亡，提示该蛋白在ASFV诱导的细胞凋亡中发挥重要作用[16]。

3. IAP及Bcl-2样凋亡抑制因子 病毒感染细胞的凋亡是宿主限制病毒复制的主动而有效的手段，也是致敏T淋巴细胞杀伤病毒感染细胞的主要作用机制之一。但在长期的进化过程中，许多病毒获得了多种抑制感染细胞凋亡的机制，以有利于病毒自身的复制和子代病毒粒子的扩散传播。ASFV ORF A224L基因编码的IAP样蛋白和ORF A179L基因编码的Bcl-2样蛋白具有抗凋亡功能，前者通过结合方式抑制caspase-3的活性，但后者抑制感染细胞的凋亡机制还不太清楚[51]。

4. ICP34.5类似物 该蛋白由ASFV ORF 114L基因编码，其N端的碱性氨基酸序列与单纯疱疹病毒编码的神经毒因子ICP34.5相同，而且两者C端的结构域相似。ICP34.5至少具有三种功能：① 通过与宿主细胞的蛋白磷酸酶1（PP1）结合，导致翻译起始因子eIF-2α的去磷酸化，从而抑制PKR介导的宿主蛋白合成的关闭；② 在细胞核内与增殖细胞核抗原（PCNA）结合，将宿主细胞DNA聚合酶募集到病毒复制部位，以便病毒DNA能在非分裂细胞中有效复制；③ 有利于病毒的成熟和释放。由此可推测，ASFV编码的ICP34.5类似物能像ICP34.5一样在病毒感染细胞核内担当PP1调节亚单位角色，从而改变感染细胞的功能[52]。

5. MGF360和MGF530 ASFV多基因家族蛋白MGF360和MGF530决定细胞嗜性，而且与病毒在巨噬细胞以及蜱体内有效复制密切相关。细胞感染试验结果表明，删除数个拷贝MGF360和MGF530基因的病毒突变株能诱导感染巨噬细胞的早期死亡，提示这些多基因家族编码的蛋白质与细胞的生存有关[53, 54]。

6. pEP153R 由ASFV ORF EP153R基因编码的非必需蛋白质，又被称为C型亮氨酸样蛋白。以前证明该蛋白参与感染细胞与红细胞的吸附[55]，最近的细胞感染试验结果显示，EP153R基因缺失突变株感染后能使细胞内的caspase-3活性升高，而且感染细胞的死亡时间较野生病毒株感染细胞提前。用表达EP153R基因的重组质粒转染细胞，结果证明

EP153R基因能部分保护Vero细胞和COS细胞免遭病毒感染或外部刺激诱导的凋亡，由此可以推断，EP153R蛋白可能是ASFV编码的抗细胞凋亡蛋白[56]。

（五）与病毒免疫逃避相关的蛋白

ASFV免疫逃避相关蛋白往往与调节宿主细胞的促细胞凋亡蛋白相一致，如pA238L、p54等，因为ASFV最初感染的细胞是巨噬细胞和单核细胞，这些细胞是重要的免疫细胞，参与机体先天性免疫应答和获得性免疫应答，它们的过早凋亡，对机体的免疫应答肯定会造成很大的影响。除此之外，还有一些其他蛋白也参与了病毒的免疫逃避，主要有下面几种。

1. pK205R　由ASFV ORF K205R编码的蛋白。该蛋白序列非常保守，在ASFV感染后4h，即可在宿主细胞胞质中大量表达[57]。最近研究发现该蛋白能有效抑制IFN-I中IFN-β的诱导表达，阻断IFN-I、IFN-II免疫应答途径。IFN-I除了具有广谱的抗病毒作用，还具有免疫调节作用，能增加MHC I分子的表达，增强细胞毒性T淋巴细胞（CTL）介导的杀伤效应，促进细胞免疫应答[58]。由此可见，pK205R的大量表达与ASFV的免疫逃避有关。

2. MGF360和MGF530　该蛋白能调节细胞的存活，与病毒体内复制以及毒力有关。除此之外，有试验表明MGF360和MGF530基因缺失株能有效上调IFN I的表达。这表明该基因编码的蛋白可抑制正常IFN I的产生，直接或间接地抑制干扰素调节因子（IRF）家族成员的早期活化，其中包括Mx、PKR以及ISG-15等。这些蛋白直接参与早期的先天获得性免疫应答以及后天获得性免疫应答[53]。

（六）一些到目前功能未知的蛋白

ASFV编码的蛋白估计有160多种，目前已知功能仅50多种[7]，绝大多数蛋白的功能仍然未知，还需要今后进一步的研究。

第四节 病毒复制

ASFV一进入机体，最早感染的是猪单核巨噬细胞。该病毒进入细胞主要通过细胞受体介导的内吞作用来完成，目前已确定的受体为CD163。

当病毒进入细胞后，病毒核质体转移到核周区域，利用病毒粒子包裹的酶及相关因子进行早期mRNA的转录。早期转录编码的蛋白主要为一些核酸早期合成和加工所需的酶类，如DNA聚合酶等[54]。最初研究ASFV感染细胞超微结构时认为，胞质中的病毒工厂是病毒复制的位点[59]；后来研究发现，ASFV感染早期在细胞核内也出现一些ASFV基因组的复制，但产生的基因组比ASFV正常基因组小，具体起什么作用尚不清楚[60]。目前基本可以推断，ASFV感染早期在细胞核内合成短的病毒DNA片段，然后DNA转运到胞质的病毒工厂，用于后来的全长基因组的合成[61]。ASFV感染后6h，病毒开始在细胞质中复制，开始时形成头部相连的多联中间体，再分解成单位长度的基因组。这种复制特点与同为DNA病毒的痘病毒相似。尽管一些早期基因的表达伴随着整个病毒感染过程，但随着DNA的复制，感染细胞内存在着一些开关模式，能在不同的时间段有序地控制病毒基因的表达。晚期转录表达的蛋白主要是一些结构蛋白，如p72等。ASFV在细胞质内病毒工厂完成装配，涉及核蛋白中心（包括核衣壳以及核质体）的包装、来自内质网双膜层的包裹以及p72蛋白组成递增的衣壳片层，形成二十面体对称的病毒衣壳。病毒工厂周围围绕着波状蛋白和线粒体，包装好的病毒粒子通过微管作用移至胞质膜，经胞质膜出芽后获得包裹在病毒最外层的单层囊膜[54]，大体的复制过程如图2-4、图2-5所示。

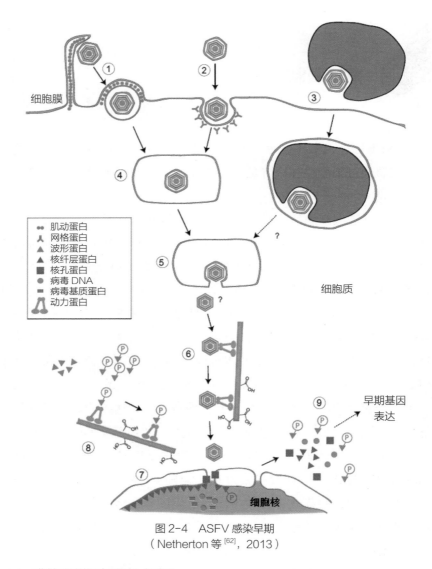

细胞膜

肌动蛋白
网格蛋白
波形蛋白
核纤层蛋白
核孔蛋白
病毒 DNA
病毒基质蛋白
动力蛋白

细胞质

早期基因
表达

细胞核

图2-4　ASFV 感染早期
（Netherton 等[62]，2013）

一、感染早期病毒的复制

　　如图2-4所示，ASFV感染早期，病毒通过巨胞饮作用①或网格蛋白
依赖的内吞噬作用②进入细胞，病毒也可以附着于红细胞，再被一些特
定的细胞吞噬③；ASFV进入内体/溶酶体系统后④，与膜融合，失去病

毒粒子的外层囊膜，并释放出病毒⑤；通过动力蛋白与病毒结构蛋白的
p54相互作用，利用微管使病毒粒子直接到达核周区域⑥；病毒基质蛋
白和病毒DNA进入细胞核，开始病毒的复制，同时核纤维蛋白发生磷酸
化并降解⑦；波形蛋白发生磷酸化，并通过动力蛋白回到核周位点⑧，
波形蛋白和病毒粒子的移动需要微管乙酰化，尽管精确的作用机制还不
清楚，但早期病毒基因表达开始，并开始形成病毒工厂，其中包括转运
过来的波形蛋白和核蛋白，病毒DNA也移动到复制位点⑨。

二、感染后期病毒的复制

　　如图2-5所示，ASFV感染后期，病毒在核周区域的病毒工厂内进

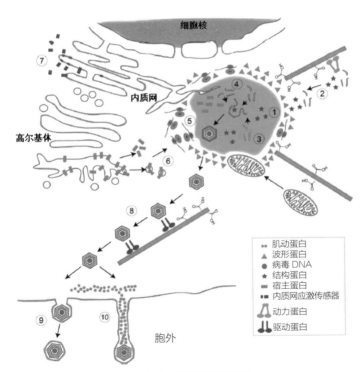

图2-5　ASFV 感染后期
（ Netherton 等[62]，2013 ）

行复制①，其中工厂内的病毒DNA、病毒的一些膜、病毒的结构蛋白以及某些宿主蛋白被波形蛋白笼以及线粒体包围，病毒工厂定位于核周区域需要微管的参与，微管还与病毒蛋白及膜的运输有关②；病毒的一些膜结构可能来源于降解的以及新形成的细胞膜③，或者崩解的细胞器，如内质网④；核糖体和病毒RNA也转移到病毒工厂周围⑤；ASFV感染，导致分泌途径各组成部分重新分配，尤其是高尔基体转运网络⑥，重新分配后蛋白运输到细胞表面以及溶酶体的效率降低，细胞的平衡状态遭到破坏，诱导细胞应激应答，胞质内的内质网表面释放出ATF6和caspase-12⑦；所有装配好的病毒粒子沿着微管，在驱动蛋白的作用下在细胞内进行运输⑧，然后通过出芽⑨或沿肌动蛋白突起方向⑩离开宿主细胞。

　　ASFV基因组复杂，编码蛋白数量众多，病毒复制过程中更多的细节还有待今后进一步的研究与补充。

参考文献

[1]　Murphy F A, Fauquet C M, Bishop D H L, et al. Virus taxonomy: classification and nomenclature of viruses. Sixth report of the International Committee on Taxonomy of Viruses, San Diego: Elsevier Academic Press, 1995.

[2]　Fauquet C M, Mayo M A, Maniloff J, et al. Virus taxonomy. VIIIth report of the international committee on taxonomy of viruses. San Diego: Elsevier Academic Press, 2005.

[3]　Dixon L K, Abrams C C, Bowick G, et al. African swine fever virus proteins involved in evading host defense systems [J]. Veterinary Immunology and Immunopathology, 2004, 100: 117-134.

[4]　Carrascosa J L, Carazo J M, Carrascosa A L, et al. General morphology and capsid fine structure of African swine fever virus particles [J]. Virology, 1984, 132: 160-172.

[5]　Cobblod C, Whittle J T, Wileman T. The role of the endoplasmic reticulumin the envelopment of African swine fever virus [J]. Journal of Virology, 1996, 70: 8382-8390.

[6]　Rouiller I, Brookes S M, Windsor M, et al. African swine fever virus is wrapped by the endoplasmic reticulum [J]. Journal of Virology, 1998, 72: 2373-2387.

[7]   Tulman E R, Delhon GA, Ku B K, et al. African Swine Fever Virus. Lesser Known Large dsDNA Viruses, 2009, 328: 43－87.

[8]   Yanez R J, Rodriguez J M, Nogal M L, et al. Analysis of the complete nucleotide sequence of African swine fever virus. Virology, 1995, 208(1): 249－278.

[9]   Carracosa J L, Gonzalez A L, Carracosa B G, et al. Localization of structural proteins in swine fever virus particlw by immunoelectron microscopy. Journal of Virology, 1986, 58: 377－384.

[10]   Andres G, Simon-Mateo C, Vinuela E. Assembly of African swine fever virus: role of polyprotein p220. Journal of Virology, 1997, 2331－2341.

[11]   Garcia-Escodrro R, Anders G, Almazan F, et al. Inducible gene expression from African swine fever virus recombinants: analysis of the major capsid protein p72. Journal of Virology. 1998, 3185－3195.

[12]   Boshoff C I, Bastos A D S, Gerber L J, et al. Genetic characterization of African swine fever viruses from outbreaks in southern Africa (1973－1999). Veterinary Microbiology, 2007, 121: 45－55.

[13]   Rebecca J. Rowlands, Vincent Michaud, et al. African Swine Fever Virus Isolate, Georgia, 2007. Emerging Infectious Diseases, 2008, 14(12): 1870－1874.

[14]   Garcia-Mayorala M F, Rodriguez-Crespob I, Bruix M, et al. Structural models of DYNLL1 with interacting partners: African swine fever virus protein p54 and postsynaptic scaffolding protein gephyrin. FEBS Letters, 2011, 585: 53－57.

[15]   Gomez-Puertas P, Rodriguez F, Oviedo J M, et al. The African swine fever virus proteins p54 and p30 are involved in two distinct steps of virus attachment and both contribute to the antibody-mediated protective immune response . Virology [J], 1998, 243: 461－471.

[16]   Danthi P. Enter the kill zone: Initiation of death signaling during virus entry. Virology, 2011, 411: 316－324.

[17]   Pados F J, Vinuela E , Alcamit A.Sequence and characterization of the major early phosphoprotein p32 of African swine fever virus. Journal of Virology, 1993, 2475－2485.

[18]   Hernaez B, Escribano J M, Alonso C. African swine fever virus protein p30 interaction with heterogeneous nuclear ribonucleoprotein K (hnRNP-K) during infection. FEBS Letters, 2008, 582: 3275－3280.

[19]   Galindo I, Vinuela E, Carrascosa A L.Characterization of the African swine fever virus protein p49: a new late structural polypeptide. Journal of General Virology, 2000, 81(1): 59－65.

[20]   Andres G, Garcia-Escudero R, Vinuela E, et al. African swine fever virus structural protein pE120R is essential for virus transport from assembly sites to plasma membrane but not for infectivity. Journal of Virology, 2001, 6758－6768.

[21]   Borca M V, Irusta P M, Kutish G F, et al. A structural DNA binding protein of African swine

fever virus with similarity to bacterial histone-like proteins. Archives of Virology, 1996, 141: 301－313.

[22] Gallardo C, Reis A L, Kalema-Zikusoka G, et al. Recombinant antigen targets for serodiagnosis of African swine fever. Clinical and Vaccine Immunology, 2009, 1012－1020.

[23] Reis A L, Parkhouse R M E, Penedos A R , et al. Systematic analysis of longitudinal serological responses of pigs infected experimentally with African swine fever virus. Journal of General Virology, 2007, 88: 2426－2434.

[24] Nunes-Correia I, Rodriguez J M, Eulalio A, et al. African swine fever virus p10 protein exhibits nuclear import capacity and accumulates in the nucleus during viral infection. Veterinary Microbiology, 2008, 130: 47－59.

[25] Goatley L C, Dixon L K. Processing and localization of the African swine fever virus CD2v transmembrane protein. Journal of Virology, 2011, 3294－3305.

[26] Rowlands R J, Duarte M M, Boinas F, et al. The CD2v protein enhances African swine fever virus replication in the tick vector, Ornithodoros erraticus . Virology, 2009, 393: 319－328.

[27] 孙怀昌, Dixon L K, Parkhouse R M E. 非洲猪瘟病毒j5R膜蛋白的电脑预测和实验证实. 中国病毒学报, 1999, 14(3): 236－243.

[28] Brookes S M, Sun H, Dixon L K, et al. Characterization of African swine fever virion proteins j5R and j13L: immuno-localization in virus particles and assembly sites. Journal of General Virology, 1998, 79: 1179－1188.

[29] Sun H, Jenson J, Dixon L K, et al. Characterization of the African swine fever virion protein j18L. Journal of General Virology, 1996, 77(5): 941－946.

[30] Suarez C, Gutierrez-Berzal J, Andres G, et al. African swine fever virus protein p17 is essential for the progression of viral membrane precursors toward icosahedral intermediates. Journal of Virology, 2010, 7484－7499.

[31] Galindo I, Vinuela E, Carrascosa A L. Protein cell receptors mediate the saturable interaction of African swine fever virus attachment protein p12 with the surface of permissive cells. Virus Research, 1997, 49: 193－204.

[32] Angulo A, Vinuela E, Alcami A. Inhibition of African swine fever virus binding and infectivity by purified recombinant virus attachment protein p12. Journal of Virology, 1993, 5463－5471.

[33] Epifano C, Krijnse-Locker J, Salas M L, et al. The African swine fever virus nonstructural protein pB602L is required for formation of the icosahedral capsid of the virus particle. Journal of Virology, 2006, 80(24): 12260－12270.

[34] Nix R J, Gallardo C, Hutchings G, et al. Molecular epidemiology of African swine fever virus studied by analysis of four variable genome regions. Archives of Virology, 2006, 151(12):

2475－2494.

[35] Oliveros M, Garcia-Escudero R, Alejo A, et al. African swine fever virus dUTPase is a highly specific enzyme required for efficient replication in swine macrophages. Journal of Virology, 1999, 8934－8943.

[36] Hingamp M, Arnold J E, Mayer R J, et al. A ubiquitin conjugating enzyme encoded by African swine fever virus. The EMBO Journal, 1992, 11(1): 361－366.

[37] Hingamp P M, Leyland M L, Webb J, et al. Characterization of a ubiquitinated protein which is externally located in African swine fever virions . Journal of Virology, 1995, 1785－1793.

[38] Rodriguez J M, Yanez R J, Rodriguez J F, et al. The DNA polymerase encoding gene of African swine fever virus: sequence and transcriptional analysis. Gene, 1993, 136: 103－110.

[39] Garcia-Escudero R, Garcia-Diaz M, Salas M L, et al. DNA polymerase X of African swine fever virus: insertion fidelity on gapped DNA substrates and AP lyase ctivity support a role in base excision repair of viral DNA. Journal of Molecular Biology, 2003, 326: 1403－1412.

[40] Showalter1 A K, Byeon I J L, Su M I, et al. Solution structure of a viral DNA polymerase X and evidence for a mutagenic function. Nature Structural Biology, 2001, 8 (11): 942－946.

[41] Jezewska M J, Szymanski M R, Bujalowski W. Kinetic mechanism of the ssDNA recognition by the polymerase X from African swine fever virus. Dynamics and energetics of intermediate formations. Biophysical Chemistry, 2011, 158: 9－20.

[42] Redrejo-Rodriguez M, Ishchenko A A, Saparbaev M K, et al. African swine fever virus AP endonuclease is a redox-sensitive enzyme that repairs alkylating and oxidative damage to DNA. Virology, 2009, 390: 102－109.

[43] Redrejo-Rodriguez M, Garcia-Escudero R, Yanez-Munoz R J, et al. African swine fever virus protein pE296R is a DNA repairn apurinic/apyrimidinic endonuclease required for virus growth in swine macrophages. Journal of Virology, 2006, 4847－4857.

[44] Andres G, Alejo A, Simon-Mateo C, et al. African swine fever virus protease, a new viral member of the SUMO-1-specific protease family. The Journal of Biological Chemistry, 2001, 276: 780－787.

[45] Yanez R J, Rodriguez J M, et al. Analysis of the complete nucleotide sequence of vAfrican swine fever virus. Virology, 1995, 208(1): 249－278.

[46] Iyer L M, Koonin E V, Leipe D D, et al. Origin and evolution of the archaeo-eukaryotic primase superfamily and related palm-domain proteins: structural insights and new members. Oxford Journals Life Sciences Nucleic Acids Research, 2005, 33(12): 3875－3896.

[47] Garcia-Beato R, Freije J M P, Lopez-Otin C, et al. A gene homologous to topoisomerase II in African swine fever virus. Virology, 1992, 188(2): 938－947.

[48] Iyer L M, Aravind L. Common origin of four diverse families of large eukaryotic DNA viruses. Journal of Virology, 2001, 75(23): 11720−11734.

[49] Lamarche B J, Showalter A K, Tsai M D. An error-prone viral DNA ligase. Biochemistry, 2005, 44: 8408−8417.

[50] Rodriguez J M, Salas M L, Vinuela E. Intermediate class of mRNAs in African swine fever virus. Journal of Virology, 1996, 70(12): 8584−8589.

[51] Sánchez E G, Quintas A, Nogal M, et al. African swine fever virus controls the host transcription and cellular machinery of protein synthesis. Virus Research, 2013, 1(173): 58−75.

[52] Goatley L C, Marron MB, Jacobs S C, et al. Nuclear and nucleolar localization of an African swine fever virus protein, I14L, that is is similar to the herpes simplex virus- enclded virulence factor ICP34.5. Journal of General Virology, 1999, 80: 525−535.

[53] Afonso C L, Piccone M E, Zaffuto K M, et al. African swine fever virus multigene family 360 and 530 genes affect host interferon response. Journal of Virology, 2004, 1858−1864.

[54] Burrage T G, Lu Z, Neilan J G, et al. African swine fever virus multigene family 360 genes affect virus replication and generalization of infection in Ornithodoros porcinus ticks. Journal of Virology, 2004, 2445−2453.

[55] Galindo I, Almazan F, Bustos M J, et al. African swine fever virus EP153R open reading frame encodes a glycoprotein involved in the hemadsorption of infected cells. Virology, 2000, 266: 340−351.

[56] Hurtado C, Granja A G, Bustos MJ, et al. The C-type lectin homologue gene (EP153R) of African swine fever virus inhibits apoptosis both in virus infection and in heterologous expression. Virology, 2000, 266: 340−351.

[57] Gutierrez-Castaneda B, Reis A L , Corteyn A, et al. Expression, cellular localization and antibody responses of the African swine fever virus genes B602L and K205R. Archives of Virology, 2008, 53: 2303−2306.

[58] Muller U, Steinhoff U, Reis L F. Functional role of type Ⅰ and type Ⅱ interferons in antiviral defense. Science, 1994, 264(5167): 1918−1921.

[59] Moura Nunes J F, Vigário J D, Terrinha A M. Ultrastructural study of African swine fever virus replication in cultures of swine bone marrow cells. Archives of Virology, 1975, 49: 59−66.

[60] Brookes S M, Dixon L K, Parkhouse R M E. Assembly of African swine fever virus: quantitative ultrastructural analysis in vitro and in vivo. Virology, 1996, 224: 84−92.

[61] Ballester M, Rodríguez-Carino C, Pérez M, et al. Disruption of nuclear organization during the initial phase of African swine fever virus infection. Journal of Virology, 2011, 85: 8263−8269.

[62] Netherton C L, Wileman T E. African swine fever virus organelle rearrangements. Virus Research, 2013, 173: 76−86.

第三章

非洲猪瘟
流行病学

非洲猪瘟的流行与病毒毒株、宿主、野猪分布、地理区域、蜱的活动以及环境等诸多因素有关。本章一方面从传染源、传播途径、易感动物、传播媒介、病死率等方面对ASFV流行的普通流行病学状况进行介绍，另一方面从病原遗传进化的角度分析非洲猪瘟在非洲以及其他已发病地区的分子流行病学状况。

第一节　普通流行病学

一、传染源

发病猪、带毒猪（康复猪和隐性感染猪）是非洲猪瘟的主要传染源，野猪以及钝缘蜱属软蜱是病毒的储存宿主。病猪在发病前1～2d就可排毒，尤其从鼻咽部排毒。隐性带毒猪、康复猪可终生带毒，如非洲野猪及流行地区家猪。病毒存在于急性型病猪的各种组织、体液、分泌物和排泄物中。由于ASFV对外界环境的抵抗力较强，病死猪的胴体、被病毒污染的猪肉及肉制品等均是非洲猪瘟重要传染源。此外，被病毒污染的饲料、垫料、泔水、器具、衣服以及车辆等都是可能的传染源。

及时、准确地识别出传染源，对疫情的控制具有重要作用。而传染源的识别是基于以往的工作经验、主动监测和被动监测的结果。历史上，非洲猪瘟疫情暴发国家可能的传染源见表3-1。

表 3-1　非洲猪瘟传入或扩散的可能传染源

(资料来源：Jose Manuel Sánchez-Vizcaíno, et al. 2009)

日期	国家	疫情可能传染来源	参考文献
1989	赞比亚	丛林地区（Bush area）办事员用吃剩的三明治饲喂另一办事员喂养的猪	ProMED 20010924.2327
1960	葡萄牙	进口肉制品	Neitz, 1963
1978	巴西	国际空港的待处理废水	McDaniel, 1986
1978	巴西	西班牙、葡萄牙和巴西之间贸易和旅游	Lyra, 2006
1978	捷克	国际空港的待处理废水	McDaniel, 1986
1978	马耳他	码头的待处理废水	McDaniel, 1986
1978	撒丁尼亚	码头的待处理废水	McDaniel, 1986
1980	古巴	进口活猪/猪肉	McDaniel, 1986
1983	意大利	进口猪的产品	McDaniel, 1986
1985	比利时	进口猪肉	Biront et al. 1987
1985	荷兰	非法饲喂来自医院、宾馆和饭店的泔水	Terpstra et al, 1986
1995	马拉维	从马拉维流行地区传入，引起散播的因素有猪只自由觅食、兽医对限制区监视缺乏机动性	Edelsten et al. 1995
1998	尼日利亚	媒体建议不要食用非洲猪瘟感染猪的肉，民众可能将其饲喂了自家养的猪	ProMED 19980916.1866
1998	尼日利亚	邻国感染了非洲猪瘟（贝宁？）	ProMED 19980709.1282
1998	多哥	邻国感染了非洲猪瘟	ProMED 19980615.1128
1998	马达加斯加	延误诊断（误诊为猪瘟），没有储备用于非洲猪瘟诊断的方法，缺乏监测或警示体系，受限制的经济资源、*O. moubata porcinus* 出现，可能由 *Potamochoerus larvatus* 与家猪接触而感染	Rousset et al. 2001
1999	博茨瓦纳	猪毁坏栅栏，外出后与疣猪混群	ProMED 19990804.1339
2001	赞比亚	邻国实施屠宰，通过动物移动散播	ProMED 20080209.0527
2001	肯尼亚	乌干达感染了非洲猪瘟的猪带去屠宰，再用屠宰场的下脚料喂猪；或将猪带到屠宰场，然后卖活猪	ProMED 20010927.2356
2001	南非	家猪与疣猪直接接触	ProMED 20010810.1893
2004	坦桑尼亚	从邻国购猪到难民营食用	ProMED 20040426.1157

（续）

日期	国家	疫情可能传染来源	参考文献
2004	纳米比亚	蜱叮咬：家猪和野猪没有隔离；用捕猎的疣猪的下脚料喂家猪（如带蜱的疣猪的皮或直接喂给疣猪的脾脏和淋巴结）	ProMED 20050109.0072
2005	尼日利亚	ASFV 污染物导致再次发生	ProMED 20050815.2387
2006	乌干达	民众责怪实施积极措施失败	ProMED 20060109.0076
2007	布基纳法索	动物的非法转运	ProMED 20070728.2429
2007	肯尼亚	动物的非法转运，未煮熟的泔水喂猪	ProMED 20070505.1456
2008	坦桑尼亚	引进活猪	ProMED 20080307.0924

二、病毒活性

（一）环境中的稳定性

适宜的蛋白质环境中，ASFV可在较大的温度范围和pH范围内存活。室温条件下，在血清中可存活18个月；在冷冻的血液中可存活6年；37℃可在血液中存活1个月；在23℃及以下温度，病毒在血液和土壤混合物中能存活4个月；在腐败的血液中能存活15周；在冰冻肉或尸体内可以存活15年。60℃加热30min，可以被灭活。由于病毒在血液的含量较高，且对外界抵抗力极强，因此含有ASFV的血液样本是该病传播中的高风险物质。在血液样本的处理、运输、保存过程中必须实施严格的生物安全管理措施。

实验室条件下，−70℃存放ASFV，能否保持感染性尚不确定；但−20℃存放能被灭活。相对于−20℃环境，4℃更能够维持病毒的感染活性。在缺乏蛋白质介质的环境中，病毒的存活能力大大降低。

在粪便中可存活11d以上，在腐败的血清中可存活15周，在腐败的骨髓中可存活数月。但不能从腐败的病料样品中分离到ASFV。

ASFV在0.5%石炭酸和50%的甘油混合液中，于室温下可保存536d。

ASFV对pH变化的抵抗力较强，在pH 4～10范围内毒力稳定。但如果病毒在血清等适宜介质中，则可耐受更低或更高的pH环境，能存活数小时至3d。有研究表明，该病毒对pH的耐受性因不同的病毒分离株而异。

ASFV对乙醚、氯仿等脂溶剂敏感，完整的病毒粒子能够抵抗蛋白酶的作用，但易被胰蛋白酶灭活。病毒对环境的抵抗力较强，有效消毒剂的种类较少。目前，最有效的消毒剂是10%的苯及苯酚。OIE推荐使用的其他消毒剂包括0.8%的氢氧化钠、2.3%的次氯酸盐、0.3%的福尔马林等。

（二）宿主体内的稳定性

ASFV感染后，家猪在出现症状前24～48h可以承受感染病毒的袭扰。急性感染期，猪的组织、血液、分泌物和排泄物中均含有大量病毒。急性期感染后存活猪数月内仍可以向体外排毒，但藏匿病毒的能力下降。野猪只有在淋巴结聚集具有感染水平的病毒量，其他组织一般在感染2个月后很难聚集有足够感染水平的病毒量。在野猪或家猪的淋巴组织中，具备感染能力的病毒滴度持续期尚不清楚，但不同个体间可能存在差异。

（三）动物产品中的稳定性

在冷冻肉等食品中，ASFV能维持感染性不少于15周，最长可达1 000d。在尚未经高温蒸煮或烟熏的火腿、香肠中，3～6个月仍保持感染性。经蒸煮、干燥和烟熏的猪肉、下脚料喂猪，存在感染ASFV的潜在风险。感染猪屠宰后不同存放时间的肉样品中，ASFV病毒滴度变化比较见表3-2。

表 3-2　试验感染接种 4 头猪后肉样品中 ASFV 滴度的检测结果

(资料来源：引自 McKercher at al., 1978)

产品	屠宰后天数	滴　度 [50% 血细胞吸附单位（HAD50）/克]	
		最低值	最高值
未加工肉	2	$10^{3.25}$	$10^{3.75}$
碎肉	2	$10^{3.25}$	$10^{3.75}$
意大利腊肠	3	$10^{2.0}$	$10^{2.5}$
意大利香肠	9	10^{-1}	—
腌制火腿	2	$10^{2.5}$	$10^{3.75}$

　　为杀灭肉制品中的感染性ASFV，用感染ASFV猪肉制备火腿应69℃加热3h以上，或70～75℃加热30min以上；烟熏和添加香辣剂的香肠以及风干火腿，应32～49℃烟熏12h以上，风干25～30d[1]。

三、传播途径

　　ASFV主要经呼吸道、消化道途径侵入猪体。接触传播、经食物传播、软蜱叮咬是本病主要的传播途径。目前，主要有以下四种传播途径。传播模式见图3-1。

（一）接触传播

　　包括直接接触和间接接触两种方式，是造成非洲猪瘟暴发的主要传播途径。

　　1. 直接接触传播　易感猪与发病猪经鼻、口直接接触极易发生感染。

　　2. 间接接触传播　发病猪的各种组织脏器中含有大量ASFV，易感猪可通过接触病猪的排泄物、血液、被污染的圈舍、器具、车辆等发生感染。

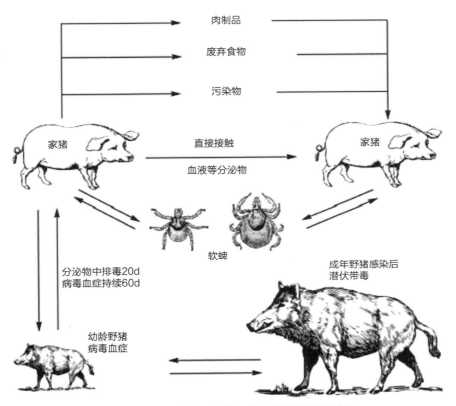

图 3-1　ASFV 在猪－野猪－蜱－猪间的传播模式图

（二）经食物传播

易感猪食入污染了ASFV的饲料、饮水、泔水等极易被感染。国际性的航空港、海港是病毒通过该途径跨地域传播的高风险地点。例如，2007年6月发生在格鲁吉亚的首例非洲猪瘟疫情，经FAO调查确认病毒是由来自东非地区的国际航班或船舶携带的被污染的肉类或肉制品废弃物不当处理后丢弃造成的。该病毒在格鲁吉亚迅速蔓延，造成该国52个区发生疫情，并随后蔓延至亚美尼亚。另外，家猪在误食携带有ASFV的蜱或者含有感染蜱的动物内脏后也可引起感染。在非洲一些国家发生的非洲猪瘟疫情，就是由于饲养员用珍珠鸡的内脏喂猪而引起的。

（三）媒介传播

1963年，西班牙学者从非洲猪瘟感染猪场的钝缘软蜱属的软蜱体内分离到ASFV，随后发现ASFV能在蜱的体内复制并发生经期、经卵和交配传播。ASFV在非洲野猪群中的传播主要依赖于寄生于疣猪体表的软蜱。软蜱叮咬带毒宿主后病原体随着宿主的血液进入软蜱的体内，进而在软蜱体内进行增殖，然后再排出蜱体污染环境，造成传播。

（四）其他传播途径

研究显示，ASFV近距离内（2m以内）可通过空气进行传播。还有其他可能的潜在传播途径，如经啮齿动物和鸟类传播。此外，由于病猪的生殖系统也存在病毒，因此，OIE法典中规定要对精液进行ASFV检测，说明，不排除非洲猪瘟可能经人工授精或者交配传播。

四、传播方式

非洲猪瘟在野生动物之间、野生动物与家养动物之间以及在家养动物之间等的传播方式各有特点，归纳起来主要有以下五种传播方式。

（一）森林型传播方式

主要存在于东非和南非地区。野猪和软蜱是储存宿主。蜱类叮咬家猪以及家猪食用感染ASFV的疣猪以及其他野猪的组织，是引起家猪发病的主要原因。

（二）易感猪与污染了ASFV的肉制品的接触传播方式

主要出现在西非地区。病毒传播主要通过猪与猪肉制品的直接接触，并没有软蜱的参与。此外一些社会经济因素影响到该病的传播，如缺乏兽医卫生服务、养猪业者缺乏正确处理死亡猪的知识等，也导致该病从一个国家直接传到邻近的另一个国家。事实上，高加索以及俄罗斯的一些地区近些年发生的非洲猪瘟疫情的传播与此类似。

（三）野猪与家猪之间的传播方式（有软蜱参与）

主要出现在伊比利亚半岛地区。当地的家猪和野猪均受到了ASFV感染。非洲猪瘟传播主要是通过猪与污染病毒的猪肉的直接接触进行的，因为当地养猪主要采取开放性的散养形式，因此软蜱对于该病的传播也起着重要作用。正如上文已提及的，这类软蜱在离开感染性宿主1年之后仍然能够传播病毒，ASFV在其体内可以存活5年之久。在这种情况下，野猪和软蜱的存在导致ASFV的清除工作非常困难。中非地区的马拉维、莫桑比克以及赞比亚的非洲猪瘟流行的形式同伊比利亚地区相似。

（四）野猪和家猪之间的传播方式（没有软蜱参与）

主要出现在中南美洲（1968—1980年）。非洲猪瘟只影响中南美洲的家猪和野猪，软蜱并没有在疾病传播过程中起作用。缺乏作为储藏宿主的软蜱使得中南美洲地区的非洲猪瘟清除工作相对比较容易。

（五）混合传播方式

主要出现在俄罗斯和高加索地区的亚美尼亚、格鲁吉亚、阿塞拜疆。这一地区的非洲猪瘟流行病学循环只涉及家猪和野猪，可能没有蜱类的参与。暴发的大多数疫情多影响到家猪，与感染ASFV的猪及其产品异地运输有关。只有少数疫情影响到野猪，这主要同野猪与家猪接触有关，野猪群中也存在病毒的传播。

五、易感动物

猪与野猪对本病毒均易感，各品种及不同年龄猪群的易感性没有差异，Montgomery等[2]于1921年曾设法试验感染白鼠、天竺鼠、兔、猫、犬、山羊、绵羊、牛、马、鸽等动物，均未成功；但Velho[3]于1956年报告，ASFV经兔–猪体内交替传代22代，仍可致实验猪死亡。继续用兔经鼻内滴血液的方式传至85代，其对猪的致病力明显减弱，但不能使实验猪产生抵御强毒攻击的保护力。

（一）家畜

在家畜中ASFV的宿主范围仅仅局限于猪，各种品种和日龄的猪以及改良野猪都可感染。

（二）野生动物

在非洲，ASFV可感染疣猪（*Phacochoerus aethiopicus*）、丛林野猪（*Potamochoerus* spp.）和大森林野猪（*Hylochoerus meinerizhageni*）。多种野猪对ASFV易感，但通常不表现明显的临床症状。欧洲和北美的野猪对ASFV都易感，临床症状和死亡率与家猪的表现相似。但美国花斑野猪（*Javelina*）例外，其对ASFV不易感。

蜱是ASFV的自然宿主，主要是分布在非洲撒哈拉沙漠以南的软蜱（*O.porcinus porcinus*，*porcinus domesticus*），通常栖居于疣猪的洞穴中。ASFV在这些蜱中可复制到比较高的滴度，然后经卵和交配传播病毒（雄性到雌性）。在伊比利亚半岛发现的钝缘蜱属的蜱（*Ornithodoros marocanu*，以前被称为*O.erraticus*）被认为是ASFV的生物媒介。因此，在这个地区想要根除ASFV的阻力更大。此外，发现于加勒比海和美国的钝缘蜱属的蜱（*O. coriaceus*，*O. turicata*，*O.puertoricensis*和*O. parkeri*）已被证明是ASFV潜在的生物媒介，并可能成为其长期宿主。

六、潜伏期

直接与感染猪接触后的潜伏期为5～19d，被感染蜱叮咬后的潜伏期不超过5d，5～7d即出现典型症状[4, 5]。

七、发病率与病死率

ASFV超强毒株感染可导致猪在12～14d内100%死亡，病猪血液中的病毒含量大于10^8个病毒粒子/mL，主要侵袭淋巴细胞，导致淋巴细胞凋亡、血管内皮细胞损伤和出血[4]。中等毒力毒株感染猪死亡率一般为30%～50%，低毒力毒株感染仅引起少量猪只死亡，偶见较低水平的病毒血症和体温升高，病毒可在感染康复猪体内持续存在[6, 7]。

八、公共卫生

非洲猪瘟不是人畜共患病。目前，还没有证据表明ASFV能感染人。

第二节　分子流行病学

ASFV基因组大小170～190 kb，编码160～175个基因。大多数基因组长度的变化都是由于靠近基因组末端不同多基因家族插入和缺失引起[8]，可以通过遗传学方法区分不同ASFV分离株。早期对ASFV毒株的鉴别是通过限制性片段长度多态性分析（RFLPs）方法[9, 10]，近年已很少应用，取而代之的是PCR扩增方法和核苷酸测序方法。RFLP分析表明，1957—1986年间欧洲、美洲的加勒比海和西部非洲的喀麦隆家猪群暴发的疫情病毒分离株遗传关系相近，说明可能由于非洲野猪传到家猪，然后扩散到其他洲[9, 10]。1982—1989年间，从马拉维的发病猪群中分离到的ASFV毒株与上述毒株遗传关系也非常相近[11]。相反，对两年期间从赞比亚的四个不同地区疣猪洞穴中的软蜱体内分离到的ASFV毒株分析显示，不同病毒分离株间全基因组序列有明显差异[12]。

一、ASFV基因分型

通过对ASFV的基因片段进行系统进化分析可以比较不同分离株的序列差异[13]。ASFV B646L基因高度保守，编码VP72蛋白，是常用的ASFV基因分型片段。B646L基因分析，可以将流行于非洲的毒株分为10个主要基因型，其中5个基因型与RFLP法分析的分群结果一致[14]。最大的基因群为基因Ⅰ型，或称ESAC-WA基因型（Europe，South America，the Caribbeanand West Africa），由从欧洲、南美洲、加勒比海和西非等24个国家分离到的毒株组成[14]，追溯分析表明，1957年葡萄牙暴发的ASF疫情是由西部非洲传入的，同属基因Ⅰ型。其他9个基因型分布于非洲的东部和南部，这些地区存在ASFV的蜱-野猪传播模式，并由这种循环模式传播到家猪。一般认为基因Ⅰ型仅在家猪群流行，但在东部非洲蜱-野猪中也有基因Ⅰ型的报道[15]。在莫桑比克、赞比亚和马拉维同一ASFV毒株在流行家猪中流行了23年。在南部非洲，通过比较该地区病毒分离株的B646L基因，进一步鉴定了6个新的基因型，使ASFV的基因型达到22个[16]。流行病学调查显示，在东部非洲和南部非洲，一些基因型仅在某个国家流行，而有些可以跨国界传播。

二、ASFV基因型与区域的关系

不同基因型的ASFV毒株分布有一定的区域性特点（图3-2）。非洲大陆主要有两大流行区域：一是非洲的西部和中部地区，从纳米比亚到刚果民主共和国、塞内加尔，该区域只有基因Ⅰ型在流行。这些地区流行毒株的高度同源性很难断定最初流行是由何处传入。二是非洲的

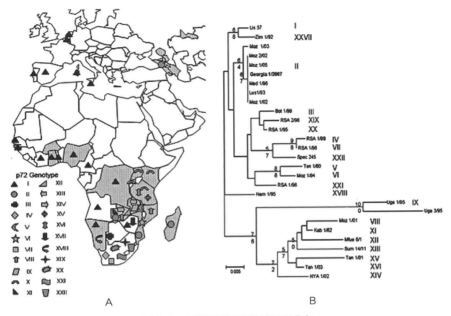

图 3-2　非洲猪瘟病毒的基因型分布

（资料来源：Solenne Costard, et al. 2009）

A. 2003—2008 年非洲猪瘟疫情暴发地区分布图。阴影表示 ASF 暴发的国家，符号代表 ASFV 基因型（基于 B646L（p72）基因）　B. 图示 22 个 ASFV 基因型（基于 B646L 基因）的遗传关系 I、II、III 等为 ASFV 的不同基因型。Moz, Mozambique; Lis, Lisbon; Zim, Zimbabwe; Mad, Madagascar; Bot, Botswana; RSA, Republic of South Africa; Spec, Spencer; Ten, Tengani; Nam, Namibia; Uga, Uganda;Tan, Tanzania; Kab, Kabu.

东部和南部地区，从乌干达、肯尼亚到南非，这些地区的ASFV分离株变异较大。在已知的22个基因型中，东部非洲有13个，南部非洲有14个。其中，赞比亚流行的基因型最多，已经鉴定了7个，其次为南非 6个，莫桑比克4个，马拉维和坦桑尼亚分别为3个，肯尼亚和乌干达分别为2个。这些地区流行毒株的高度多样性与这些国家中多数存在蜱−野猪循环模式密切相关，而蜱−野猪循环模式在ASFV的流行中具有重要作用[17, 18]。

　　在非洲的东部和南部地区，有些基因型（如VIII和XIX）高度同源，这些毒株可能只限于猪−猪间传播，或猪−寄生于家猪的蜱间传播。也有些基因型毒株，如基因型Ⅴ、Ⅹ、Ⅺ、Ⅻ、ⅩⅢ和ⅩⅣ，或分离自家猪，或分离自野生蜱或疣猪，既存在猪-蜱循环模式，也存在猪-猪循环模式[17, 18]。有些基因型仅在某个国家发生，如Ⅴ、Ⅵ、Ⅸ、Ⅺ、ⅩⅢ、ⅩⅣ、ⅩⅤ和ⅩⅥ，而有些基因型毒株不受国界限制，如Ⅰ、Ⅱ、Ⅴ、Ⅷ、Ⅹ和Ⅻ。正是由于在同一地区或某一阶段不同基因型毒株共同流行，所以目前仍很难说明国家或区域性流行模式是否与脊椎动物宿主和虫媒宿主有关，也导致了不同毒力毒株或不同致病性毒株的出现。但用p72或其他分子识别标记，如*9RL* ORF，可以区分地理上或暂时存在相关性的ASFV毒株。例如，1995年乌干达暴发的非洲猪瘟疫情是由两个不同毒株感染引起的，而1984年和1990年布隆迪暴发的ASF疫情是由同一毒株导致[14, 17]。另外，南非于1995年和1996年暴发的疫情属于两起完全不相关的疫情，事实上是由4个基因型不相关的病毒毒株引起的。这些结果与当年南非1987年、1992年和1996年三次不相关疫情是由同一个病毒株复苏引起的结论明显矛盾[16]。此外，研究表明1998年莫桑比克暴发的单起疫情是由基因Ⅱ型和基因Ⅷ型两个完全不相关的毒株引起，尽管1994年莫桑比克两个不同地区暴发的疫情被认为是同一毒株引起[18]。两个基因型毒株活性延长一个是2001年和2003年两起疫情中基因Ⅱ型病毒毒株得以复壮，另一个是2001年疫情暴发时基因Ⅷ型毒株的复壮。马达加斯加基因Ⅱ型和莫桑比克基因Ⅱ型引起的疫情流行说明马达加斯加1998年的非洲猪瘟疫情很可能是由莫桑比克传入的。

目前，用于ASFV分子流行病学分析的方法是用B646L基因分型，进一步用PCR或其他方法细分亚型。用这些方法对2007年传入高加索地区和毛里求斯的ASFV毒株分析表明，当年传入这两个地区的ASFV毒株均为基因Ⅱ型[19, 20]。基因Ⅱ型曾在莫桑比克、赞比亚和马达加斯加的家猪群流行[14, 18, 21]。从B646L（p72）基因和B602L基因两个基因序列分析表明，2007年格鲁吉亚毒株与1993年和2002年在莫桑比克、赞比亚分离的毒株，以及1998年马达加斯加分离的毒株属于同一基因型，即基因

Ⅱ型[16]。进一步流行病学调查追踪显示，格鲁吉亚非洲猪瘟疫情的传入可能是由于从非洲经船舶运输的ASFV病猪猪肉在黑海的波季港入境，然后饲喂家猪而引起[22]。

三、ASFV分子流行病学研究的意义

开展基于ASFV VP72基因的分子流行病学研究，有助于从分子水平了解引发疫情的ASFV基因型的地理分布，掌握潜在的传播途径，追溯疫源及其可能的传播方式，并在相关研究基础上提出科学的防控措施。

参考文献

[1]　Coetzer J A W, Thomson G R, Tustin R C. Infectious Diseases of livestock with special reference to Southern Africa [M]. Cape Town: Oxford University Press, 1994.

[2]　王君玮, 王志亮. 生物安全实验室兽医病原微生物操作技术规范 [M]. 北京: 中国农业出版社, 2009.

[3]　Leite E. Observations sur la peste porcine en Angola [J]. Office International des Epizootices Bulletion, 1956, (46): 335−340.

[4]　African Swine Fever(Last Updated: December 19, 2006) [EB/OL]. [2015/05/25], http: //www. cfsph.iastate.edu.

[5]　OIE Terrestrial Animal Health Code [EB/OL]. [2015/05/25], http: //www.oie.int/eng/normes/ mcode/A_summry.htm.

[6]　Pensaert M. B. Virus Infections of Porcine [M]. Amsterdam: Elsevier, 1989.

[7]　Fenner F J, Gibbs E P J, Murphy A, et al. Vetrinary Virology [M]. 2nd ed, USA: Academic Press, 1993.

[8]　Chapman D A, Tcherepanov V, Upton C, et al. Comparison of the genome sequences of nonpathogenic and pathogenic African swine fever virus isolates [J]. Journal of General Virology, 2008, 89(Pt2): 397−408.

[9]　Ronald D, Wesley A E. Tuthill. Genome relatedness among African swine fever virus field

isolates by restriction endonuclease analysis [J]. Preventive Veterinary Medicine, 1984, 2(1–4): 53–62.

[10] Viñuela E. African swine fever virus [J]. Current Topics in Microbiology and Immunology, 1985, 116: 151–170.

[11] Sumption K J, Hutchings G H, Wilkinson, P. J, et al. Variable regions on the genome of Malawi isolates of African swine fever virus [J]. Journal of General Virology, 1990, 71(Pt 10): 2331–2340.

[12] Dixon L K, Wilkinson P J. Genetic diversity of African swine fever virus isolates from soft ticks (Ornithodoros moubata) inhabiting warthog burrows in Zambia[J]. Journal of General Virology, 1988, 69(Pt 12): 2981–2993.

[13] Solenne Costard, Barbara Wieland, William de Glanville, et al. African swine fever: how can global spread be prevented? [J]. Philosophical Transactions of the Royal Society B, 2009, 364(1530): 2683–2696.

[14] Bastos A D, Penrith M L, Crucière C, et al. Genotyping field strains of African swine fever virus by partial p72 gene characterization [J]. Archives of Virology, 2003, 148(4): 693–706.

[15] Lubisi B A, Bastos A D, Dwarka R M, et al. Molecular epidemiology of African swine fever in East Africa [J]. Archives of Virology, 2005, 150(12): 2439–2452.

[16] Boshoff C I, Bastos A D, Gerber L J, et al. Genetic characterisation of African swine fever viruses from outbreaks in southern Africa (1973–1999) [J]. Veterinary Microbiology, 2007, 121(1–2): 45–55.

[17] Lubisi B A, Bastos A D, Dwarka R M, et al. Molecular epidemiology of African swine fever in East Africa [J]. Archives of Virology, 2005, 150(12): 2439–2452.

[18] Bastos A D S, Penrith M L, Macome F, et al. Co-circulation of two genetically distinct viruses in an outbreak of African swine fever in Mozambique: no evidence for individual co-infection [J]. Veterinary Microbiology, 2004, 103(3–4): 169–182.

[19] Rebecca J R, Vincent M, Livio H, et al. African swine fever virus isolate, Georgia, 2007 [J]. Emerging Infectious Disease, 2008, 14(12): 1870–1874.

[20] OIE WAHID [EB/OL]. [2015/05/25], http://www.oie.int/wahis/public.php?page=home.

[21] Penrith M L, Lopes P C, Lopes da Silva M M, et al. African swine fever in Mozambique: review, risk factors and considerations for control [J]. The Onderstepoort Journal of Veterinary Research, 2007, 74(2): 149–160.

[22] Daniel Beltrán-Alcrudo, Juan L, Klaus D, et al. African swine fever in the Caucasus [EB/OL]. FAO Empres Watch, [2015/05/25], ftp://ftp.fao.org/docrep/fao/011/aj214e/aj214e00.pdf.

第四章

临床症状与
病理变化

第一节　临床症状

非洲猪瘟（African Swine Fever，ASF）是猪的一种急性、热性、出血性疾病。ASF不同分离毒株毒力差异较大，高毒力毒株感染后潜伏期5～15d，伴随高热，5～7d内死亡，死亡率达10%～100%；中等毒力毒株发病急，有一定的存活率；低毒力的毒株感染后无任何症状。在临床上，由于感染毒株的致病力和宿主年龄的差异，可将本病分为最急性、急性、亚急性和慢性4种类型。

（一）最急性型

发病猪无临床症状突然死亡，有些病猪死前可见斜卧、高热，腹部和末梢部位充血、出血（图4-1），扎堆，呼吸急促，病猪死亡率可达100%。

（二）急性型

自然感染ASFV后出现临床症状需要5～15d，最先出现的症状是体温升高（41～42℃），表现为精神沉郁、食欲减退、震颤、扎堆、呼吸急促、白色皮肤的猪皮肤发红，耳、四肢、腹部皮肤黏

图4-1　急性型非洲猪瘟　皮肤充血，红色至暗红色，尤其后肢和腹部皮肤

（图片来源：Univ. Pretoria: J.A.W. Coetzer. [2]）

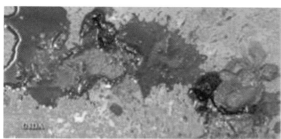

图4-2 腹泻、便中带血

（图片来源：Kathy Appicelli and Liz Clark, at the Plum Island FADD）

图4-3 急性型非洲猪瘟：斜卧，皮下出血、发绀

（图片来源：http://www.defra.gov.uk/animalh/diseases/ images/v2/asfn_8.jpg）

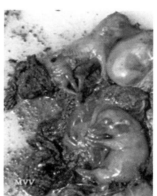

图4-4 妊娠母猪感染后可在任何阶段流产

（图片来源：Professor Moritz van Vuuren of the University of Pretoria）

膜广泛性出血、有出血点（图4-1），可视黏膜潮红、发绀。常见呕吐、便秘，粪便表面有血液和黏液覆盖，或腹泻、粪便带血（图4-2）。共济失调或步态僵直，偶尔可见鼻和眼睑有脓性分泌物，呼吸困难，经常看到鼻孔内伴有血液性气泡。病猪也有腹部疼痛症状，出血性休克昏迷，病猪病程延长存活后有神经症状（图4-3）。妊娠母猪在妊娠期间均可流产（图4-4）。病程1～7d[1,2]，病死率高达100%。急性ASFV感染猪耐过康复后，对同一毒株的感染一般不再表现症状。

（三）亚急性型

临床症状同急性型，但症状较轻，病死率较低，持续时间较长（约3周）。体温无规律、波动大，常高于40.5℃。病猪精神沉郁、食欲减退。关节疼痛、肿胀，行走困难。呼吸窘迫，湿咳，有肺炎症状。通常继发细菌感染后病程持续数周至数月，有的病例康复或转为慢性。小猪病死率相对较高[1]。

（四）慢性型

病猪波状热，呼吸困难，湿咳。消瘦或发育迟缓，体弱，毛色暗淡。关节肿胀，皮肤溃疡。怀孕母猪感染引起流产，大部分猪感染后能康复，但终身带毒。病猪通常可存活数月，但由于免疫力低下容易继发细菌感染，很难康复。

第二节　剖检病变与病理组织学

一、剖检病变

剖检变化因毒株毒力的差异导致不同的病程而呈现不同程度的眼观病变和病理组织学变化。

（一）最急性型

肉眼病变不明显，部分病例体液蓄积，急性死亡。

（二）急性型和亚急性型

浆膜表面充血、出血，肾、肺脏表面有出血点（图4-5），心内膜、心外膜呈点状和斑状出血，胃、肠道黏膜弥漫性出血（图4-6）。胆囊、膀胱出血。肺脏肿大，切面流出泡沫性液体，气管内有血性泡沫样黏液（图4-7）。淋巴结出血、水肿、变脆，下颌淋巴结、腹腔淋巴结肿大、严重出血（图4-8），淋巴结切面有时呈大理石外观。急

图4-5 肾脏肿大、出血

图4-6 脾脏肿大，肠壁出血

（图片来源：Kathy Appicelli and Liz Clark, at the Plum Island FADD courses）

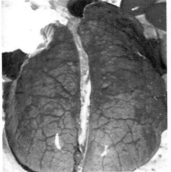

图4-7 肺脏肿大，间质性肺炎

（图片来源：Professor Moritz van Vuuren of the University of Pretoria）

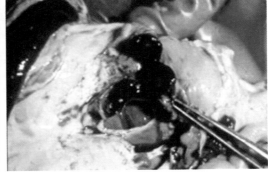

图4-8 淋巴结瘀血、出血、肿大

（图片来源：Dr Corrie Brown of the University of Georgia, Department of Pathology）

性型能观察到腹腔浆液性出血性积液，整个消化道水肿和出血。肝脏和胆囊充血。胸腔、腹腔蓄积血色液体。脾脏肿大、梗死、变脆、呈黑色，表面有出血点，边缘钝圆，有时出现边缘梗死（图4-6），脾的病变是非洲猪瘟和猪瘟的重要区别，非洲猪瘟病猪的脾脏肿大、发黑；而猪瘟病猪的脾脏不肿大，保持正常大小，常见有出血点和边缘梗死[1]。

（三）慢性型

以呼吸道病变为主要特征，一般临床少发。淋巴网状内皮增生是剖检的最显著的特征之一。另外，常见消瘦、纤维蛋白性心包炎和胸膜炎、胸膜粘连、干酪样坏死和钙化灶。患有慢性病的病猪死亡多伴有肺炎病变，常见有皮肤坏死。

二、病理组织学

ASFV感染的病理组织学变化主要是由于病毒与巨噬细胞的相互作用。巨噬细胞感染后释放细胞因子，导致巨噬细胞的大量破坏而引起全身性重度组织变性。淋巴组织的大量的细胞碎裂、出血。脾脏的S-S（schweiger-seidel）鞘断裂、消失。血管壁、尤其淋巴组织的血管壁，常因上皮细胞坏死、炎性介质渗出而呈现纤维蛋白样变。

显微镜下观察，真皮内小血管，尤其在乳头状真皮内小血管呈严重的充血，血管内发生纤维性血栓，血管周围有许多嗜酸性球形聚集物，耳朵紫斑部分上皮组织内可见到血管血栓性坏死现象。此外，可见间质性肺炎变化，伴随着纤维蛋白沉积和巨噬细胞浸润，肾小管退行性玻璃样变性，肝门部有巨噬细胞浸润，淋巴细胞性脑膜脑炎等。

第三节　鉴别诊断

依据临床症状和病理变化做出初步判断，由于非洲猪瘟和猪瘟在临床症状上非常相似，如果没有典型的症状——特征性出血，仅从临床症状和肉眼病变几乎无法鉴别。因此，需要通过实验室检测进行确诊和鉴别诊断。此外，还应注意与以下病症相鉴别。

（1）高致病性蓝耳病　由猪繁殖与呼吸综合征病毒变异毒株引起，导致母猪流产、产出死胎，仔猪和断乳仔猪发生严重呼吸道疾病，死亡率高。

（2）猪皮炎肾炎综合征（PDNS）　由猪圆环病毒Ⅱ型（PCV-2）感染引起，临床表现为体质下降、消瘦、腹泻和呼吸困难。

（3）细菌性败血症　猪丹毒、猪肺疫、副伤寒这些猪的传染病在高热、皮肤发红、厌食、呼吸困难、共济失调等临床症状上有部分与非洲猪瘟有相似之处，如果仅从临床判断容易造成误诊。由于这些细菌性疾病常侵害特定年龄段猪只，发病率和死亡率低，抗生素治疗有效，可通过实验室细菌分离培养鉴定、组织病理学检查进行区分。

（4）香豆素中毒　猪误食鼠药，引起严重出血和死亡。一般是一定数量的猪发病，更换饲料后病情好转。

（5）真菌毒素中毒　猪食入发霉的饲料引起，黄曲霉毒素、葡萄穗霉毒素可导致出血，死亡率高。各年龄段的猪均可发病。确诊需要进行饲料毒素分析。

第四节　非洲猪瘟病毒致病性研究

一、单核细胞和巨噬细胞对ASFV具有易感性

ASFV通过扁桃体或背侧咽黏膜进入颌下或咽喉部淋巴结，病毒从这里进行扩散引起病毒血症；之后，几乎在所有的组织中均能检测到病毒。病毒含量最高的组织包括单核巨噬细胞系统（网状内皮细胞）如脾脏和淋巴结。ASFV的吸附可能涉及巨胞饮作用，主要通过内吞作用进入单核/巨噬细胞系。这些细胞高度多样化，具有不同的表型、活性和成熟阶段。此外，观察到树突细胞的感染可能干扰体液免疫反应。体内外试验表明，不同集合的单核细胞和巨噬细胞对ASFV表现出不同的敏感性。在体外，与肺泡巨噬细胞相比，骨髓细胞和新鲜血液中的单核细胞不容易感染ASFV。一般来讲，高度成熟阶段的细胞表达高水平的特定标记的巨噬细胞和SLA－Ⅱ抗原最容易感染ASFV。尤其是急性期调节受体表达CD163、表面抗原4E9（猪CD107a或溶酶体相关的膜蛋白Ⅰ）易受ASFV感染[3]。

通过制备抗CD163或抗4E9单克隆抗体试验发现它们能够抑制ASFV感染，表明这两种抗原在病毒感染最初阶段发挥了作用。众所周知，与CD163－单核细胞相比，CD163+单核细胞能够产生更多的TNF－α，表达高水平的黏附分子和更善于进行T细胞递呈抗原。这可能影响到内皮细胞凋亡的能力以及发病的时间。更成熟的巨噬细胞比单核细胞似乎更满足ASFV复制的需求。有一种说法可能是囊泡必须快速酸化和发生溶酶体酶活性。这一结论需要进一步的研究和调查确认。

用ASFV P30抗原试验感染动物，7～9d后采集外周血，通过流式细胞分析技术最大百分比为6%～31%，主要是单核细胞和巨噬细胞。前面

提到成熟状态的影响下可以解释受感染的细胞数量相对较低，因此病毒进行复制。除了单核细胞/巨噬细胞系外，一小部分粒细胞（7%～21%）也被感染。感染后的时间点和病毒分离对感染的细胞系来说，二者没有明显的差异[4]。中性粒细胞的感染证实了Carrasco的研究结果，他认为成熟和不成熟的中性粒细胞是病毒生存的港湾，尤其是后者的说法可以解释运输工具能够进行病毒传播[5]。

　　动物急性感染ASFV，在其扁桃体内可观察到单核细胞/巨噬细胞数量的增加以及促炎性细胞因子表达的增加（尤其是TNF-α和IL-1）。这种现象的发生同时也伴随着淋巴细胞凋亡。

　　ASFV主要感染单核吞噬细胞系统的细胞，其次是巨核细胞、扁桃体上皮细胞，另外有少量的肾细胞、肝细胞和内皮细胞，这些细胞病变的差异因毒株的毒力不同而异。Gómez-Villamandos等研究单核细胞在ASFV感染中的作用，发现非洲猪瘟引起的病毒血症因不同毒株的毒力和猪的免疫状况不同而有一定的差异性。急性和亚急性症状，引起血管的严重变化，不同的器官均有出血症状，如粪便带血、鼻有红斑、肾脏有瘀血斑、淋巴结弥漫性出血。肺水肿，血管内凝血和血小板减少。淋巴细胞减少，单核细胞减少症是在急性和亚急性非洲猪瘟期间出现。淋巴球和淋巴减少症在初级和二级淋巴器官中出现，引起细胞凋亡。这些病变的出现与病毒在内皮细胞或淋巴细胞中进行病毒复制无直接关系。单核细胞显示出现病毒复制和细胞凋亡，包括红细胞吸附。更重要的变化是引起这些细胞的增加和免疫器官分泌活性增强，如能够增加促炎细胞因子的分泌量。炎症反应的激活引起临床症状的最初表现，包括发热和疾病急性期蛋白水平的变化。IFN-β和IFN-γ从发病的开始阶段到急性阶段不断增加。在非洲猪瘟急性期的最后阶段也检测到IL-10的增加。

二、急性发病期细胞因子水平上升

　　Afonso等研究发现不同的宿主范围和病毒之间的关系，IFN在影响及

控制病毒基因的生成中扮演重要角色，也决定了ASFV的毒力。减毒ASFV
能够诱导黏病毒抑制基因介导的抗病毒活性。最近，有研究表明，黏病毒
抑制基因也能够抑制ASFV在体外复制，并且对ASFV介导抗病毒作用。

已经观察到从感染后第3天开始，C反应蛋白（CRP）、血清淀粉样蛋
白A（SAA）和结合珠蛋白增加，表明高毒力ASFV感染后急性期血清浓
度增加[6, 7]。急性期蛋白主要是干细胞受细胞因子的刺激合成的，尤其
是促炎性介质如TNF-α、IL-1和IL-6。在上述研究提到血清含有高浓
度的SAA、CRP与高浓度的IL-1和由枯否氏细胞表达的IL-1及TNF-α
浓度一致[8-10]。结合珠蛋白浓度最高值与巨噬细胞分泌的IL-6的最大数
量一致。

其他研究还发现，猪试验感染ASFV后主要急性期的蛋白质水平升
高，而载脂蛋白A降低。在这种情况下，结合珠蛋白含量显著增加，但
是稍有差别的是C反应蛋白增加不明显。

三、ASFV引发出血性病变

ASFV引发出血性病变是由于通过感染单核细胞/巨噬细胞释放细胞
因子，而不是直接引起内皮细胞的损伤。用致病性ASFV毒株感染动物
后第3天开始，在淋巴器官内通过感染和破坏淋巴单核细胞/巨噬细胞，
能够首次看到出现出血病变。在肝脏、胃、肾脏和淋巴结部位经常有出
血症状。试验感染Malawi 83分离株进行隔离观察，在血管腔内都伴有内
皮细胞的激活和纤维蛋白的沉积病变。感染高毒力ASFV后进行隔离观
察，病毒能够激活毛细血管内皮细胞，同时伴有提高纤溶活性和高水平
的纤维蛋白单体[11]。

在早期病理和致病机制研究中，Maurer和Griesemer认为出血是由内
皮细胞直接感染引起。Wilkinson和Wardley通过试验进一步证实了内皮
细胞体外感染这一假设。另外，Fernandez通过肾脏和肝脏细胞的内皮细
胞展示病毒抗原。后来，Gomez-Villamandos以及Perez等研究表明，被

感染脏器中只有少数的内皮细胞有明显的出血病变，在疾病感染的后期才能发现内皮细胞的感染。此时，出血病变早已经出现。由于这种情况的发生，感染内皮细胞并不是引起出血点症状的主要原因[12, 13]。

现在被公认的研究结果是Carrasco、Gomez-Villamandos和Vilamandos等的研究，认为无论血管和淋巴病变都与病毒在内皮细胞或淋巴细胞内复制有关。这些研究结果与其他病毒性疾病出现出血症状是一致的[14, 15]。

ASFV感染期间，病毒激活内皮细胞的同时，还在邻近的单核细胞和巨噬细胞内进行复制。因此，内皮细胞的刺激很可能会导致细胞因子的释放。促炎细胞因子如TNF和IL-1，可刺激内皮的促凝血状态，最后激活凝血级联反应。

四、ASFV导致出血综合征

ASFV感染伴随着血小板减少，这可能是由于损伤血小板的生成或外周血管血小板的消耗引起。Rodriguez等用中等毒力毒株E75感染猪，对骨髓变化进行了探索性研究[16-19]。从感染后6d开始能够检查出有25%～30%的骨髓巨核，造成血小板损伤和破坏，引起血小板大量减少，这与血小板显著减少症相一致。外周血管的血小板并没有损伤，这种现象可能使感染的骨髓巨核在骨髓中被完全破坏，不能够生成成熟的血小板。相反Perez等只能证明，用高毒力Malawi′83株和中毒力DR′78株感染动物，隔离后发现骨髓巨核细胞感染比例低很多。感染后进行高致病性毒株分离，9.5%的阳性细胞在第7天出现峰值，仅能观察到少部分损伤病变。感染中等毒力毒株小于1%巨核细胞被感染，但是能够观察到严重病变，并且这种细胞数量明显减少。这些研究结果与Edwards等所做的研究相符合。Edwards等发现用中等毒力毒株试验感染动物，有2%～10%的巨核细胞被感染。此外，Edwards和Dodds等进行病毒的功能性研究，通过对血小板进行放射性生物标记（75Se）研究其生存时间。

在感染期间，有血小板显著减少症状[20-22]。Gomez–Villamandos等研究也证明没有引起血管病变、骨髓细胞数量改变和病毒复制引起骨髓功能的受损。他们甚至观察到造血功能的增加。尽管已知ASFV可引起骨髓的病变，但是对ASFV引起血小板减少症的致病机理仍需要进行深入的研究。

外周血管中血小板的消耗导致血小板减少，可能是由于微血栓的存在引起弥散性血管内凝血。Rodriguez等研究在ASFV急性感染下，纤维素沉积嵌入血小板，引起微血栓的形成可能包括系统释放一些酶、细胞因子、补体因子和花生四烯酸代谢产物。这些与其他疾病在相同的临床症状和致病机制方面具有一定的关联性。必须强调的是，急性期引起血小板减少症的同时，也出现病毒血症和免疫球蛋白含量增高。因此，免疫介导受微血栓和沉积物包括抗原抗体复合物的混合物的影响不能够进行。总之，血小板生成障碍和周围血管内血小板减少是引起血小板减少症的重要原因。除了这些明显的病理变化外，Gomez–Villamandos等用高毒力毒株和中毒力毒株感染动物后，也观察到了免疫细胞激活和血小板脱粒并发现这样的结果恰逢感染激活单核细胞/巨噬细胞和血小板分泌的激活。感染高毒力毒株，可观察到血小板凝聚和黏质变型，也有内皮细胞的损伤。相比而言，这些病变在ASFV中等毒力毒株引起的病变更普遍。在疾病的最后阶段，病毒分布在血小板中，有助于病毒的扩散。

病猪感染存活的第1周，脱落的抗体包被的白细胞导致继发性的血小板凝集和血管活性胺的释放，促进免疫复合物沉积，如在肾小球。

止血的另一个因素是凝血系统。从ASFV感染第4天开始，局部血栓的形成激活的时间（aPTT）、凝血酶原时间（PT）、凝血酶凝血时间（TCT）发生延迟。这些发现除了伴有上述急性血小板减少症外，还增加VIII相关抗原。Villeda等研究认为高毒力ASFV在血浆中也能够引起延长aPTT、PT，降低凝血因子水平。这可能是由于过度地消耗弥散性血管内凝固（DIC）或者减少其生成。后者几乎不可能观察到肝酶活性存在潜在的感染。尽管aPTT是影响凝血途径（DIC综合征）的标志，但长期来看PT是参与外在凝血途径的标志。综上所述，观察到凝血系统全部因子激活更有标志意义。此外，通过观察激活的纤溶系统，发现凝血系统通过内皮细胞对组织因子的表达（凝血因子Ⅲ）进行激活。这种现象至少在体外ASFV感染可见，也能够解释为通过感染巨噬细胞介导促凝血。在各种猪主动脉内皮细胞试验中，这些发现同时伴有抑制炎症反应[23, 24]。另外一种可能是损伤退化的激活凝血因子和在肝脏中产生受损的凝血因子。有证据表明，DIC随着球形凝集试验结果显示延长凝血时间、降低纤维蛋白水平，随着纤溶酶原水平的降低消耗凝血因子[25]。

五、其他相关研究

Carrasco L等为了研究ASFV引起淋巴结出血的致病机制，用Malwi-83分离株试验感染8头猪，从感染后3d进行观察，同时结合ASFV在单核细胞和巨噬细胞内复制，激活邻近的内皮细胞，刺激毛细血管和小血管内皮细胞的嗜菌作用，引起内皮细胞的增加和内皮细胞的损失，也能够引起血细胞的死亡和内皮下面坏死物的蓄积。血管腔内引起血小板栓塞和微血栓。随着疾病发展，这些现象更加显著。在感染后的第5天，在中性粒细胞中发现有病毒的复制。感染后第7天，病变更加强烈，同时伴有病毒在静脉窦和毛细血管内皮细胞及其他细胞数量包括周细胞、成纤维细胞、平滑肌纤维和网状细胞。这一研究表明淋巴结出血与内皮刺激和弥散性血管内凝血有关。病毒在血管壁细胞内复制出现在病毒的最后阶段，并且起次要作用。

已知ASFV在猪巨噬细胞中复制，但对不同毒力的毒株引起细胞死亡的调节机制了解很少。Portugal R等通过体外培养猪巨噬细胞研究感染高毒力毒株ASFVL60和低毒力毒株ASFV/NH/P68研究细胞凋亡的情况。细胞培养后进行隔离接种，从早期感染（8h）开始观察，直到18h，大部分受感染的细胞没有出现凋亡现象。但是，高毒力毒株ASFVL60感染猪巨噬细胞18h后能够抑制半胱天冬蛋白酶-3的活性，与ASFV/NH/P68

相比能够诱导少量内生DNA片段。但在病毒感染后期，除了半胱天冬蛋白酶外，两种毒株发生感染和细胞凋亡的水平相似。这也说明存在未知替代途径的病毒致病机制引起宿主细胞凋亡和死亡。

参考文献

[1]　Manual on the preparation of African swine fever contingency plans [EB/OL]. [2015/05/25], http: //www. fao. org/3/a-i1196e. pdf

[2]　Basta S, Knoetig S M, Spagnuolo-Weaver M, et al. Modulation of monocytic cell activity and virus susceptibility during differentiation into macrophages [J]. Journal of Immunology, 1999, 162 (7): 3961−3969.

[3]　Afonso C L, Piccone M E , Zaffuto KM, et al. African swine fever virus multigene family 360 and 530 genes affect host interferon response [J]. Journal of Virology, 2004, 78(4): 1858−1864.

[4]　Carrasco L, Bautista M J, Gomez-Villamandos J C, et al. Development of microscopic lesions in splendid cords of pigs infected with African swine fever virus [J]. Veterinary Research, 1997, 28 (1): 93−99.

[5]　Canals A, Dominquez J, Tomillo J, et al. Inhibition of IL-2R and SLA class Ⅱ expression on stimulated lymphocytes by a suppressor activity found in homogenates of African swine fever virus infected cultures [J]. Archives of Virology, 1995, 140 (6): 1075−1085.

[6]　Carpintero R, Alonso C, Pineiro M, et al. Pig major acute-phase protein and apolipoprotein A-I responses correlate with the clinical course of experimentally induced African Swine Fever and Aujeszky's disease [J]. Veterinary Research, 2007, 38 (5): 741−753.

[7]　Gabriel C, Blome S, Malogolovkin A, et al. Characterization of african Swine Fever virus caucasus isolate in European wild boars [J]. Emerging Infectious Diseases, 2011, 17 (12): 2342−2345.

[8]　Galindo I, Hernaez B, Diaz-Gil G, et al. A179L, a viral Bcl-2 homologue, targets the core Bcl-2 apoptotic machinery and its upstream BH3 activators with selective binding restrictions for Bid and Noxa [J]. Virology, 2008, 375(2): 561−572.

[9]　Gil S, Sepulveda N, Albina E, et al. The low-virulent African swine fever virus (ASFV/NH/P68) induces enhanced expression and production of relevant regulatory cytokines (IFNalpha, TNFalpha and IL12p40) on porcine macrophages in comparison to the highly virulent ASFV/

L60 [J]. Archives of Virology, 2008, 153 (10): 1845−1854.

[10] Chacon M R, Almazan F, Nogal M L, et al. The African swine fever virus IAP homolog is a late structural polypeptide [J]. Virology, 1995, 214 (2): 670−674.

[11] Gomez-Villamandos J C, Bautista M J, Carrasco L, et al. African swine fever virus infection of bone marrow: lesions and pathogenesis [J]. Veterinary Pathology, 1997, 34 (2): 97−107.

[12] Gomez del Moral M, Ortuno E, Fernandez-Zapatero P, et al. African swine fever virus infection induces tumor necrosis factor alpha production: implications in pathogenesis [J]. Journal of Virology, 1999, 73 (3): 2173−2180.

[13] Chamorro S, Revilla C, Alvarez B, et al. Phenotypic and functional heterogeneity of porcine blood monocytes and its relation with maturation [J]. Immunology, 2005, 114 (1): 63−71.

[14] Detray D E, Scott GR. Blood changes in swine with African swine fever [J]. American Journal of Veterinary Research , 1957, 18 (68): 484−490.

[15] Gonzalez-Juarrero M, Lunney J K, Sanchez-Vizcaino J M, et al. Modulation of splenic macrophages, and swine leukocyte antigen (SLA) and viral antigen expression following African swine fever virus (ASFV) inoculation [J]. Archives of Virology, 1992, 123 (1−2): 145−156.

[16] Reis A L, Parkhouse R M, Penedos A R, et al. Systematic analysis of longitudinal serological responses of pigs infected experimentally with African swine fever virus [J]. Journal of General Virology, 2007, 88 (Pt 9): 2426−2434.

[17] Revilla Y, Cebrian A, Baixeras E, et al. Inhibition of apoptosis by the African swine fever virus Bcl-2 homologue: role of the BH1 domain. Virology, 1997, 228 (2): 400−404.

[18] Rodriguez C I, Nogal M L, Carrascosa A L, et al. African swine fever virus IAP-like protein induces the activation of nuclear factor kappa B [J]. Journal of Virology, 2002, 76 (8): 3936−3942.

[19] Edwards J F, Dodds W J. Platelet and fibrinogen kinetics in healthy and African swine fever-affected swine: [75Se] selenomethionine-labeling study [J]. American Journal of Veterinary Research, 1985, 46 (1): 181−184.

[20] Fernandez A, Perez J, Carrasco L, et al. Distribution of ASFV antigens in pig tissues experimentally infected with two different Spanish virus isolates [J]. Zentralblatt fur Veterinarmedizinreine B, 1992, 39(6): 393−402.

[21] Gabay C, Kushner I. Acute-phase proteins and other systemic responses to inflammation [J]. New England Journal of Medicine, 1999, 340 (6): 448−454.

[22] Salguero F J, Sanchez-Cordon P J, Nunez A, et al. Proinflammatory cytokines induce lymphocyte apoptosis in acute African swine fever infection [J]. Journal of Comparative

Pathology, 2005, 132 (4): 289-302.

[23]　Nogal M L, Gonzalez de Buitrago G, Rodriguez C, et al. African swine fever virus IAP homologue inhibits caspase activation and promotes cell survival in mammalian cells [J]. Journal of Virology, 2001, 75(6): 2535-2543.

[24]　Oura C A, Powell P P, Parkhouse R M. African swine fever: a disease characterized by apoptosis [J]. Journal of General Virology, 1998, 79 (Pt 6): 1427-1438.

[25]　Vallee I, Tait S W, Powell P P. African swine fever virus infection of porcine aortic endothelial cells leads to inhibition of inflammatory responses, activation of the thrombotic state, and apoptosis [J]. Journal of Virology, 2001, 75 (21): 10372-10382.

第五章

非洲猪瘟实验室
诊断技术

第一节　样品的采集、运送与储存

在我国，非洲猪瘟属于一类动物疫病、重大外来动物疫病。该病可通过接触和媒介昆虫叮咬传播，不仅引起大量猪只死亡，而且可以导致贸易受阻，对养猪业危害巨大。因此，我国要求对非洲猪瘟的诊断、报告与防控必须严格遵照《中华人民共和国动物防疫法》《突发重大动物疫情应急预案》《非洲猪瘟防治技术规范》《非洲猪瘟防控应急预案》的要求执行。疑似样品的采集、运送与保存必须符合《病原微生物实验室生物安全管理条例》的规定，样品的采集、运送和存储单位必须具备相应资格。

样品的采集、运送与存储关乎诊断结果的可靠性、准确性。实验室检验能否得出准确结果，与病料取材是否得当、保存是否得法和送检是否及时等有密切关系。当单位或者个人怀疑发生非洲猪瘟疫情时，应及时向当地动物疫病预防控制机构报告。

病猪和病死猪的全血、组织、分泌物和排泄物中均可能含有病毒。内脏器官弥漫性出血症状明显，故在采集组织病料时需首先通过剖检观察器官组织的病理变化，结合生前各项临床症状进行初步诊断，采集的脏器应尽可能全面。如疫点周边有野猪分布，应联合林业部门同时采集野猪样品。

一、样品的采集

（一）病原学检测样品

1. 抗凝血液

自耳静脉或前腔静脉采集血液。用注射器吸取枸橼酸钠或肝素抗凝剂，静脉采集血液5mL，颠倒混匀后，注入无菌容器。如条件允许，最好每份血液样品采集2管，以便留存充足的备份样品。也可以用已经含有抗凝剂的真空采血器抽取血液。

2. 鼻液

以灭菌棉拭子揩取鼻黏膜上的分泌物，置于无菌容器内。

3. 粪便

以清洁玻棒或棉棒挑取新鲜粪便少许（约1g），置于无菌容器内，也可用棉拭子自直肠内直接蘸取或掏取。

4. 脾脏、淋巴结、肝脏、肺脏等实质器官

检测ASFV时，脾脏为首选器官，其次为淋巴结。肉眼所见有病理变化或没有病理变化的脾脏、淋巴结都应在采集样品范围之内。淋巴结可连同周围脂肪整个采取，其他器官可选病变明显部位，以无菌操作剪取直径1cm左右的组织样品，加入含100μg/mL青霉素和链霉素的PBS溶液中，4℃保存运输。或保存于含50%甘油的PBS溶液中，4℃保存运输。为保持病毒的感染性，样品到达实验室后，立即放入−80℃低温冰箱内冷冻保存。若条件允许，可另取少许制触片数张，一并送检。

5. 仔猪尸体和流产胎儿

可用灭菌纱布包裹后装入塑料袋中，保持低温（4℃）整个送检。

此外，非洲猪瘟还表现在喉、会厌部位瘀斑充血及出血（比猪瘟更甚），有的瘀斑发生于气管的前1/3处，肠有充血但没有出血病灶等，这些部位也可作为病料采集部位用于非洲猪瘟的病原学检测。

6. 蜱

在非洲和欧洲的很多国家，软蜱（*Ornithodoros erraticus*和
Ornithodoros porcinus）可以通过叮咬猪传播ASFV，成为非洲猪瘟非常
重要的生物虫媒，并可以作为ASFV的自然宿主[1-10]（图5-1）。

一般来说，可以采样手工方式捉蜱。通过手工移除裂缝和猪舍墙壁
孔洞中的尘土，清理木质或瓦屋的屋顶缝隙，从猪舍道路上或路边挖掘
均可进行蜱的收集（图5-2）。也可以在野猪出没的地方查找蜱的存在。

图 5-1　硬蜱和隐喙缘蜱

（图片来源：Sonenshine, 1991）

图 5-2　软蜱野外采样

A. 真空除尘器法采集软蜱样品　　B. 吸取可能含有软蜱的沙土于浅盘中，查找蜱样

（图片来源：Laurence Vial and Carlos Martins[11]）

但这种方法费时、费力，由于蜱的寄居环境潮湿、黑暗，发现难度大，且难以找到更小的幼虫阶段的虫体。因此，手工方法不适合进行大规模蜱的采集。在非洲、欧洲的一些国家，二氧化碳诱捕法、真空抽吸法广泛应用于田间蜱样品的采集[11]。

（二）血清学检测样品

对非洲猪瘟进行血清学样品采集时，需对病猪、健康猪以及处于不同发病阶段的猪分别采集血清。无菌采集全血3～5mL，室温放置12～24h，收集自然析出血清或离心分离血清，置于无菌容器中，封口、标识后送检。

（三）病理组织学检测样品

若需采集病料进行病理组织学检测，应选取剖检有典型病变的部位，连同邻近的健康组织一并采取。如果某种组织器官具有不同病变时应各采一块，将标本切成1～2cm²大小，用清水冲去血污，立即浸入固定液中。

常用的固定液为10%福尔马林，固定液的用量应为标本体积的10倍以上。脑、脊髓组织最好用10%中性福尔马林溶液（即在10%福尔马林溶液中加5%～10%碳酸镁）固定。初次固定时，应于24h后更换新鲜溶液一次。

一头病死猪的标本可装在一个瓶内，如同时采集几头病猪的标本，可分别用纱布包好，每包附一纸片，纸片上用铅笔标明病猪的号码。

（四）样品选取和采集中的一般注意事项

（1）合理取材，不同疫病要求采取的病料不同。怀疑非洲猪瘟时，应按照《非洲猪瘟防治技术规范》的要求采集病料，确保送检样品合格、规范，方便后续的实验室检测工作。如果怀疑除非洲猪瘟外还有多种疾病同时感染，应综合考虑、全面取材，或根据临床和病理变化有侧重地取材。

（2）剖检取材之前，应先对病情、病史加以了解，并详细进行临床检查。取材时，应选择临床症状明显、病变变化典型、有代表性的病猪，最好能选送未经抗菌药物治疗的病例和发病猪生前活体样品送检。

（3）病死猪要及时取材，夏季不超过4h，若死亡时间过长，则组织变性、腐败，影响检测结果。

（4）除病理组织学检验病料及胃肠内容物外，其他病料应无菌采取，器械及盛病料的容器须事先灭菌。① 刀、剪、镊子、针头等金属制品需高压灭菌，尽可能采用一次性无菌注射器。② 试管、平皿、棉拭子等可高压灭菌或干热灭菌。③ 载玻片事先洗擦干净并灭菌。

（5）为了减少污染机会，一般应先采取微生物学检验材料，再取病理组织学检验材料。

（6）牢记生物安全原则。① 样品采集人员做好个人防护，防止感染人兽共患病；② 防止污染环境，避免人为散播疫病；③ 做好环境消毒和动物尸体的处理。

二、待检样品的保存

待检的组织病料、血液、血清、体液、分泌物等待检样品必须保持新鲜，避免交叉污染和腐败变质。采样后如不能立即送检，应根据样品类别以及检测目的不同分类保存，以免影响检测结果的质量。一般情况下，所有拟送检样品均应低温、冷藏保存和运输。

血清或抗凝全血送检前可放置于4℃保存，之后冷藏运送至检测实验室。实验室收到样品后如果不能立即检测，应置于-20℃保存，或-80℃长期保存。用于病毒分离或攻毒试验诊断的抗凝全血样品，应尽可能低温冷藏运送至检测实验室，到达实验室后立即存放于-70℃以下，以确保病毒不丧失感染性。ASFV在-20℃保存时，病毒感染性很快丧失，而在4℃保存时可以维持4周甚至数月仍不丧失感染能力。ASFV抗体和提取的DNA在4℃条件下保存数月不影响检测结果。

组织样品，如脾脏、淋巴结可于50%中性甘油溶液或含100μg/mL青霉素和链霉素的PBS溶液中4℃冷藏运送。到达实验室后立即存放于–80℃以下。以上保存液均需充分灭菌后应用。

盛装送检材料的容器须确实密封、固定，置于装有冷却用品的容器中迅速送检。夏天运输耗时较长时，要更换冷却剂一次或数次。

活蜱样品在采集后应放于带螺纹塞、且有空气出入口的瓶或管中，样品瓶或管中放入潮湿的土或滤纸片。长期保存时，应放置于20～25℃阴凉、潮湿环境下。为保持蜱体内ASFV的感染性，可以将带毒蜱存放于–70℃以下。无水乙醇也可以用于带毒蜱的保存，但是此种样品仅能用于PCR检测病毒核酸。

三、样品的送检和运输

ASFV是高致病性动物病原微生物，疑似样品的包装应按照国际通用A类物质包装。样品的运输必须符合《病原微生物实验室生物安全管理条例》《高致病性动物病原微生物实验室生物安全管理审批办法》《高致病性动物病原微生物菌（毒）种或者样品运输包装规范》以及航空、铁路、公路等交通管理的相关规定。

此外，待检材料包装好后还应注意以下问题：① 在容器和样品管上编号，并详加记录。送检时应复写送检单一式三份，一份存查，两份寄往检验单位，检验完备后退回一份（表5-1）。② 事先与检验单位联系。③ 检验用病料尽可能指派专人送检。

送检时除注意病料冷藏运输外，还必须避免包装破损带来的散毒风险。用冰瓶送检时，装病料的瓶子不宜过大，需在其外包一层填充物，途中避免振动、冲撞，以免冰瓶破裂。如路途遥远，可将冰瓶航空托运，并将单号电传检验单位，以便其被及时提取。

表 5-1　×××实验室临床样品送检单

（供参考）

送检单位					
地址				邮编	
送样人		联系电话		传真	
病畜种类		发病日期		死亡日期	
采样时间		样品名称			
采样人		送检时间			
检验单位					
收样人		材料收到日期			
背景信息			检测结果		
疫病流行简况			病原学检测		
主要临床症状					
剖检主要病理变化			血清学检测		
取材病例曾经过何种治疗					
送检材料序号名称		处理方法或添加材料		病理组织学检测	
				其他检测	
送检目的			诊断和处理意见		
检验人			结果通知日期		

第二节　病原学诊断技术

从流行病学调查、临床症状、病理变化等指标怀疑非洲猪瘟疫情后，应对采集的样品进行实验室检测。通过病原学或免疫学手段检测到ASFV或特异抗体是疑似疫情实验室确诊的必要前提。但非洲猪瘟多表现为最急性或急性病型，往往在特异抗体出现前已经死亡。因此，病毒的病原学检测在非洲猪瘟疫情确诊中非常重要。

非洲猪瘟病原学诊断技术主要有病毒分离、血细胞吸附试验、病毒核酸检测以及荧光抗体法、免疫过氧化物酶染色法检测ASFV抗原等方法（表5-2）[12]。

表5-2　非洲猪瘟病原学诊断方法

检测类型		检测方法	推荐使用范围	参考文献
病毒分离		*病毒分离/红细胞吸附试验（i. h.）	首次暴发确诊	Malmquist 和 Hay，1960
抗原检测		*直接免疫荧光试验	个体检测	Bool 等，1969
		夹心 ELISA（Commercial）	监测和群体检测	INGENASA
PCR	普通	*PCR（i. h.）	监测个体和群体检测	*Aguero 等，2003
		ASF-CSF 多重 PCR（i. h.）	ASF 和 CSF 共同流行区域	Aguero 等，2004
	实时	*Taqman 探针（i. h.）	监测个体和群体检测	*King 等，2003; *Zsack 等，2005
		UPL 探针（i. h.）	监测个体和群体检测	Fernandez-Pinero 等，2013
		INGENE（Commercial）	监测个体和群体检测	INGENASA
		TETRACORE dried down（Commercial）	监测个体和群体检测	TETRACORE
		ASF-CSF 多重实时 PCR（i.h）	ASF 和 CSF 共同流行区域	Haines 等，2013

注：i. h. 表示实验室自用，Commercial 表示商品化，* 《OIE 陆生动物诊断试验和疫苗手册（2012 年版）》推荐。

一、病毒分离/血细胞吸附试验

病毒分离（virus isolation）是非洲猪瘟首要的病原学诊断技术，但由于该方法在人员素质、技术条件、生物安全条件等方面要求严苛，只能在农业部指定的实验室开展。ASFV的成功分离，对于毒株基因型和可能传入的来源进行分析，对流行毒株的生物学特性进行研究，以及候选疫苗的研制等后续研究工作的深入开展至关重要。

20世纪60年代，Malmquist和Hay在ASFV的分离培养研究方面取得重要进展，开启了ASFV的分离与鉴定工作。他们发现ASFV能够感染猪外周血白细胞并在其中复制，感染后的白细胞能够吸附猪红细胞，并于吸附后48～49h裂解（图5-3）。这项发现非常重要，因为这种红细胞吸附能力具ASFV特异性，猪的其他任何病毒都不具备在白细胞培养中吸附红细胞的能力。红细胞吸附现象和ASFV的两个基因有关，以ASFV西班牙分离株BA71为例，分别是ORF EP402R和ORF EP153R基因。ORF EP402R基因编码一种CD2同源蛋白，是一种T细胞的细胞黏附受体和免疫反应调节因子；ORF EP153R基因编码一种CD44同源蛋白，参与细胞黏附和T细胞活化。ORF EP402R基因负责猪红细胞与感染白细胞的吸附，ORF EP153R基因负责吸附的稳定性。

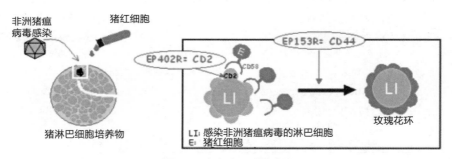

图5-3　红细胞吸附模式图

（图片来源：ASF VIRUS ISOLATION IN LEUCOCYTES CULTURES, SOP/CISA/ASF/VI/1/2008）

时至今日，红细胞吸附试验（haemadsoption test，HAO）仍然是最敏感的ASFV鉴定技术，可用于PCR阳性结果的验证（图5-4）。但是，该方法与非洲猪瘟其他诊断方法相比耗时费力。

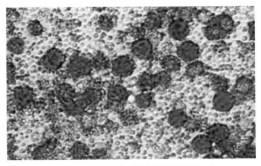

图5-4　红细胞吸附的显微观察图

（图片来源：ASF VIRUS ISOLATION IN LEUCOCYTES CULTURES, SOP/CISA/ASF/VI/1/2008）

ASFV可以感染猪的多种白细胞，包括猪淋巴细胞、猪肺泡巨噬细胞、猪外周血单核细胞等，以及骨髓细胞、猪肾细胞、鸡胚成纤维细胞等原代细胞。部分毒株用原代细胞分离后，可以逐渐适应在传代细胞系上生长，包括猪肾细胞系、猪睾丸细胞系（swine testicular cell，ST）、非洲绿猴肾细胞系（african green money kidney）、幼仓鼠肾细胞系（baby hamster kidney）等。

猪白细胞、猪肺泡巨噬细胞最常用于ASFV的初次分离，下面以猪外周血单核细胞为例简述病毒分离流程。

（一）样品的准备

采集活猪全血样品或者病死猪的肝脏、脾脏、肺脏和心脏等组织样品，低温下运送到BSL-3生物安全实验室用于病毒分离。样品处理程序如下：

1. 非抗凝全血

（1）样品37℃静置1h或者4℃过夜，析出血凝块。

（2）剔除血凝块，上清液780g离心10min，收获血清。

（3）血清用0.45μm滤器过滤。

（4）过滤后血清加入1%庆大霉素，4℃作用1h。

（5）将处理后血清分装、编号。

2. 抗凝全血

（1）抗凝全血用灭菌PBS（pH 7.2）做10倍稀释。

（2）用0.45μm滤器过滤。

（3）过滤后全血加入1%庆大霉素，4℃作用1h。

（4）将处理后全血分装、编号。

3. 组织

（1）组织器官用灭菌PBS（pH 7.2）制备10%匀浆液。

（2）10%匀浆液1 050g离心10min，收获上清液。

（3）上清液用0.45μm滤器过滤。

（4）过滤后上清液加入1%庆大霉素，4℃作用1h。

（5）将处理后组织匀浆上清液分装、编号。

（二）白细胞的制备和培养

（1）猪前腔静脉无菌采集血液，加入脱纤器中，轻摇15～30min脱纤。

（2）脱纤血液分装至50 mL或者250mL离心管，1 000g离心30min。

（3）离心后脱纤血液被分离成3个部分，包括血清、白细胞层和红细胞，分别收集。

血清：用于白细胞培养。

白细胞层：用毛细管收集，避免吸入红细胞。

红细胞：用灭菌PBS（pH 7.2）做10倍稀释。

（备注：使用同源血清和白细胞可以保证试验的特异性，并可以避免非特异性凝集反应。）

（4）将白细胞转入灭菌锥形管中，加入3倍体积的0.83%红细胞裂解液，置于冰上轻摇孵育15min。

（5）处理后白细胞1 050g离心15min。

（6）弃去上清液，再加入3倍体积的0.83%红细胞裂解液，置于冰上轻摇孵育15min。

（7）处理后白细胞1 050g离心15min。

（8）弃去上清液，用步骤3收获的同源血清悬浮白细胞。

（9）细胞计数后，将白细胞浓度调至$8 \times 10^6 \sim 10 \times 10^6$个/mL。

（10）最后，将白细胞分装至96孔板，200μL/孔，37℃、5%CO_2培养3～4d。

（三）样品接种和结果判定

（1）培养成熟的白细胞，20μL/孔加入1∶10稀释的处理好样品，每份样品做4孔重复。

（2）设置4孔阳性对照、4孔阴性对照（用于监控红细胞非特异性吸附）。

（3）所有孔加入20μL 1%猪红细胞。

（4）37℃、5%CO_2继续培养，接种后14～16h即可首次读板。

（5）连续读板7d，观察红细胞吸附现象和/或细胞病变。

（6）有些ASFV株不具备吸附红细胞的能力，如观察到细胞病变但未见红细胞吸附现象，必须结合PCR检测结果进行结果判定。

（7）初次接种未观察到红细胞吸附现象和细胞病变，且PCR检测结果也为阴性，需盲传2～3代。

二、病毒核酸检测

常用的检测ASFV核酸的方法有普通聚合酶链式反应（PCR）和实时聚合酶链式反应（real-time PCR）两种方法[13]，不仅可以用于病毒核酸的扩增，还可用于毒株的分型，特别是无红细胞吸附能力毒株和低毒力毒株的检测。

ASFV基因组中含有高度特异、保守的基因序列，这些序列可以通过PCR进行扩增。PCR是指体外合成特定DNA片段的一种分子生物学技术，由高温变性、低温退火和适温延伸三个步骤反复循环构成，使位于两段已知序列之间的DNA片段呈几何倍数扩增。PCR首先需要从待检样品中提取DNA样品，用作扩增的模板。普通PCR扩增结束后，扩增产物采用琼脂糖电泳技术进行检测。实时PCR中的扩增产物可以实时监测，在反应混合物中加入荧光染色，随着扩增产物的增加荧光信号会成比例变化。实时PCR较为先进，可对扩增产物进行自动检测，规避了核酸电泳等后续操作所带来的污染风险，而且多数情况下检测敏感性高于普通PCR。PCR方法适用于任何临床样本，如全血、血清、组织匀浆和细胞培养上清液等，尤其适合检测那些不适用于病毒分离的样品，如已腐败变质的样品或怀疑病毒可能失活的样品。PCR方法能够在几小时内完成，特异性强、敏感性高，在感染动物还未出现临床症状前即可检测到病毒核酸，已成为应用最为广泛的非洲猪瘟病原学诊断方法。

P72蛋白是由B646L基因编码的主要结构蛋白，B646L基因高度保守，B646L基因序列常被用作PCR扩增的对象。此外，B646L基因序列常用于不同ASFV分离株的系统进化树分析和不同ASFV毒株的基因型鉴别，所用序列多为B646L基因C-末端约478bp大小的片段。目前，OIE推荐的以及众多研究开发的PCR方法，大多是基于B646L基因的高度保守序列，确保能够检测出22种ASFV基因型。例如，OIE推荐的实时PCR方法，扩增的DNA片段大小为250bp，针对参考株BA71V的整个VP72序列第2041～2290位核苷酸，使用TaqMan探针对扩增产物进行检测。

下面以国家外来动物疫病研究中心研发的ASFV荧光PCR检测试剂盒为例，简述核心试剂和试验流程。

1. 组分与用法

见下表。

编号	名称	装量	用法	保存条件
1	反应阳性对照品（绿色盖）	20μL/管 ×1管	直接使用	−20℃保存
2	PCR反应液（棕色盖）	875μL/管 ×1管	直接使用	−20℃保存
3	荧光探针（棕色盖）	25μL/管 ×1管	直接使用	−20℃保存

2. 作用与用途

用于检测多种临床样本（如全血、淋巴结、脾、扁桃体、肾、肺等）中是否含ASFV核酸。

3. 实验室自备试剂和耗材

（1）无RNA酶污染的纯水，购买或自己制备。

（2）PCR反应管、Tip头和1.5mL离心管等（要求为无RNase和DNase级别）。

4. 用法与判定

（1）样本处理　可采用Roche、QIAGEN等公司生产的DNA纯化试剂盒提取各类样本中的DNA，或用自动化核酸提取仪器提取各类样本中的病毒核酸。如在2h内检测则提取的DNA置于冰上保存，否则置于−20℃冰箱保存。

（2）扩增试剂准备　每个反应的体积为20μL，按下列组分配制反应体系（反应液配制请在冰上进行）：

试剂名称	体积
PCR 反应液	17.5μL
荧光探针	0.5μL

上述反应体系充分混匀后，将18μL反应预混液分装到每个反应管内，最后加2μL的DNA模板到PCR反应管中。

每次检测还应包括反应阳性对照（以2μL反应阳性对照品作为模板）和反应阴性对照（以2μL灭菌水作为模板）。

（3）PCR反应　加样后，将PCR管置于荧光PCR仪内，按下列程序进行反应：

PCR 步骤	温度	时间	循环数
Taq DNA 聚合酶的激活	95℃	3 min	1
变性	95℃	10 sec	40
退火 / 延伸	58℃	30 sec	
TaqMan 探针的报告基团为 FAM，淬灭基团为 TAMRA。在每个循环使用 FAM 通道收集荧光信号			

（4）结果判定

结果的有效性：阳性对照的Ct值应该小于35。反应阴性对照应没有扩增曲线，没有Ct值或Ct值≥37。

当样品的扩增结果有典型的扩增曲线且Ct值小于等于35时，可判定为阳性；当样品的扩增结果在背景信号之下或Ct值大于等于37时，判定为阴性结果。

当样品的Ct值大于35小于37并且扩增曲线呈指数时被判定为可疑，当扩增曲线呈线性时判为阴性。可疑样品应当重新提取病毒核酸检测，如仍为可疑，可判为阳性。

5. 注意事项

由于PCR是极其灵敏的技术，所有操作程序中的关键问题就是防止交叉污染，防止出现假阳性结果。污染可能来自ASFV阳性样本或DNA提取程序中的阳性对照；此外，还可能来自于过去PCR扩增的ASFV DNA产物。因此强烈要求所有负责PCR工作的人员全面严格遵守规章制度，将PCR技术相关的污染风险降到最低。

（1）PCR样品分析的每一步都应在专门区域或地点进行，这些区域可以分为：样本制备区、DNA提取区、PCR混合液制备区和PCR产物处理区。

（2）PCR实验室工作人员必须一直戴硅胶或丁腈手套。

（3）人员进入不同的PCR区域时，应脱下现有手套，换上新手套。

（4）各区域物品均为专用，不得交叉使用，以免污染。

（5）PCR专用的材料需要合理放置并标记。

（6）带有扩增产物的试管不得在其他实验室打开或操作，应当统一销毁。

（7）酶混合物容易失活，因此使用时应置于冰上，使用后应立即放回冰箱冻存。

三、直接免疫荧光检测ASFV抗原

用荧光素标记抗ASFV特异性多抗或者单克隆抗体，然后将荧光素标记抗体与组织压片、触片以及冷冻切片上抗原直接进行反应。如果样品中含有ASFV抗原，不管是否具有生物学活性，都可以与荧光素标记抗体发生反应，形成免疫复合体，荧光素在紫外线激发下产生相应的荧光，借助荧光显微镜观察结果。直接免疫荧光抗原检测（Direct Fluorescent Antigen Test，FAT）特异性强、敏感性较高，适用于ASFV抗原的检测。该方法已经应用于目前非洲猪瘟疫情发生国家的证实性检测[14]。但由于该方法对实验室的生物安全防护条件、操作者的实验技能以及仪器设备要求较高，因此应用受到了一定限制。

FAT可检测野外可疑猪或实验室接种猪脾脏、扁桃体、肾脏、淋巴结组织中的抗原。此外，还可以用于检测无血细胞吸附现象的白细胞培养中的ASFV抗原，即能够鉴别没有红细胞吸附能力的病毒株。FAT还可用于病毒培养物的检测，用于区分细胞病变是ASFV产生还是其他病毒产生的。但对亚急性或慢性非洲猪瘟病例，FAT检出敏感性明显降低，可能与感染猪体内抗原-抗体复合物的形成有关。这种抗原-抗体复合物能干扰甚至阻断ASFV抗原与结合物之间的结合[15, 16]。

荧光抗体试验时，为保证荧光素标记抗体的浓度，稀释度一般不应超过1∶20，抗体浓度过低会导致产生的荧光过弱，影响结果的观察。染色的温度和时间需要根据不同的标本及抗原进行合理选择，染色时间可以从10min至数小时，一般30min，染色温度多采用室温（25℃左右），整个反应过程最好在湿盒内进行。

四、双抗体夹心ELISA或捕获ELISA检测ASFV抗原

特异性单克隆抗体包被固相载体上（96孔板）用作捕获抗体，样品加入后，如果样品中含有相应的ASFV抗原，则能与捕获单抗特异性结合。经洗涤后，另一种特异性单克隆抗体经酶标后用作检测抗体，可以结合被捕获的抗原，加入底物后呈现颜色反应。该方法具有快速、通量高、费用低等优点，但检测敏感性相对较低。双抗夹心ELISA方法在格

鲁吉亚首次非洲猪瘟疫情诊断中发挥了重要作用[17]。

下面以检测ASFV P72蛋白的双抗体夹心ELISA试剂盒为例，简述核心试剂和试验流程。

1. 试剂盒组成

见表5-3。

表 5-3　试剂盒基本组成

名称	规格	容量
ELISA 板（12×8孔）	1	—
阳性对照	1	0.5mL
阴性对照	1	0.5mL
结合物（100×）	1	150μL
洗涤液 25×	1	125mL
稀释液（DE01-1）	2	125mL
底物缓冲液	1	65mL
底物	1	6.5mL
终止液	1	65mL

2. 作用与用途

用于检测血液、脾或淋巴结中ASFV抗原。

3. 实验室自备试剂和耗材

蒸馏水或去离子水，5～200μL微量移液器，一次性吸头，洗板机，50～250mL的试管。

4. 试剂准备

（1）洗涤液　将25×浓缩洗涤液与蒸馏水或去离子水以1∶24比例进行稀释，配制好后4℃保存。

（2）对照　对照在4℃可稳定保存3月。使用前，用稀释液以1/50进行稀释。若要长时间保存，建议分装并–20℃保存直至使用。

（3）结合物　将所需的结合物的量与稀释液以1/100比例进行稀释（例如10μL结合物与1mL的稀释液混合，足够一列8孔使用）。现用现配，每次准备所需的量即可。

（4）底物溶液　将1体积的底物和9体积的底物缓冲液混合制备工作底物溶液。现用现配，每次准备所需的量即可。

5. 样品准备

需将样品与稀释液以1/10比例进行稀释（质量/体积）（如1g样品加10mL稀释液），用组织碾磨器或其他工具将组织碾磨完全且混合均匀。

6. 检测步骤

使用时，提前将所有试剂（结合物除外）恢复至室温。

（1）任意2孔加入100μL阳性对照（如A1 和B1）、100μL 阴性对照（如A2 和B2）。剩余每孔加入100μL样品。建议2孔检测。密封微孔板37℃孵育1h。

（2）将微孔板内溶液甩到含0.1mol/L NaOH的容器中，按步骤Ⅳ所述洗涤4次。

（3）每孔加入100μL结合物（按前面说明书所述方法制备）。密封微孔板，室温（25℃）孵育1h。

（4）按洗涤步骤所述洗涤4次。

（5）每孔加入100μL底物溶液，室温放置15min。

（6）每孔加入100μL的终止液。

（7）在405nm下读取OD值。

7. 结果判定

（1）结果有效性　阳性对照OD值＞1.0，阴性对照OD值＜0.150。

（2）结果判定　若做多孔重复，样品的OD值取平均值。

① 样品OD值＞0.300，为ASFV阳性。

② 样品OD值＜0.150，为ASFV阴性。

③ 0.150＜样品OD值＜0.300，为ASFV为疑似。建议重新检测或用其他检测方法检测该样品。

五、动物接种试验

非洲猪瘟和猪瘟靠临床诊断无法鉴别，为区分这两种疾病，在20世纪60-70年代多利用动物接种试验进行鉴别。样品要接种两组猪，一组免疫过猪瘟疫苗，而另一组未做免疫。动物接种试验常用于验证在无非洲猪瘟地区的初次暴发，但随着非洲猪瘟实验室诊断技术的飞速发展，有更多更确实的确证方法取代了动物接种试验，如PCR、直接免疫荧光、双抗体夹心ELISA等方法。加之这种方法费时、成本高，结果不易观察，还涉及动物福利等问题，目前已经不再用于非洲猪瘟的诊断[18]，只用于ASFV分离株的生物学特性研究以及候选疫苗的筛选工作。

第三节　血清学诊断技术

目前对非洲猪瘟尚无疫苗可用于预防，血清学检测阳性通常可做出确诊。

感染后康复猪的抗体可维持很长时间，有时可终生携带抗体。可用于非洲猪瘟抗体检测的方法很多，但只有少数可用作实验室常规诊断。非洲猪瘟血清学检测方法主要有酶联免疫吸附试验（ELISA）、间接荧光抗体试验（IFA）、免疫印迹试验（IB）和对流免疫电泳（CIE）试验等[19, 20]。其中，最常用的是ELISA法，此方法既可以检测血清也可检测组织液。在某些疫情的诊断中，对ELISA法检测为阳性的样品，一般应再用其他方法，如IFA、免疫过氧化物酶染色或免疫印迹等方法进行确证。通常感染了ASFV强毒株的猪在急性死亡前尚未产生抗体；而感染了中等毒力、低毒力或无致病力毒株的猪，往往病程长并有可能临床康复，通常能产生高水平的抗体。这些抗体虽然不具备病毒中和能力，但可以用于诊断检测。

在非洲猪瘟呈地方性流行的区域，最好用标准的血清学试验（ELISA）方法，再结合另一种血清学试验（IFA）或抗原检测试验（FAT）进行可疑病例的确诊。目前，很多实验室对95%以上的阳性病例都要在PCR等病原学检测基础上，结合IFA、FAT等血清学检测方法进一步鉴定和确证。而在猪感染无致病力或低致病力毒株时，感染后期或者临床康复后病毒血症消失，血清学试验也许是检测感染动物的首选。对流免疫电泳和ELISA均可用于大规模血清普查，但ELISA对检测单个阳性血清的敏感性更高。

根据《非洲猪瘟防治技术规范》的要求，从流行病学调查、临床症状等指标临床怀疑非洲猪瘟疫情的，应采集血清样品进行实验室检测，以便作出疑似诊断（表5-4）。

表5-4　非洲猪瘟血清学诊断方法

检测类型	检测方法	推荐使用范围	参考文献
筛选方法	*OIE 间接 ELISA（i.h.）	监测和群体检测	OIE MANUAL，2012
	阻断 ELISA（Commercial）	监测和群体检测	INGENASA
	间接 ELISA（Commercial）	监测和群体检测	IDVET
	间接 ELISA（Commercial）	监测和群体检测	SVANOVA
确证方法	*OIE 免疫印迹（i.h.）	监测和群体检测	OIE MANUAL，2012
	*间接免疫荧光试验（i.h.）	监测和群体检测	OIE MANUAL，2012
	间接免疫酶（i.h.）	监测和群体检测	Gallardo 等，2013

注：i.h. 表示实验室自用，Commercial 表示商品化；*《OIE 陆生动物诊断试验和疫苗手册（2012 版）》推荐。

一、用于血清学试验的样品

对于发生疫情的畜群，血清学样品采集工作要与病原学样品采集工作同步进行。无菌操作采集动物血液，分离血清，用于血清学诊断、监测或流行病学调查。将血清装入灭菌小瓶中，如有需要可加适量抗生素，加盖密封后冷藏保存。

二、酶联免疫吸附试验

酶联免疫吸附试验（ELISA）是一种国际贸易指定试验，用于检测猪的ASFV特异性抗体[21, 22]。目前有多种市售ELISA试剂盒，分为间接ELISA和阻断ELISA两种方法，所用包被抗原也不尽相同。

如同其他病原体的ELISA方法，使用灭活的全病毒或表达的抗原包被固定在固相载体上（聚苯乙烯板）。间接ELISA中，当血清样品中含有ASFV特异性抗体时，会与吸附在板上的抗原结合；如果血清样品中不含特异性抗体，则不能与包被抗原结合。加入酶标第二抗体结合ASFV抗体和包被抗原复合物，加入底物呈现颜色反应。阻断ELISA中，待检血清与包被抗原反应后，再加入针对包被抗原的特异性酶标单抗进行反应。如果血清中含有一定滴度的非洲猪瘟病毒特异性抗体，酶标单抗就不能或者减少与包被的抗原结合。反之，如果血清中不含ASFV特异性抗体，酶标单抗就与抗原结合，最后加入底物呈现颜色反应。ELISA方法既可以检测血清，也可检测组织液，此外还可用于大规模的血清学普查。

ELISA方法敏感性强，但样品保存不好，出现腐败、变质等情况下，敏感性会明显降低。为解决样品质量带来的影响，Gallardo等[23]利用重组蛋白作为包被抗原建立了新的ELISA方法。在用ELISA方法检测不合格血清样品出现阳性或可疑结果时，需用间接荧光抗体试验、免疫印迹试验等确证方法做进一步检测。

下面以国家外来动物疫病研究中心研发的ASFV抗体间接ELISA试剂盒为例，简述核心试剂和试验流程。

1. 组分与用法

见表5-5。

表 5-5　ASFV 抗体间接 ELISA 试剂盒基本组成

编号	名称	装量	用法
1	预包被酶标板	5 块	直接使用
2	酶标抗体（100×）	300μL/ 管 ×1 瓶	用稀释液做 100 倍稀释
3	阳性血清	250μL/ 管 ×1 管	用稀释液做 40 倍稀释
4	阴性血清	250μL/ 管 ×1 管	用稀释液做 40 倍稀释
5	稀释液	55mL/ 瓶 ×1 瓶	直接使用
6	洗涤液（20×）	100mL/ 瓶 ×1 瓶	用双蒸水做 20 倍稀释，按 0.5‰比例加入吐温 -20
7	吐温 -20	1.5mL/ 管 ×1 管	直接使用
8	底物溶液	30mL/ 瓶 ×1 瓶	直接使用
9	终止液	30mL/ 瓶 ×1 瓶	直接使用

2. 原理

ASFV重组P30蛋白作为抗原包被奇数条作为检测孔，使用抗原稀释液包被偶数条作为对照孔，样品同时加入到检测孔与对照孔中，所测OD值之差用于结果判定。

3. 作用与用途

用于ASFV抗体监测。

4. 用法与判定

（1）操作步骤　酶标板上对照和样品的分布图：

	1	2	3	4	5	6	7	8	9	10	11	12
A	P	P	S5	S5								
B	P	P	S6	S6								
C	N	N	S7	S7								
D	N	N	S8	S8								
E	S1	S1	S9	S9								
F	S2	S2	S10	S10								
G	S3	S3	S11	S11								
H	S4	S4	S12	S12								

注：P 表示阳性血清对照孔；N 表示阴性血清对照孔；S1、S2、S3、S4 等表示加待检血清孔。

① 待检血清与阴、阳对照血清使用样品稀释液做40倍稀释。

② 在A1、A2和B1、B2孔中加入稀释后的阳性血清，50μL/孔。

③ 在C1、C2和D1、D2孔中加入稀释后的阴性血清，50μL/孔。

④ 在E1、E2加入稀释后的待检血清，50μL/孔。

⑤ 37℃孵育60min。

⑥ 弃去反应孔中的液体。

⑦ 每孔用洗涤液清洗4次，洗涤液（1×）300μL/孔。

⑧ 每次除去洗涤液后，在吸水纸上拍打，除去残留的液体。

⑨ 每孔加入酶标抗体（1×），50μL/孔。

⑩ 37℃孵育30min。

⑪ 重复步骤6～8。

⑫ 每孔加入底物溶液，50μL/孔。

⑬ 室温避光作用10min。

⑭ 每孔中加入50μL终止液，终止所有的反应。

⑮ 用酶标仪在450nm波长下测定各孔OD_{450nm}值，计算OD差。

OD差计算方法：OD差＝$OD_{奇数孔}$－$OD_{偶数孔}$

（2）结果判定

① 阳性对照OD差＞0.5，阴性对照OD差＜0.2，试验结果有效；否则应重新进行试验。

② 待检样品OD差＞0.5，判为阳性。

③ 待检样品OD差≤0.5，判为阴性。

5. 注意事项

（1）本试剂盒严禁冻结。

（2）所有试剂在使用前恢复至室温。

（3）试剂盒各种组分均为专用，不得交叉使用，以免污染。

（4）底物溶液避光保存，使用后立刻拧紧试剂瓶盖，并放入试剂盒内。

三、间接免疫荧光试验（IIF）

IIF是一种敏感性高、特异性强的快速检测方法，既可用于血清又可用于组织液的检测，通常用于无非洲猪瘟流行地区ELISA检测阳性的血清，以及来自地方性流行地区经ELISA检测结果可疑血清的确证试验[20, 24]。

将感染ASFV的原代细胞或者传代细胞固定于细胞板或者载玻片上，加入待检血清作用，如果被检血清中含有ASFV特异性抗体，就会与细胞中的ASFV抗原结合，再加入荧光素标记的第二抗体与抗原-抗体复合物结合，在荧光显微镜下观察结果，阳性血清会在感染细胞的细胞核附近呈现特异性荧光。

四、免疫印迹试验（IB）

免疫印迹试验（IB）是一种能够快速、准确地检测和识别蛋白质的方法，即利用已知的抗原鉴定未知的抗体。它包括病毒抗原的裂解、电泳分离以及将蛋白质转移到膜上（一般为硝酸纤维素膜）、待检血清作用、第二抗体作用、底物显色等步骤，检测用抗原包括纯化病毒、重组蛋白等。首先制备IB检测条，在SDS-PAGE凝胶中经过电泳分离的ASFV蛋白以恒流强度转移到硝酸纤维素膜上，随后将膜切成检测条，并对膜上多余蛋白质结合位点进行封闭。经过封闭后，加入待检血清与抗原检测条孵育反应。如果血清样本中存在ASFV的特异性抗体，加入底物显色后，可以在膜上观察到特异性条带。

ASF-IB是OIE推荐并认可的检测技术，当对ELISA检测的阳性样本存在怀疑时，以及由于血清或者组织液处置或保存不当（存储或运输条件不具备），导致ELISA检测出现多达20%的假阴性结果时，IB可以作为验证方法。该技术已得到欧盟的全面验证，敏感度和特异性值高达98%，并可以在无临床症状的情况下，提高带毒动物的检出率。

五、对流免疫电泳试验（IEOP）

　　对流免疫电泳是一种将双向琼脂扩散和电泳技术结合在一起的方法，ASFV抗原和待检血清在电场中向一定方向泳动，在比例恰当的地方形成沉淀线，根据沉淀线的有无以及位置，判断血清中时候含有特异性抗体，曾被广泛用于非洲猪瘟的血清学筛查。该试验可迅速完成，30min即可检出某些血清中的特异性抗体[25]。试验要求低，仅需要配备电泳设备（电泳槽、玻片架、凝胶刀）和500V恒定电流电源。由于敏感性低，这一试验可用作猪群筛选而不能用作单个猪血清样品的检测。

参考文献

[1]　Boinas F. The role of Ornithodoros erraticus in the epidemiology of African swine fever in Portugal [M]. University of Reading, 1995.

[2]　European Commission. Report on the Annual Meeting of the National Swine Fever Laboratories [C]. Denmark, 2001.

[3]　Boinas F, Hutchings G, Dixon L, et al. Characterization of pathogenic and non-pathogenic African swine fever virus isolates from *Ornithodoros erraticus* inhabiting pig premises in Portugal [J]. Journal of General Virology, 2004, 85(Pt8): 2177-2187.

[4]　Oleaga-Perez A, Perez-Sanchez R, Encinas-Grandes A. Distribution and biology of Ornithodoros erraticus in parts of Spain affected by African swine fever [J]. Veterinary Records, 1990, 126(2): 32-37.

[5]　Perez-Sanchez R, Astigarraga A, Oleaga-Perez A, et al. Relationship between the persistence of African swine fever and the distribution of *Ornithodoros erraticus* in the province of salamanca, Spain [J]. Veterinary Records, 1994, 135(9): 207-209.

[6]　Plowright W, Parker J, Pierce M. African swine fever virus in ticks (Ornithodoros moubata, Murray) collected from animal burrows in Tanzania [J]. Nature, 1969, 221: 1071-1073.

[7]　Roger F R. J, Vola P, Uilenberg G. *Ornithodoros porcinus* ticks, bushpigs, and African swine fever in Madagascar. Experimental and Applied Acarology, 2001, 25(3): 263-269.

[8] Sanchez-Botija C. African swine fever: new developments [EB/OL]. [2015/05/25], http: //
     www. oie. int/doc/ged/D6877.PDF.

[9] P. Wilkinson. African Swine Fever EUR [M]. Brussels: Commission of the European
     Communities, 1983.

[10] I. Z. S. p. l. Peste Suina Africana [M]. Nuoro: Intituto Zooprofilattico Sperimentale Sardegna,
     1989.

[11] Laurence Vial, Carlos Martins. Different methods to collect soft ticks of the genus
     Ornithodoros transmitting African Swine Fever virus (ASFV) in the field. http: //www.
     asfnetwork. org/Downloads/documents/tickcollection. pdf.

[12] 王君玮，王志亮. 生物安全实验室兽医病原微生物操作技术规范[M]. 北京：中国农业出
     版社，2009.

[13] Malmquist, W. A, Hay, D. Hemadsorption and cytopathic effect produced by African swine
     fever virus in swine bone marrow and buffy coat cultures [J]. American Journal of Veterinary
     Research, 1960, 21: 104−108.

[14] W. P. Heuschele, Dr. W. R. Hess. The diagnosis of African swine fever by immunofluorescence [J].
     Tropical Animal Health and Production, 1973, 5(3): 181−186.

[15] Jeffrey J. Zimmerman, Locke A. Karriker, Alejandro Ramirez, et al. Diseases of Swine [M].
     10th ed, Blackwell Publishing, 2012.

[16] OIE. 2008 Annual sanitary informations [EB/OL]. [2015/05/25], http: //www. oie. int/wahid-
     prod/public. php?page=home.

[17] Institute for Animal Health. Afirican Swine Fever in Georgia [EB/OL]. [2015/05/25], http: //
     www. thepigsite .cn/articles/1972/analysis: African-swine-fever-in-georgia

[18] Sánchez-Vizcaíno, J. M, Martínez-López, B, Martínez-Avilés, M, et al. Scientific review on
     African Swine Fever [R]. Scientific report submitted to EFSA, 2009, 1−141.

[19] 王君玮，王志亮. 生物安全实验室兽医病原微生物操作技术规范[M]. 北京：中国农业出
     版社，2009.

[20] OIE Manual of Diagnostic Tests and Vaccines for Terrestrial Animals (2008)
     http: //www. oie. int/eng/normes/mmanual/a_summry. htm

[21] Arias M, Sánchez-Vizcaíno J M. Manual de diagnóstico serológico de la peste porcina Africana
     [J]. Monografías INIA, 1992, 83: 5−44.

[22] Pastor, M. J, Arias, M, Escribano, J. M. Comparison of two antigens for use in an enzyme-
     linked immunosorbent assay to detect African swine fever antibody [J]. American Journal of
     Veterinary Research, 1990, 51(10): 1540−1543.

[23] Gallardo, C, Blanco, E, Rodriguez, J. M, et al. Antigenic properties and diagnostic potential

of African swine fever virus protein pp62 expressed in insect cells [J]. Journal of Clinical Microbiology, 2006, 44(3): 950－956.

[24] Pan, I. C, Trautman, R, Hess, W. R, et al. African swine fever: comparison of four serotests on porcine serums in Spain [J]. American Journal of Veterinary Research, 1974, 35(6): 787－790.

[25] Pan, I. C, De Boer, C. J, Hess, W. R. African swine fever: application of immunoelectroosmophoresis for the detection of antibody [J]. Canadian Journal of Comparative Medicine and Veterinary Science, 1972, 36(3): 309－316.

第六章

非洲猪瘟
免疫与疫苗

非洲猪瘟病毒免疫

　　传统的免疫概念认为，免疫是机体能抵御再次侵入的病原微生物，即抗感染免疫。随着免疫学的不断发展，对免疫的研究已远远超出了抗感染免疫的范围。现代免疫概念认为，免疫为机体识别和排除抗原异物的生理功能，是机体的一种保护性生理反应。其作用在于识别"自己"和"非己"，排除抗原性异物，以维持机体生理功能的相对稳定。

　　病毒作为一种异物抗原，进入机体后一般可以产生较好的免疫反应，包括非特异性免疫（先天性免疫、天然免疫）和特异性免疫（获得性免疫）两类。非特异性免疫主要由一些生理屏障、吞噬细胞、自然杀伤细胞（NK细胞）以及组织、体液中的抗病毒蛋白构成，在病毒感染早期发挥重要作用；特异性免疫则是动物个体感染病毒或接种疫苗后获得的免疫力，在病毒再次感染时对机体有着良好的保护作用。下面从非特异性免疫和获得性免疫两方面介绍ASFV与猪之间的相互作用。

一、ASFV非特异性免疫

　　非特异性免疫应答是机体免疫防御系统的第一道屏障，在保持体内病毒低载量，控制急性病毒感染过程中发挥重要作用[1]。这些非特异性免疫应答往往由特定的免疫细胞执行，如病毒感染细胞、巨噬细胞、NK细胞等，主要依赖于动物免疫细胞表面的一些模式识别受体（pattern-recognition receptors，PRRs），如Toll样受体（toll-like receptors，TLRs）、RNA解旋酶RIG-1和MDA5、膜C型凝集素受体（membrane C-type lectin

receptors，CLRs）以及双链RNA依赖的蛋白激酶（PKR）等，这些
PRRs识别病原体相关分子模式（pathogen-associated molecular patterns，
PAMPs），如病毒的蛋白、核酸，参与启动细胞内的信号级联反应，最终
引起转录因子的活化、Ⅰ型干扰素的表达、前炎性细胞因子的产生等，
产生的免疫活性分子在病毒感染细胞及其周围细胞建立一种抗病毒状
态，并给免疫细胞发出危险信号[2, 3]。上述细胞因子是非特异性免疫应
答的重要活性物质，Gil等[4]对ASFV感染后非特异性免疫应答的相关细
胞因子进行了监测，体外试验显示，ASFV无毒株感染后细胞可立即分泌
IL-12p40和IFNα/β，无毒株与强毒株都可诱导产生TNFα，但ASFV无
毒株比强毒株诱导产生更高水平的IFNα、IL-6、IL-12p40以及TNFα；
而体内试验却显示，ASFV强毒感染后，猪血清里可检测出大量的TNFα
和IFNα/β，淋巴组织细胞内也有大量TNFα存在。强毒株体外、体内
感染后，均可检测到IL-1β的分泌。

（一）非特异性免疫相关细胞

1. 巨噬细胞

巨噬细胞主要功能是直接吞噬、消化病原体和细胞残片，在非特
异性防御中发挥重要作用。但ASFV能感染猪的巨噬细胞，可在其中大
量复制、增殖，这也是ASFV免疫逃避机制之一。Gil等[4]在研究体外
ASFV感染的巨噬细胞时发现，ASFV NH/P68弱毒株感染猪血液中的巨噬
细胞后，可表达TNFα、IL-6等细胞因子，表达量明显高于ASFV L60强
毒株；Whittall等[5]用ASFV Malawi Lil/20感染巨噬细胞，8h后就检测到
TGFβ的表达，24h后表达量达到峰值，但未检测到TNF和IL-1。TGFβ
能抑制NK细胞的活性，同时也能抑制淋巴因子活化的杀伤细胞增殖。这
反映了非特异性免疫应答在ASFV感染巨噬细胞时的两面性。

2. NK细胞

NK细胞通过直接杀死病毒感染细胞、分泌细胞因子（如IFNγ）和
趋化因子等在抗病毒感染方面发挥重要的作用，它还可以与其他树突状

细胞（DC细胞）相互作用，增强DC细胞的功能，诱导其成熟；反过来DC细胞又可增强NK细胞的活性，促进病毒感染细胞 I 型IFN的分泌[6]。ASFV无血吸附性的弱毒NH/P68株感染猪后第7天，相比未接种病毒的对照组，无临床症状猪体内的NK细胞毒性大大增加，而出现临床症状的猪体内NK细胞毒性增加相对较少；接种中等毒力的Malta78 ASFV后，3～6d内NK细胞的活性明显受到抑制[7]，Haru等[8]分析，这可能与中等毒力ASFV接种后引起机体发热有关，因为有体外试验证明，40℃时NK细胞丧失其活性[9]。用ASFV无毒的OURT88/3株与强毒的Lisbon60体外感染脾源淋巴细胞，检测NK细胞产生的IFNγ结果显示，无毒的ASFV显然是更好的IFN γ诱导剂[10]，由此可见NK细胞能否发挥作用，与ASFV的毒力有关，无毒毒株能激发机体内NK细胞的非特异性免疫应答。

3. NKT细胞

NKT细胞是一些共表达NK细胞表面标志的T细胞，一般认为NKT细胞识别脂类、糖脂类抗原，在细菌感染过程中发挥免疫作用，用半乳糖酰基鞘氨醇与猪淋巴细胞共培养时，NKT细胞作为一特异性的刺激物，促进淋巴细胞的增殖和IFN γ的产生[11]。Diana等[12]研究表明，NKT细胞在抗病毒应答时，也发挥着重要作用。ASFV由一单一脂双层组成，当猪外周血单核细胞（PBMC）与ASFV感染、MHC匹配的细胞共培养，NKT细胞的比例会增加[8]。这表明NKT细胞可能与ASFV感染后IFN γ的产生有关，但NKT细胞在ASFV免疫应答中的具体作用还需要进一步研究。

4. γδT细胞

ASFV可在单核/巨噬细胞以及DC细胞中复制[13, 14]，这些细胞又是典型的抗原提呈细胞，因此ASFV可能会被抗原提呈，起始ASFV特异性免疫应答，其他类型的细胞也可以提呈抗原。当猪γδT细胞与ASFV一起孵育时，该细胞能提呈ASFV抗原给ASFV特异的T细胞。除此之外，γδT细胞还可以分泌大量的细胞因子和趋化因子，包括IFN γ，表明γδT细胞在ASFV感染时能发挥一定的非特异性免疫作用[15]。

（二）ASFV逃避非特异免疫应答的蛋白

病毒为了增殖必须克服非特异性的抗病毒应答，可通过一些自身的蛋白抑制PRRs的信号级联反应[2]。ASFV强毒感染可引起猪100%死亡，而且病程很短[16, 17]，非特异性免疫应答似乎在ASFV强毒感染时未能发挥出应有的作用。这也间接说明ASFV具有抗非特异性免疫应答的机制。目前关于ASFV非特异性免疫的研究也主要集中在这方面。

TLRs是研究最多的一种PRRs，属于Ⅰ型膜糖蛋白，通过富集亮氨酸重复序列识别、结合细胞外或溶酶体内的PAMPs，由胞浆内的Toll/白介素1受体（toll/interleukin-1 receptor，TIR）结构域依赖的病原微生物识别和定位，起始下游的信号级联反应，诱导Ⅰ型干扰素产生，目前在猪体内已发现10种TLRs（TLR1～10）[18]。Oliveira等[19]报道，ASFV的ORF I329L基因编码一种高度糖基化的蛋白，该蛋白主要位于病毒粒子以及感染细胞表面，由胞内结构域、跨膜区、带有9个潜在糖基化位点及富含亮氨酸重复序列的胞外区组成，与Ⅰ型膜糖蛋白TLR3结构类似，能抑制双链RNA刺激的NFκB和IRF3活化（这两种由TLR3诱导的主要效应蛋白在非特异性抗病毒免疫应答中起重要作用），从而抑制诱导β干扰素和趋化因子应答，最终抑制TLR正常应答途径，实现免疫逃避。

膜C型凝集素受体是一大的受体家族，包括胶凝素、选择素、淋巴细胞凝集素以及蛋白多糖，它们在Ca^{2+}参与下通过糖识别位区（carbohydrate-recognition domain，CRD）识别PAMP，诱导吞噬细胞吞噬病原微生物；并能活化ITAM依赖的信号通路，激活脾酪氨酸激酶（spleen tyrosine kinase，Syk），Syk最终可诱导产生炎性细胞因子，刺激DC细胞免疫应答。猪体内也有CLR，目前鉴定的有CD69、CD205、CD207、CLEC4G、DC-SIGN以及Dectin-1。研究发现，DC-SIGN在猪体内没有免疫应答功能[20]。一些动物病毒往往带有C型凝集素功能区蛋白，它们在病毒感染、病毒在细胞间扩散、抑制细胞介导的细胞毒性作用以及血细胞吸附过程中起作用[21]。ASFV的EP153R基因编码蛋白含有C型凝集素样的功能区，病毒感染早期和晚期阶段该蛋白都表达，最初认为其与ASFV感染细胞的血吸附有关，后来发现EP153R与细胞黏附、T细胞活化的CD44分子高度同源，可抑制caspase-3活化、感染细胞凋亡以及细胞膜表面MHC I类分子的表达[22]。但能否像其他CLR一样能识别、结合PAMP，从而阻断机体自身的非特异性免疫应答，目前还没有相关报道。

此外，研究还发现ASFV多种基因编码的蛋白与逃避宿主非特异性免疫相关，包括抑制NFκB和NFAT的A238L[23]，活化蛋白磷酸酶的DP71L[24]，调节诱导细胞凋亡的c-jun和TNFα转录活性的J4R[25]，抑制NFκB和IRF3活化的I329L[19]，以及抑制诱导IFNα/β的多基因家族蛋白360、550等[26]。

与家猪感染ASFV不同的是，非洲野猪和疣猪群内ASFV的传播并不广泛，其组织和血液中的病毒滴度一般比家猪体内的病毒滴度低两个滴度，而且野猪和疣猪感染后没有明显的临床症状。但野猪源细胞、疣猪源细胞以及家猪源细胞体外感染ASFV并没有明显差异[27]。由此推测，它们体内的非特异性免疫应答系统能有效限制ASFV的复制与传播。

二、ASFV特异性免疫

King[28]、Oura[29]以及Jenson[30]等报道，接种弱毒ASFV后幸存下来的猪，再次用同样的或毒力相似的ASFV攻毒，机体都能提供有效保护，表明抗ASFV的免疫应答、尤其是保护性免疫应答在这些猪攻毒前就已经形成了，也表明ASFV易感的哺乳动物宿主在病毒感染后，可产生特异的保护性免疫应答。

（一）ASFV细胞免疫

T细胞免疫是指机体内T细胞对抗原进行的特异性免疫应答过程，又称T细胞介导的免疫应答。一般分三个阶段：识别阶段、反应阶段和效应阶段。效应阶段主要表现为对靶细胞的杀伤作用，以及相关细胞释放出细胞因子、活化单核/巨噬细胞、促进中性粒细胞聚集，导致炎症反应，其中辅助性T淋巴细胞、CTL在细胞免疫应答过程中发挥重要作用。

1. 辅助性T淋巴细胞

抗原特异的T细胞增殖试验是一种检测免疫动物抗原特异记忆T细胞的简单方法，揭示动物机体的细胞免疫应答状态。20世纪80年代初期，Wardley等[31]就用该方法检测了ASFV细胞免疫应答，但由于接种的是ASFV强毒，猪感染后很快死亡，试验结果显示并未检测到ASFV特异的淋巴细胞增殖。后来将ASFV在组织上传代致弱后感染猪，采集PBMC，用紫外线灭活的ASFV刺激后，检测到细胞免疫应答，病毒感染后4周，细胞免疫应答达到峰值。但仅用淋巴细胞增殖试验并不能揭示增殖的淋巴细胞功能，Revilla[32]、Alomso[33]等在康复猪的PBMC中接种ASFV或加入ASFV感染的细胞，检测了ASFV不同毒株之间的交叉反应性以及IL-2和IFNγ水平，结果表明不同毒株之间均有一定的交叉反应性，可诱导产生更高水平的细胞因子。Gil等[4]也通过检测细胞因子（IFNγ、TNFα、IL1以及IL12p40等）的表达和淋巴细胞增殖试验，揭示了ASFV NH/P68感染后诱导猪体内炎性因子的产生以及早期Th1细胞的分化。Canals等[34]报道用抗CD4、CD8的单克隆抗体可阻断感染性病毒刺激淋巴细胞引起的增殖；用紫外线灭活的ASFV刺激后，抗CD8单克隆抗体只抑制60%的细胞增殖，抗CD4单克隆抗体抑制所有的淋巴细胞增殖。流式细胞技术分析该灭活病毒刺激后增殖的淋巴细胞主要为CD4+、CD8+以及CD4+CD8+双阳性淋巴细胞，猪的记忆辅助性T淋巴细胞是CD4+、CD8+表型的淋巴细胞。由此可见，ASFV感染后可诱导机体产生记忆辅助性T淋巴细胞。

2. CTL

研究早就表明，人和小鼠在病毒感染后，体内CTL细胞在病毒再次进入体内的免疫应答中发挥重要的作用[35]。这些病毒特异的CTL活性通常受到MHC Ⅰ类分子的限制，而猪体内的MHC分子称作猪白细胞抗原（swine leukocyte antigen，SLA）[36]。Martins等[37]将无血吸附性ASFV NH/P68弱毒感染SLA自交系的小猪，收集感染猪的PBMC接种ASFV NH/P68，检测其中ASFV特异性CTL活性。结果效应细胞优先裂解有SLA Ⅰ（SLA *cc*，*gg*）的ASFV感染靶细胞，而未感染病毒猪PBMC感染ASFV后，检测不到效应CTL，无病毒感染细胞裂解；用抗CD8的单克隆抗体处理感染ASFV NH/P68的SLA *cc*猪，去除CD8$^+$细胞，与用抗CD4的单克隆抗体处理的猪相比，其CTL裂解ASFV感染的携带SLA *cc*靶细胞的能力显著降低；用抗SLA的单抗处理SLA *cc*靶细胞，检测效应CTL细胞的活性时，其裂解靶细胞的能力大大下降。这表明ASFV感染机体后，能有效激活机体CTL细胞，发挥细胞免疫应答作用。

（二）ASFV体液免疫

体液免疫又称B细胞免疫，是指B细胞在T细胞辅助下，接受抗原刺激后形成效应B细胞和记忆细胞。其中，效应B细胞产生具有专一性的抗体与相应抗原特异性结合，产生免疫反应。体液免疫的关键过程是产生高效而寿命短暂的效应B细胞，由效应B细胞分泌抗体清除抗原；产生寿命较长的记忆细胞，在血液和淋巴中循环，随时"监察"，如有同样抗原再度入侵，立即发生免疫反应并消灭病原（二次反应）。体液免疫的抗原多为相对分子质量在10kD以上的蛋白质和多糖大分子，病毒颗粒和细菌表面都带有不同的抗原，所以都能引起体液免疫，可通过检测机体内的特异性抗体反应机体体液免疫应答的水平。

ASFV强毒感染猪后，3～5d内就会引起猪死亡，死亡率有时高达100%。现有的技术手段很难检测这些强毒的体液免疫应答。对体液免疫的研究主要集中在ASFV弱毒株或中等毒力的毒株感染后存活下来的猪。一般在感染后7～10d就可以检测到针对ASFV的特异性抗体，这些抗体均能持续很长的时间[38]。对这些ASFV特异性抗体的作用一直有较大的争议，因为将这些抗体转移到有临床症状的ASFV感染猪，并不能保护猪不发生死亡[39]；同样用ASFV的蛋白p30、p54免疫猪后，产生的抗体对ASFV感染猪的保护率只有50%左右[40]；有些试验还进一步表明，ASFV蛋白p54、p30和p72免疫后对猪没有很好的保护作用，只是延缓临床症状发生时间[41]。这些结果显示，ASFV感染后，尤其是中等毒力、弱毒以及无毒的ASFV感染后，可以激发猪体内的特异性免疫应答，产生抗ASFV的特异性抗体，但这些抗体并不能有效地保护ASFV强毒的二次感染。

尽管ASFV感染后不能产生有效保护机体的中和性抗体，但这些抗体对补体系统的活化以及细胞介导的ADCC效应还是有作用的，可以裂解ASFV感染的细胞。Norley等[42]用放射免疫试验检测到，ASFV Uganda弱毒感染IB-RS-2细胞8h后，ASFV抗体可结合到该细胞表面，不到11h，IB-RS-2细胞表面就结合了大量的抗体，并通过经典途径激活补体介导的溶细胞反应，加入补体10min后，溶细胞反应达到顶峰，并可持续70~90min；体内试验显示，接种病毒后5~7d感染的细胞表面就可产生针对ASFV的抗原决定簇，但在感染后的14~15d才出现有效的溶解ASFV感染的靶细胞。用ASFV感染的有核细胞检测ADCC时，发现外周血中只有中性粒细胞能介导ADCC效应，而来自淋巴结中的细胞不能发挥ADCC活性。这表明中性粒细胞能介导ADCC效应，在猪抗ASFV二次感染中有一定作用。

ASFV基因组较大（170~19kb），预测该病毒有151个主要ORF以及160小ORF，编码蛋白数量很多，病毒感染细胞后，约有40个合成的多肽参与病毒粒子的包装[43]，要一一研究这些蛋白的体液免疫应答具有一定难度。2002年，Kollnberger等[44]构建了ASFV的噬菌体文库，从中筛选出14个体液免疫应答的抗原决定簇。这些决定簇来自于14个ASFV蛋白，包括B602L、C44L、CP312R、E184L、K145R以及K205R基因编码的蛋白，已知的结构蛋白pA104R、p10、p32、p54和p73，以及一些酶蛋白如RNA还原酶、DNA连接酶和胸苷激酶，用不同ASFV毒株感染的家猪及野猪的血清检测结果显示，其中p10、p73、p30、pB602L、 pCP312R等均可激发机体产生较强的体液免疫应答。张鑫宇等[45]用原核系统表达的重组蛋白p54、pB602L、pK205R以及pA104R检测ASFV OURT88/3、OURT88/1等免疫猪血清，结果表明p54、pB602L、pK205R抗原性好，体液免疫产生的抗体水平高，其中p54和pK205R在ASFV感染早期就能激发机体产生抗体。

　　ASFV无毒株以及弱毒株感染家猪后表现出一定的免疫应答，但强毒株的免疫逃避机制以及感染后引起猪迅速死亡，掩盖了这些免疫应答机制，这给今后非洲猪瘟的疫苗研制以及该病的预防控制带来不小的挑战。

第二节　非洲猪瘟疫苗

　　疫苗是一类为了预防、控制传染病的发生与流行，用于机体接种的预防性生物制品。传染性疾病控制最主要的手段就是预防，而接种疫苗被认为是最行之有效的措施。虽然ASFV从发现到现在快100年了[46]，但由于该病毒结构复杂、编码毒力蛋白多、能在单核/巨噬细胞内复制以及宿主免疫逃避等特点[47]，迄今仍未生产出有效的商业化疫苗，致使非洲猪瘟的防控难度一直较大。这也是该病由东非地区逐渐扩散、流行到世界其他地方的重要原因之一[48]。尽管非洲猪瘟疫苗开发难度很大，但人们一直没有放弃，通过不懈努力一些试验性疫苗不断出现，并表现出一定的防控效果。

　　ASFV强毒感染可导致养猪业的巨大损失。非洲猪瘟主要通过水平传播，常见的传播方式是易感猪与感染猪接触或采食了被ASFV污染的泔水。钝缘蜱属的一些软蜱是ASFV的贮藏宿主和传播媒介，被病毒感染的软蜱叮咬也是猪或野猪感染ASFV的重要原因之一[49]。因此，研制适合猪免疫的疫苗是疫苗研发重点，此外，近期也有不少研究人员关注蜱用疫苗研制，目的是切断软蜱造成的ASFV感染。

一、猪用疫苗

（一）ASFV灭活疫苗

1982年，Forman等[50]从6～8周龄的猪肺内冲洗出猪肺巨噬细胞，体外培养并用ASFV MAL强毒株感染18h后，用胰酶消化，再用0.25%的戊二醛固定，制成灭活疫苗。免疫猪后测定抗体及ADCC，随后用ASFV MAL株进行攻毒试验。结果显示，接种了该灭活疫苗的猪抗体免疫应答良好，产生的抗体能有效介导ADCC效应；ASFV强毒攻毒后，该灭活疫苗产生的抗体能减轻猪的病毒血症，除厌食1～2d外，并无其他临床症状。1994年，Onisk[51]给健康猪注射ASFV抗体，发现可保护致死性ASFV感染。一些体外病毒中和试验，如抗p73、p30、p54抗体能中和70%的病毒感染，也间接支持上述观点。

Stone[52]、Mebus[53]等也曾将ASFV灭活后免疫猪，但攻毒试验的保护效果并不理想。2014年，Blome等[54]为了再次评估ASFV灭活疫苗的免疫保护效果，将2008年分离于亚美尼亚的ASFV强毒在猪PBMC的巨噬细胞上增殖，冻融细胞，用二乙烯亚胺灭活，并加入"Polygen"和"Emulsigen D"佐剂制成疫苗，免疫猪后均能产生抗ASFV抗体；用同源ASFV攻毒后，所有猪均出现发热、沉郁、食欲减退和轻微神经症状，部分猪急性死亡；用攻毒前采集的抗体阳性血清进行病毒中和试验，结果显示没有中和活性。这表明添加了佐剂的灭活疫苗虽可激发机体产生高水平抗体，但对病毒的再次感染没有保护作用。

（二）ASFV活疫苗

由于ASFV灭活疫苗效果一直不佳，人们将目光投向了ASFV活疫苗的研发。2005年，Oura等[55]将无血吸附性的ASFV OUR/88/3蜱分离株免疫猪，猪没有出现病毒血症和持续感染，将CD8单克隆抗体定期注射猪，消除猪体内CD8$^+$淋巴细胞，然后用ASFV强毒株OUR/88/1攻毒，结果显示，CD8$^+$淋巴细胞消除的猪体内出现病毒血症，猪有发热等临床症状；而CD8$^+$淋巴细胞未被消除的猪无任何临床症状，也未出现病毒血症；未接种ASFV OUR/88/3的对照猪在攻毒后发生急性死亡。这表明无毒的ASFV可引起机体特异性的免疫应答，其中CD8$^+$淋巴细胞在清除病毒时发挥了重要作用。

2011年，King等[56]延续了Oura的试验，发现ASFV OUR/88/3免疫后，对同属基因Ⅰ型的ASFV强毒Benin 97/1以及基因Ⅹ型的强毒Uganda1965均有很好的保护作用。该结果证明ASFV活疫苗免疫的有效性，并能提供交叉免疫保护作用。

敲除ASFV OUR/88/3基因组中的DP71L和DP96R基因，能进一步降低该毒株的毒力。2013年，Abrams等[57]将上述基因敲除的ASFV OUR/88/3 ΔDP2接种猪后，再用ASFV OUR/88/1攻毒，结果保护率为66%，低于ASFV OUR/88/3免疫组100%的保护率。一般情况下，病毒毒力基因的敲除，是为了增加疫苗的安全性、提高疫苗的免疫效果。Neilan[58]曾将ASFV Pr4 Δ9GL株（9GL基因敲除突变株，毒力致弱）免疫猪，42d后用ASFV Pr4攻毒，免疫保护效果达到100%，ASFV OUR/88/3 ΔDP2免疫结果却相反，反映了ASFV活疫苗免疫的特殊性，一些毒力基因可能会激发机体产生更好的免疫应答。

（三）ASFV DNA疫苗

2012年，Argilaguet[59]构建了编码ASFV血凝素胞外区（sHA）p54、p30的重组质粒pCMV-sHAPQ，用该重组质粒免疫猪3次，每次间隔15d。抗体检测发现，该质粒可诱导机体产生抗p54、p30抗体，第3次免疫后，抗体水平达到峰值；质粒免疫后，还能诱导特异性的T细胞应答，分泌IFNγ。尽管pCMV-sHAPQ质粒免疫后诱导机体产生良好的体液免疫应答和细胞免疫应答，但ASFV E75强毒攻毒后，所有猪都出现临床症状，感染后6～7d全部死亡。为了促进MHC I类分子抗原的提呈，增强CTL诱导后的免疫应答，重新构建了表达上述蛋白并融合泛素的重组质粒pCMV-UbsHAPQ，免疫2～4次后，检测不到抗p54、p30抗体，但可诱导高水平的T细胞免疫应答。ASFV E75攻毒后7～8d，对照组猪全部死亡，试验组仅1/6的猪死亡；攻毒后第10天，超过50%的猪存活下来，第12天时存活猪的临床症状得到有效改善，第25天全部康复。进一步检测发现，DNA疫苗的保护作用与ASFV特异性的CD8+T细胞的数量成正相关。

（四）ASFV亚单位疫苗

Borca[60]、Gomez-Puertas[61]等认为抗ASFV p73、p30、p54抗体是病毒中和抗体。2004年，Neilan等[13]在此基础上用杆状病毒表达了ASFV Pr4毒株的p30、p54、p73和p22蛋白。用重组蛋白免疫猪后可检测到特异性ASFV抗体，用ASFV Pr4攻毒后，免疫组只是延缓了临床症状出现的时间，猪存活率与对照组并没有什么差异。

Vlasova等[62]认为ASFV p54和p30是病毒感染早期必需的蛋白，定位于病毒粒子外层囊膜上的结构蛋白p12可介导ASFV吸附到易感细胞上，之所以没有有效疫苗，可能与那些和易感细胞相互作用的病毒蛋白（p54、p30、p12）独特的分子生物学特性有关。原核系统中表达来源于ASFV Magadi毒株的上述重组蛋白，免疫家兔制备抗体，体外试验结果显示：抗p12抗体不能阻断病毒吸附到易感细胞上，抗p54抗体只能防止ASFV Magadi及类似病毒的吸附，而抗p30抗体却能抑制不同ASFV的复制，遗憾的是未在猪体内进行进一步的免疫保护研究。

2013年，Argilaguet等[63]在前面DNA疫苗研究的基础上，构建了表达ASFV sHA、p54和p30蛋白的重组杆状病毒。将该病毒接种猪，能直接诱导特异性的T细胞应答，但检测不到相关抗体。攻毒后2/3的猪无病毒血症，病毒感染后第17天，血液中出现大量的分泌IFNγ的病毒特异性T细胞，表明该重组亚单位疫苗对ASFV预防也有一定的效果。

二、蜱用疫苗

钝缘蜱属软蜱是ASFV的贮藏宿主和传播媒介，这些软蜱分布于整个中东地区、高加索、俄罗斯联邦等地，而这些地区正是目前非洲猪瘟流行区域[64, 65]，这对非洲猪瘟的传播以及ASFV长期存在有重大影响，消灭生态环境中的软蜱将有助于非洲猪瘟的预防和控制。目前蜱的控制主要利用化学杀虫剂[66]，这些药物的使用容易造成环境、动物产品的污染，还会使蜱产生选择性耐药；另外蜱的生命周期和生活特性也难使这些杀虫剂到达蜱寄居的地方。免疫学方法和一些生物方法能避免化学杀虫剂的部分缺点和不足，尤其是抗蜱疫苗在蜱消灭方面有着广阔的前景。

Chinzei等[67]是最早研究软蜱疫苗的人，他们将软蜱卵黄磷蛋白免疫家兔，家兔体内产生针对卵黄磷蛋白/卵黄蛋白原的抗体，蜱吸血后，这些抗体经中肠腔到达血淋巴，结合血淋巴产生的卵黄蛋白原，阻断卵巢卵母细胞吸收卵黄蛋白原，该疫苗可使感染雌蜱产卵力下降50%。随后Need等[68]用软蜱中肠提取蛋白免疫小鼠，感染蜱后能使塔拉钝缘蜱幼虫死亡率提高29%。

2002年，Manzano-Roman等[69]将软蜱中肠表皮细胞膜上的Oe45蛋白作为抗原，在猪、兔以及小鼠体内诱导产生免疫应答。感染软蜱后，雌虫的繁殖率降低50%，幼虫感染动物后72h内死亡率达到80%，其作用机制是通过抗体与肠细胞膜上的Oe45结合，固定、活化宿主的补体系统，引起肠细胞裂解，损伤软蜱的中肠。

subolesin最早被认为是肩突硬蜱的保护性抗原，后来发现也是昆虫和脊椎动物akirin的同源类似物，进化保守，在基因表达调节时发挥转录因子的作用，影响蜱的采食、繁殖、组织发育等[70]。RNAi技术干扰subolesin基因的表达以及重组subolesin/akirin免疫动物，均能有效减少硬蜱的数量、体重以及产卵量；RNAi技术干扰软蜱subolesin基因表达可使其产卵率下降90%，但不影响采食和存活；而免疫相应重组蛋白产生抗体的特异性免疫应答并不好，产卵率下降5%～24.5%[71]。分析原因发现，保护性抗体与subolesin特定的表位有关，人工合成这些特定表位的多肽，耦联上钥孔血蓝蛋白（KLH），接种动物后，抗软蜱免疫效果可提高到70.1%～83.1%[72]。

1991年，Need等[23]用塔拉钝缘蜱唾液腺提取物（SGE）免疫小鼠，感染同种蜱幼虫的死亡率达16%。1995年，Astigarraga等[73]发现SGE中大小为70、50、20kDa的三种蛋白能被SGE免疫猪体液免疫应答特异性识别，其中20kDa的蛋白免疫后使感染虫体减少50%[74]；来源SGE的Om44蛋白免疫猪后，产生的保护性免疫使蜱成虫数量减少60%～70%[74]。Om44是宿主P选择素的颉颃蛋白，通过阻断活化的内皮细胞和血小板表面P选择素与淋巴细胞表面受体PSLG-1分子相互作用，抑制蜱咬伤部位宿主凝血和炎症应答。这种抑制作用能有效阻止蜱的叮咬。后来Díaz-Martín证实Om44蛋白就是唾液腺分泌的磷脂酶A2[75]。

当然，消灭软蜱既要考虑到软蜱的生理特性、除蜱效果，又要考虑到对环境、畜产品等的影响，这将是长期的过程。但以消灭软蜱为目的的疫苗开发研究还在继续，希望将来有一天能真正用到非洲猪瘟的防控上来。

参考文献

[1] Correia1 S, Ventura1 S, Parkhouse R M. Identification and utility of innate immune system evasion mechanisms of ASFV [J]. Virus Research, 2013, 173(1): 87-100.

[2] Unterholzner L, Bowie A G. The interplay between viruses and innate immune signaling: Recent insights and therapeutic opportunities [J]. Biochemical pharmacology, 2008, 75: 589-602.

[3] Kumar H, Kawai T, Akira S. Pathogen recognition by the innate immune system [J].

International Reviews of Immunology, 2011, 30: 16－34.

[4]　Gil S, Sepulveda N, Albina E, et al. The low-virulent African swine fever virus (ASFV/NH/P68) induces enhanced expression and production of relevant regulatory cytokines (IFNalpha, TNFalpha and IL12p40) on porcine macrophages in comparison to the highly virulent ASFV/L60 [J]. Archives of Virology, 2008, 153: 1845－1854.

[5]　Whittall J T D, Parkhouse R M. Changes in swine macrophage phenotype after infection with African swine fever virus: cytokine production and responsiveness to interferon-y and lipopolysaccharide [J]. Immunology, 1997, 91: 444－449.

[6]　Paust S, von Andrian U H, Natural killer cell memory [J]. Nature Immunology, 2011, 12: 500－508.

[7]　Norley S G, Wardley R C. Investigation of porcine natural-killer cell activity with reference to African swine-fever virus infection [J]. Immunology, 1983, 49: 593－597.

[8]　Takamatsua H H, Denyera M S, Lacastab A, et al. Cellular immunity in ASFV responses [J]. Virus Research, 2013, 173: 110－121.

[9]　Mendoza C, Videgain S P, Alonso F. Inhibition of natural killer activity in porcine mononuclear cells by African swine fever virus [J]. Research in Veterinary Science, 1991, 51: 317－321.

[10]　Pauly T, Elbers K, Konig M, et al. Classical swine fever virus-specific cytotoxic T lymphocytes and identification of a T cell epitope [J]. Journal of General Virology, 1995, 76: 3039－3049.

[11]　Denyer M S, Wileman T E, Stirling C M A, et al. Perforin expression can define CD8 positive lymphocyte subsets in pigs allowing phenotypic and functional analysis on natural killer, cytotoxic, natural killer T and MHC un-restricted cytotoxic T-cells [J]. Veterinary Immunology and Immunopathology, 2006, 110: 279－292.

[12]　Diana J, Lehuen A. NKT cells: friend or foe during viral infections? [J]. European Journal of Immunology, 2009, 39: 3283－3291.

[13]　Takamatsu H H, Denyer M S, Wileman T E. A sub-population of circulating porcine T cells can act as professional antigen presenting cells [J]. Veterinary Immunology and Immunopathology, 2002, 87: 223－224.

[14]　Carrasco L, de Lara F C, Martin de las Mulas J, et al. Virus association with lymphocytes in acute African swine fever [J]. Veterinary Research, 1996, 27(3): 305－312.

[15]　Takamatsu H H, Denyer M S, Stirling C, et al. Porcine T cells: Possible roles on the innate and adaptive immune responses following virus infection [J]. Veterinary Immunology and Immunopathology, 2006, 112: 49－61.

[16]　Mebus C A. African swine fever virus [J]. Adv Vir Res, 1988, 35: 251－269.

[17] Colgrove G S, Haelterman E O, Coggins L. Pathogenesis of African swine fever in young pigs [J]. American Journal of Veterinary Research, 1969, 30: 1343−1359.

[18] Uenishi H, Shinkai H. Porcine Toll-like receptors: the front line of pathogen monitoring and possible implications for disease resistance [J]. Developmental and Comparative Immunology, 2009, 33: 353−361.

[19] de Oliveira V L, Almeida S C P, Soares H R, et al. A novel TLR3 inhibitor encoded by African swine fever virus (ASFV) [J]. Archives of Virology, 2011, 156 (4): 597−609.

[20] Hardison S E, Brown G D. C-type lectin receptors orchestrate antifungal immunity [J]. Nature Immunology, 2012, 13: 817−822.

[21] Dixon L K, Abrams C C, Bowick G, et al. African swine fever virus proteins involved in evading host defense systems [J]. Veterinary Immunology and Immunopathology, 2004, 100: 117(134): 7312−7319.

[22] Hurtado C, Granja A G, Bustos M J, et al. The C- type lectin homologue gene (EP153R) of African swine fever virus inhibits apoptosis both in virus infection and in heterologous expression [J]. Virology, 2000, 266: 340−351.

[23] Miskin J E, Abrams C C, Dixon L K. African swine fever virus protein A238L interacts with the cellular phosphatase calcineurin via a binding domain similar to that of NFAT [J]. Journal of Virology, 2000, 74(20): 9412−9420.

[24] Zhang F, Moon A, Childs K, et al. The African swine fever virus DP71L protein recruits the protein phosphatase 1 catalytic subunit to dephosphorylate eIF2 alpha and inhibits CHOP induction but is dispensable for these activities during virus infection [J]. Joournal of Virology, 2010, 84(20): 10681−10689.

[25] Thomas C, Sobrino T M F. Animal viruses: Molecular biology [M]. Caister Academic Press, 2008.

[26] Afonso C, Piccone M, Zaffuto K, et al. African swine fever virus multigene family 360 and 530 genes affect host interferon response [J]. Journal of Virology, 2004, 78(4): 1858−1864.

[27] Anderson E C, Hutchings G H, Mukarati N, et al. African swine fever virus infection of the bushpig (Potamochoerus porcus) and its significance in the epidemiology of the disease [J]. Veterinary Microbiology, 1998, 62: 1−15.

[28] King K, Chapman D, Argiaguest J M, et al. Protection of European pigs from virulent African isolates of African swine fever virus by experimental immunisation [J]. Vaccine, 2011, 29: 4593−4600.

[29] Oura C A, Denyer M S, Takamatsu H, et al. In vivo depletion of CD8[+] T lymphocytes abrogates protective immunity to African swine fever virus [J]. Journal of General Virology,

2005, 86: 2445－2450.

[30] Jenson J S, Childerstone A, Takamatsu H H, et al. The cellular immune recognition of proteins expressed by an African swine fever virus random genomic library [J]. Journal of Immunologiocal Methods, 2000, 242: 33－42.

[31] Wardley R C, Wilkinson P J. Lymphocyte responses to African swine fever virus infection [J]. Research in Veterinary Science, 1980, 28(2): 185－189.

[32] Revilla Y, Pena L, Vinuela E. Interferon-gamma production by African swine fever virus-specific lymphocytes [J]. Scandinavian Journal of Immunology, 1992, 35: 225－230.

[33] Alonso F, Dominguez J, Vinuela E, et al. African swine fever virus specific cytotoxic T lymphocytes recognize the 32 kDa immediate early protein (vp32) [J]. Virus Research, 1997, 49: 123－130.

[34] Canals A, Alonso F, Tomillo J, et al. Analysis of T lymphocyte subsets proliferating in response to infective and UV-inactivated African swine fever viruses [J]. Veterinary Microbiology, 1992, 33: 117－127.

[35] Barry M, Bleackley R C. Cytotoxic T lymphocytes: all roads lead to death [J]. Nature Review Immunology, 2002, 2: 401－409.

[36] Martins C L, Lawman M J, Scholl T, et al. African swine fever virus specific porcine cytotoxic T cell activity [J]. Archives of Virology, 1993, 129: 211－215.

[37] Martins C, Mebus C, Scholl T, et al. Virus-specific CTL in SLA-inbred swine recovered from experimental African swine fever virus (ASFV) infection [J]. Annals of the New York Academy of Sciences, 1988, 532: 462－464.

[38] Coggins L. African swine fever virus: pathogenesis [J]. Progress in Medical Virology, 1974, 18: 48－63.

[39] Onisk D V, Borca M V, Kutish S, et al. Passively transferred African swine fever virus antibodies protect swine against lethal infection [J]. Virology, 1994, 198(1): 350－354.

[40] Gómez-Puertas P, Rodríguez F, Oviedo J M, et al. The African swine fever virus proteins p54 and p30 are involved in two distinct steps of virus attachment and both contribute to the antibody-mediated protective immune response [J]. Virology, 1998, 243: 461－471.

[41] Neilan J G, Zsak L, Lu Z, et al. Neutralizing antibodies to African swine fever virus proteins p30, p54, and p72 are not sufficient for antibody-mediated protection [J]. Virology, 2004, 319: 337－342.

[42] Norley S G, Wardley R C. Complement-mediated lysis of African swine fever virus-infected cells [J]. Immunology, 1982, 46: 75－82.

[43] Yañez R J, Rodíguez J M, Nogal M L, et al. Analysis of the complete nucleotide sequence of

African swine fever virus [J]. Virology, 1995, 208: 249-278.

[44] Kollnberger S D, Gutierrez-Castañeda B, Foster-Cuevas M, et al. Identification of the principal serological immunodeterminants of African swine fever virus by screening a virus cDNA library with antibody [J]. Journal of General Virology, 2002, 83: 1331-1342.

[45] 张鑫宇, 陈宇, 刘文俊, 等. 非洲猪瘟病毒E183L、B602L、K205R和A104R基因表达及诊断抗原筛选[J]. 中国兽医杂志, 2014, 50(3): 3-9.

[46] Montgomery R E. On a form of swine fever occurring in British East Africa (Kenya Colony) [J]. Journal of Comparative Pathology, 1921, 34 (3/4): 159-191, 243-262.

[47] Carrillo C, Borca M V, Afonso C L, et al. Long-term persistent infection of swine monocytes/macrophages with African swine fever virus [J]. Journal of Virology, 1994, 68: 580-583.

[48] Dixon L K, Abrams C C, Chapman D D, et al. Prospects for development of African swine fever virus vaccines [J]. Dev Biol (Basel), 2013, 135: 147-157.

[49] Plowright W, Parker J, Pierce M A. African swine fever virus in ticks (Ornithodoros moubata Murray) collected from animal burrows in Tanzania [J]. Nature, 1969, 221: 1071-1073.

[50] Forman A J, Wardley R C, Wilkinson P J. The immunological response of pigs and guinea pigs to antigens of African swine fever virus [J]. Archives of Virology, 1982, 74(2-3): 91-100.

[51] Onisk D V, Borca M V, Kutish S, et al. Passively transferred African swine fever virus antibodies protect swine against lethal infection [J]. Virology, 1994, 198(1): 350-354.

[52] Stone S S, Hess W R. Antibody response to inactivated preparations of African swine fever virus in pigs [J]. American Journal of Veterinary Research, 1967, 28(123): 475-481.

[53] Mebus C A. African swine fever [J]. Adv Virus Research, 1988, 35: 251-269.

[54] Blome S, Gabriel C, Beer M. Modern adjuvants do not enhance the efficacy of an inactivated African swine fever virus vaccine preparation [J]. Vaccine, 2014, 32: 3879-3882.

[55] Oura C A L, Denyer M S, Takamatsu H, et al. In vivo depletion of CD8[+] T lymphocytes abrogates protective immunity to African swine fever virus [J]. Journal of General Virology, 2005, 86: 2445-2450.

[56] King K, Chapman D, Argilaguet J M, et al. Protection of European domestic pigs from virulent African isolates of African swine fever virus by experimental immunisation [J]. Vaccine, 2011, 29(28): 4593-4600.

[57] Abrams C C, Goatley L, Fishbourne E, Chapman D, et al. Deletion of virulence associated genes from attenuated African swine fever virus isolate OUR T88/3 decreases its ability to protect against challenge with virulent virus [J]. Virology, 2013, 443(1): 99-105.

[58] Neilan J G, Zsak L, Lu Z, et al. Neutralizing antibodies to African swine fever virus proteins p30, p54, and p72 are not sufficient for antibody-mediated protection [J]. Virology, 2004, 319:

337—342.

[59] Argilaguet J M, Pérez-Martín E, Nofrarias M, et al. DNA vaccination partially protects against African swine fever virus lethal challenge in the absence of antibodies [J]. PLOS ONE, 2012, 7(9): e40942.

[60] Borca M V, Irusta P, Carrillo C, et al. African swine fever virus structural protein p72 contains a conformational neutralizing epitope [J]. Virology, 1994, 201: 413—418.

[61] Gómez-Puertas P, Rodriguez F, Oviedo J M, et al. The African swine fever virus proteins p54 and p30 are involved in two distinct steps of virus attachment and both contribute to the antibody-mediated protective immune response [J]. Virology, 1998, 243: 461—471.

[62] Vlasova N N, Balyshev V M, Kazakova A S. Perspective of using the recombinant DNA-technology to control the spread of the African swine fever [J]. Procedia in Vaccinology, 2011, 4: 92—99.

[63] Argilaguet J M, Pérez-Martín E, López S, et al. BacMam immunization partially protects pigs against sublethal challenge with African swine fever virus [J]. Antiviral Research, 2013, 98: 61—65.

[64] Bøtner A, Broom D M, Doherr M G, et al. Scientific opinion on geographic distribution of tick-borne infectionsand their vectors in Europe and the other regions of the Mediterranean Basin [J]. EFSA Journal, 2010, 8(9): 1723.

[65] Bøtner A, Broom D M, Doherr M G, et al. Scientific opinion on the role of tick vectors in the epidemiology of Crimean-Congo hemorrhagic fever and African Swine Fever in Eurasia [J]. EFSA Journal, 2010, 8(8): 1703.

[66] Guerrero F D, Miller R J, Pérez de León A A. Cattle tick vaccines: many candidate antigens, but will a commercially viable product emerge? [J]. International Journal for Parasitology, 2012, 42: 421—427.

[67] Chinze Y, Minoura H. Reduced oviposition in Ornithodoros moubata (Acari: Argasidae) fed on tick-sensitized and vitellin-immunized rabbits [J]. Journal of Medical Entomology, 1988, 25: 26—31.

[68] Need J T, Butler J F. Possible applications of the immune response of labora-tory mice to the feeding of argasid ticks [J]. Journal of Medical Entomology, 1991, 28: 250—253.

[69] Manzano-Román R, García-Varas S, Encinas-Grandes A, et al. Purification and characterization of a 45-kDa concealed antigen from the midgutmembranes of Ornithodoros erraticus that induces lethal anti-tick immuneresponses in pigs [J]. Veterinary Parasitology, 2007, 145: 314—325.

[70] Almazán C, Kocan K M, Bergman D K, et al. Identification of protective antigens for the

control of Ixodes scapu-laris infestations using cDNA expression library immunization [J]. Vaccine, 2003, 21: 1492−1501.

[71]　Manzano-Román R, Díaz-Martín V, Oleaga A, et al. Subolesin/akirin orthologs from Ornithodoros spp. soft ticks: cloning, RNAi gene silencing and protective effect of the recombinant proteins [J]. Veterinary Parasitology, 2012, 185: 248−259.

[72]　Manzano-Román R, Díaz-Martín V, Oleaga A, et al. Identifica-tion of protective linear B-cell epitopes on the subolesin/akirin orthologues of Ornithodoros spp. soft ticks [J]. Vaccine, 2015, 33: 1046−1055.

[73]　Astigarraga A, Oleaga-Pérez A, Pérez-Sánchez R, et al. A study of the vaccinal value of various extracts of concealed antigens and sali-vary gland extracts against Ornithodoros erraticus and Ornithodoros moubata [J]. Veterinary Parasitology, 1995, 60: 133−147.

[74]　Manzano-Román R, (Doctoral thesis). Vacuna anti-Ornithodoros erraticus. Universidad de Salamanca, 2002, Spain http: //hdl. handle. net/10261/10366.

[75]　Díaz-Martín V, Manzano-Román R, Oleaga A, et al. Cloning and characterization of a plasminogen-binding enolasefrom the saliva of the argasid tick Ornithodoros moubata [J]. Veterinary Parasitology, 2013, 191: 301−314.

第七章

非洲猪瘟的
预防与控制

第一节　中国非洲猪瘟发生风险状况评估

　　非洲猪瘟（African Swine Fever，ASF）是由于ASFV侵染引起的猪群急性、烈性传染病，其临床主要表现为猪体全身出血、呼吸障碍和神经症状等[1-5]。非洲猪瘟具有较广的传播途径和媒介，ASFV可以通过直接或多种间接方式在易感宿主间传播，其对温度、湿度等所具有的较强适应性，也使得该病毒得以在猪、羊、兔等动物饲养环境或动物产品中长期存在[6-10]。目前研究认为ASFV是唯一以媒介昆虫传播的DNA病毒，其病毒具有较为广普的基因型，不同基因型病毒毒力差异很大。高毒力ASFV导致的猪群发病率和死亡率可达100%，而低毒力病毒只可导致血清型变化，研究显示低毒力的ASFV在临床上有时很难诊断。目前国际上还没有研发出对ASFV有效的疫苗和治疗方法。非洲猪瘟在过去的几十年里曾在非洲、欧洲和美洲等多个国家和地区间歇性暴发和流行，其中主要以非洲大陆为主，但近年在非洲大陆以外区域的扩散态势有所加强，如1999年葡萄牙、2007年格鲁吉亚、亚美尼亚、车臣、阿塞拜疆等连续报道非洲猪瘟疫情，以及2014年2月波兰报道的野猪疫情[11]。贸易流动和全球化趋势的加强也使得非洲猪瘟在更大范围发生的风险和流行的可能性增大。开展风险评估、制定和实施风险的区域化管理，探讨、研究和明确非洲猪瘟扩散途经及风险因素，严格风险放大和扩散关键点的管控等是有效控制非洲猪瘟在更大范围和地区扩散和流行的有效手段。我国是国际上猪存栏及其消费数量最大的国家，猪存栏和猪肉的消费几乎占据全球的一半，养猪业的健康发展对我国的食品安全和国家安全具有极其显著的意义。非洲猪瘟作为猪群疫病中的一种烈性传染病，一旦传入将对我国的养猪业造成毁灭性的打击。近几年来在我国周边的俄罗斯等国家连续有非洲猪瘟病例的报道，也预示着该地区可能会成为ASFV侵染、流行的又一个大的区域。

一、风险识别和认知

（一）病原特性

ASFV是目前唯一已知核酸为DNA的虫媒病毒，病毒粒子有囊膜，基因组由单分子线状双股DNA组成，长度为170～190kb。DNA分子具有共价的闭合末端和反转重复区和发夹结构，编码200多种蛋白质。ASFV基因组含有大量的毒力相关基因和宿主范围的相关基因，这些基因位于基因组末端的不同区域，为ASFV所特有。基因组长度的多样性是ASFV的重要特点之一，这种长度多样性不仅表现在不同分离毒株之间，也表现在同一来源、不同培养代次的病毒株之间。其主要原因是由于该病毒基因组可随意丢失或获得重复序列，也可能是该病毒进行免疫逃逸的原因之一。

（二）抵抗力

ASFV对热的抵抗力不强，55℃30min或60℃10min即可使其灭活。在猪血液中，4℃保存时可存活18个月；在腐败的血液中或冷鲜肉中可存活15周；在猪体污染物中可存活1个月；室温下、粪便中可存活11d；冰冻肉尸内可以存活15年。1%福尔马林需6d才能将其致死，2%氢氧化钠于24 h内使其灭活。ASFV对乙醚及氯仿等脂溶剂敏感。在0.5%石炭酸和50%的甘油混合液中，于室温下可保存536d。最有效的消毒药是10%苯及苯酚。

（三）致病特性和致死率

强毒株ASFV可导致猪高热、食欲废绝、内脏和皮肤出血以及2～10d内死亡，死亡率高达100%。弱毒株ASFV感染猪表现轻微发热、食欲减退和精神沉郁。有些地区也可能流行无致病力、无血细胞吸附现象的毒株，表现亚临床、无出血性病变感染、血清转阳现象。一般情况下，在感染初发期致死率非常高，扑灭延迟则病毒致病性发生变化，病死率逐渐减少，康复猪增多。但恢复猪可成为本病的长期传染源，有时发热并排出病毒。

（四）传播方式

ASFV的传播途径主要是通过接触或采食受病毒污染的物品而经口传染或通过昆虫吸血而传染。短距离内可经空气传播，污染的饲料、泔水、栏舍、车辆、器具和衣物等均可间接传播本病。非洲猪瘟传入无疫国家或地区常与发病国家机场和港口的感染猪肉制品或残羹未能进行灭害处理有关。蜱之间通过交配传播。此外，吸血昆虫，如蚊、牤等，可以通过叮咬将ASFV经感染猪向未感染猪传播。

二、评估路线、框架、模型和方法

（一）评估程序及框架

风险是指在将来特定时间段内发生不利事件的概率或可能性。风险的产生是各种风险因素综合作用的结果，包括直接风险因素和间接风险因素。研究显示动物传染病的发生和感染群体之间、个体病例之间的扩散大都具有较强的时间连续性和空间集聚性。动物卫生风险评估是对特定横截面上的一个时间段在特定空间内的动物卫生事件的综合描述和评估，是应对区域及国际间动物及动物产品贸易壁垒，建立保护本国农产品适当安全水平的科学举措。本评估按照世界动物卫生组织（OIE）框架内的风险评估程序，开展我国非洲猪瘟发生风险的评估（图7-1）。

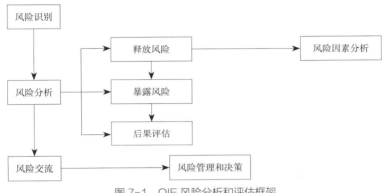

图 7-1　OIE 风险分析和评估框架

（二）数据来源

全球生猪养殖业基础数据来自FAO数据库[12]。非洲猪瘟疫情信息（2005—2010年）来自OIE数据库，其他数据来自各类媒体和科技文献。

（三）理论-模型与方法应用

1. 地理学第一定律与"风险邻近"

1970 年美国地理学家W. R. Toble提出：所有事件都是相互关联的，但相近事件具有更高的关联性，这就是著名的"地理学第一定律"，后来人们也称之为Tobler第一定律（TFL）[13]。地理学第一定律在流行病学研究中探寻病因、挖掘风险因素、构建扩散模型等方面都有广泛的应用[14]，特别是在表达人地系统中偶发或随机事件在地理耦合空间中的关联性和时间尺度的连续性方面都有特殊的意义，被认为是现代流行病学研究的基础定律之一。随着计量地理学的不断发展，我国地理学家李小文院士在"地理学第一定律"基础上又提出"时空邻近度"的概念，涵盖了地理学第一定律中的空间维的模式，并且提出了"流"的概念[15]，指出："地理空间任意两匀质区域（含点）之间的时空邻近度，对给定的'流'，正比于二者之间的总流量，反比于从一端到达另一端的平均时间。"本节中我们基于Tobler提出的第一定律和李小文院士提出的"时空邻近"的定律，提出"风险邻近"的概念，即在空间和时间上邻近的事件对与其相邻的空间单元和时间单元事件发生的风险影响要远大于较远的空间和时间单元的影响权重。基于风险邻近的理念，我们对从文献信息[1-10]、OIE官方网站[11]等挖掘到的关于非洲猪瘟疫情信息加以分类，给出非洲猪瘟疫情在不同时间段报道发生疫情的全球地理分布状况（图7-2）。这种分布状况的明确，为下一步基于风险邻近的全球非洲猪瘟的风险状况的分类提供了基础。

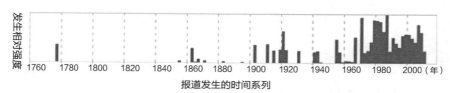

图7-2　非洲猪瘟发生的报道频次和发病的历史
（数据来源：www.Google.com）

2. IF函数

在基于地理学第一定律和风险邻近概念给出非洲猪瘟疫情发生状况分类的基础上，我们借鉴Excel函数库中的IF函数（If Function）排序、组合和函数运算的功能，对不同时间段非洲猪瘟疫情信息状况作为IF函数的四个基本因素和变量，利用IF函数逻辑运算模型予以排序、分类和函数运算，得出目前全球范围内非洲猪瘟疫情发生状况的风险分类图谱（见图7-7）[27]。

三、风险评估

（一）接触风险评估

1. 非洲猪瘟发生历史及其地理分布状况

ASFV的天然宿主软蜱、野猪、疣猪及昆虫媒介——刺吸式吸血性蝇等在全球多个大洲和地区的广泛分布，决定了非洲猪瘟病毒存在的长期性和风险管理的复杂性。多种迹象和文献表明，非洲猪瘟病毒应该在1928年肯尼亚记录和描述其特征之前，已经在国际上多个大洲的多个国家和地区存在[19]。在非洲猪瘟病毒流行的国家和地区，猪群发病率和死亡率较高，畜牧业生产和公共安全都受到了极大的威胁和挑战。

1921年，非洲猪瘟首次在东部非洲的肯尼亚发现，Steyn在1928年首次报道了非洲猪瘟病毒在南非的存在[20]，Kock等人随后确定了非洲猪瘟病毒在非洲东部及附近区域的存在[21]。在将近一个世纪里，大部分饲养猪的非洲东部、非洲南部以及非洲北部的国家，地中海的意大利、葡萄牙以及南美洲的巴西等国家和地区间歇性地报道有非洲猪瘟疫情发生。

非洲大陆和欧洲是非洲猪瘟疫情发生频次较高的两个大洲。安哥拉在1932年暴发疫情，莫桑比克在1962年报道疫情，葡萄牙在1957—1960年报道发生疫情，以及随后在法国、意大利、马耳他、比利时、荷兰等伊比利亚半岛地区的国家持续报道发生疫情，伊比利亚半岛地区到1995年才宣布该地区为无非洲猪瘟地区。非洲东部地区的肯尼亚1994年再次暴发疫情，在持续几年后1997年在非洲西部的贝宁、尼日利亚、多哥等国家和地区又暴发疫情，1999年和2002年在加纳暴发疫情，2003年在布基纳法索暴发疫情[6]。2007年在尼日利亚、肯尼亚、赞比亚等地暴发疫情，马达加斯加于1998年首次报道非洲猪瘟疫情，同时赞比亚和坦桑尼亚（2001、2003和2004年）由于近年猪饲养数量急速增加，大量的猪感染发病，也报道了非洲猪瘟疫情的发生。2007年毛里求斯岛国报道发生了首例非洲猪瘟疫情。

在欧洲地中海地区意大利的撒丁岛，非洲猪瘟多年来呈现地方流行态势，2008年该地区还向OIE通报了一起非洲猪瘟疫情[11]。葡萄牙在1999年再次发生了非洲猪瘟疫情。2007—2008年度在高加索地区的格鲁吉亚、亚美尼亚、车臣、阿塞拜疆等俄罗斯联邦共和国发生一系列非洲猪瘟疫情[11]。

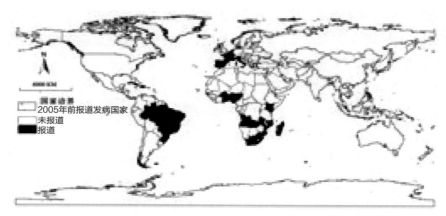

图 7-3　1921—2005 年全球 ASF 发生状况

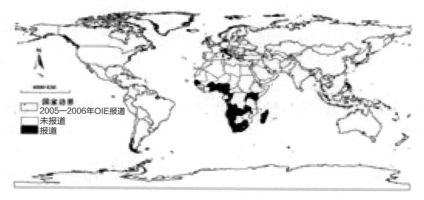

图 7-4　2005—2006 年全球 ASF 发生情况

　　在中美洲加勒比地区以及南美非洲猪瘟的发生也很严重。加勒比地区的古巴、海地等地区和国家在20世纪70—80年代多次报道发生非洲猪瘟疫情，南美洲的巴西、多米尼加共和国也在20世纪70年代末报道发生非洲猪瘟疫情。巴西在经历了非洲猪瘟长期流行后最近才宣布净化和无疫[6]。不同时间段非洲猪瘟全球分布情况见图7-3至图7-6。

　2. 影响非洲猪瘟扩散的风险因素

　　非洲猪瘟病毒主要通过直接接触传播。在直接接触方面，非洲猪瘟疫情主要是易感猪群通过与带毒感染猪的接触，或者采食了被病毒污

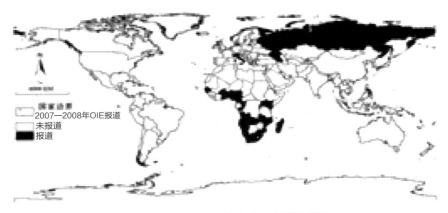

图 7-5　2007—2008 年全球 ASF 发生状况

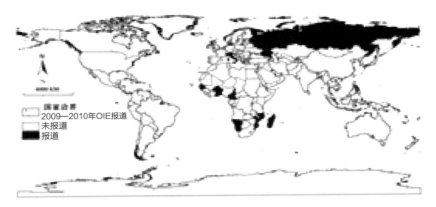

图 7-6　2009—2010 年全球 ASF 发生情况

染的饲料或泔水，以及被带毒和感染的吸血昆虫如软蜱（*Ornithodoros* spp.）叮咬引起。此外，直接接触被非洲猪瘟病毒污染的血液、粪便、尿液、体液等，以及被非洲猪瘟病毒污染的车辆、装备、衣服、鞋子、垫草等物品都可以导致传播。

　　在间接接触方面，野猪——疣猪等非洲猪瘟病毒储存宿主可以通过间接接触的方式传播非洲猪瘟病毒。研究显示非洲猪瘟病毒的空气传播距离非常有限[22]。

　　除蜱类叮咬传播非洲猪瘟病毒外，蚊子、厩螫蝇对家畜等的叮咬和吸食也对传播非洲猪瘟病毒有积极的作用。有研究显示，吸食和携带非洲猪瘟病毒的厩螫蝇可以在48h内有效传播带毒的非洲猪瘟病毒到新的宿主上[1, 6, 9]。水源污染、老鼠等啮齿目动物移动以及鸟类迁飞等途径也有可能传播非洲猪瘟病毒，但目前还没有确切的报道[6]。动物之间交配传播非洲猪瘟病毒存在理论上的可能性，但目前还没有这方面的记录。携带非洲猪瘟病毒的精液中有大量的非洲猪瘟病毒，使用人工授精配种和通过人工授精进行的动物良种改良计划可能会成为传播非洲猪瘟的一个重要的风险因素[11]。

在荒漠和半荒漠地区活动的野猪和在城乡结合地带的"垃圾猪"是非洲猪瘟的易感染群体和危险群体，因为他们可能会采食非洲猪瘟病死猪的尸体，以及被非洲猪瘟病毒污染的猪肉制品、食物垃圾等。

人类活动和全球经济一体化在非洲猪瘟病毒的传播过程中起非常巨大的作用，全球化导致动物及动物产品的移动频率加快。目前全球范围内猪及其产品的移动和运输，是导致非洲猪瘟在全球很多地区和国家发生和扩散的主要因素。此外，兽医从业人员的卫生习惯、意识以及对非洲猪瘟的风险认知等，都可以决定从业人员传播非洲猪瘟病毒的程度。如接触过感染非洲猪瘟病毒的猪的人员的衣服、使用的工具等都可能受到污染，故而相关器具的消毒和存放方式也很重要。此外，在很多地区，由于存在隐性带毒动物，在病毒血症期的注射行为在很多情况下也是导致非洲猪瘟大面积发生的一个重要因素。

非洲猪瘟病毒在有蛋白存在的环境下可以具有良好的存活能力，猪肉制品是非洲猪瘟病毒扩散的一个重要介质，故而在非洲猪瘟带毒期屠宰的猪的产品给非洲猪瘟病毒的生存提供了良好的环境。非洲猪瘟病毒可以忍受较高的温度，在60℃、20min才可以被灭活。故而，新鲜的猪肉、冷冻的猪肉以及烟熏、盐渍和晒干的猪肉都可能含有一定数量的非洲猪瘟病毒。此外，非洲猪瘟病毒可以在一些特定的组织里长期存在，如在病死猪骨髓里存在和长期存活可以解释一些地区腐食性野生动物非洲猪瘟呈现地方局部流行的原因。

3. 影响非洲猪瘟发生的主要风险因素

鉴于影响非洲猪瘟病毒传播的因素众多，且在传播过程中所起作用各有不同，下面重点介绍几种主要的传播因素，包括媒介昆虫、软蜱、野猪、猪和猪产品贸易、人类活动、养猪体系和公共服务管理水平等。

（1）软蜱　蜱属于寄螨目，通常分为软蜱和硬蜱。成虫在躯体背面有壳质化较强盾板的通称为硬蜱，无盾板者通称为软蜱。蜱是许多种脊椎动物体表的暂时性寄生虫，是一些人兽共患病的传播媒介和贮存宿主。全世界已发现的蜱约800余种，其中硬蜱700～800种、软蜱150～200种、纳蜱1种。我国已记录的硬蜱约100余种，软蜱约10多种。

据目前所知，只有软蜱（隐喙蜱科）能够传播非洲猪瘟病毒。到现在为止，所有钝缘蜱不论在自然条件下还是试验条件下，均表现出传播非洲猪瘟病毒的能力。钝缘蜱主要寄生在穴居动物身上，如啮齿动物和爬行动物。钝缘蜱寿命一般长达15年，两次吸血之间可以存活很多年，并且它体内的病毒感染能力可持续长达5年，因此它在维持ASF病毒的延续方面可能起到重要作用。但软蜱在宿主体表停留的时间较短，一般晚上饱血后即离开，因此对病毒的跨地区传播作用不大。在传统的养猪生产系统中，钝缘蜱往往藏身于破旧猪舍的砖土裂缝中，难以清除，这种维持病毒延续的作用可能导致该病在某个地区发展为地方性流行。Plowright等研究发现，在非洲，疣猪的洞穴中经常能发现钝缘蜱的存在，非洲猪瘟病毒在软蜱（*O. moubata / porcinus*）和疣猪之间建立了感染循环，非洲猪瘟病毒在疣猪的组织器官中的含量很低，甚至检测不到，但却能感染软蜱，并可通过软蜱传播到家猪[23]。

在地中海盆地和中东，包括外高加索和俄罗斯部分地区，存在一种软蜱（*O. erraticus*）。Botija研究发现，*O. erraticus*是当地非洲猪瘟病毒持续存在的重要原因之一[24]。但在撒丁岛，虽然还没有发现*O.erraticus*，但当地野猪感染严重，非洲猪瘟依然存在。对欧亚野猪而言，由于不是穴居动物，几乎不会被软蜱叮咬，软蜱对欧亚野猪中非洲猪瘟的流行意义不大。

有关软蜱分布的相关数据信息有限，因此很难预测它们的分布。目前还没有软蜱的有效控制和防护措施，唯一有效的方法就是放弃使用被软蜱感染的猪圈并做彻底杀虫消毒。

（2）其他媒介昆虫　虱、螨、苍蝇和硬蜱等其他吸血昆虫也可能作为非洲猪瘟病毒的机械传播媒介，但需要更多的研究证明。Mellor（1987）等人通过试验证明厩螫蝇（*Stomoxys calcitrans*）可以将非洲猪瘟病毒传播给猪[25]；但Plowright等研究发现按蚊（*Anopheles* spp.）在非洲猪瘟的传播中没有明显的作用[26]。

（3）野猪　猪是唯一一种可被非洲猪瘟病毒自然感染的家养动物。欧亚野猪对非洲猪瘟易感，与家猪有相似的临床症状和死亡率，它们不仅种群内相互感染，还可感染家猪。在非洲，疣猪、丛林猪、大森林猪虽可感染，无明显临床症状。

欧亚野猪分布范围很广，多数分布于丘陵、山地、森林，特别是常绿栎林；此外，草原、湿地、山区等也有分布。欧亚野猪是定居习性的高度群居物种，不随季节长距离迁徙，种群的活动半径一般不超过10km。在特殊情况下，如食物匮乏、自然灾害、环境改变或遭受狩猎的情况下，活动范围会有所改变。

欧亚野猪作为一种自然宿主，对非洲猪瘟病毒跨区域传播作用很大，特别是在野猪密度很大的地方。在高加索地区，野猪会将病毒传播到很远的地方或者没有疫病的地方，主要是通过野猪连片分布传播而不是感染野猪的长距离活动引起的。野猪有很强的环境适应能力，群居密度高，通过相互接触极易造成非洲猪瘟在种群内传播。除交配季节外，野猪种群之间的接触较少。非法狩猎是影响野猪种群数量的主要原因，同时，非法狩猎也增加了非洲猪瘟病毒跨区域传播的概率。

在很多地方，野猪和家猪接触频繁，导致非洲猪瘟的持续流行。这种情况在格鲁尼亚和亚美尼亚较为突出，特别是夏季。在车臣共和国与印古什共和国，食用病死野猪导致疫情的循环流行。虽然高加索地区庞大的野猪数量对非洲猪瘟的传播有直接影响，但是野猪在非洲猪瘟流行病学中的作用还不很清楚。

（4）猪及其产品贸易　猪或猪产品贸易是非洲猪瘟跨区域传播的重要原因，特别是对于难于监管的走私或非法调运活动。为了控制非洲猪瘟，欧盟委员会立法要求，各成员国不得私自授权进口猪及其制品，除非出口国至少12个月内没有非洲猪瘟疫情。同时欧盟委员会还对各成员国食品安全和边境检疫站的工作进行评估，以做好统一监督、统一防控工作。鉴于欧盟周边高加索地区国家发生非洲猪瘟疫情，欧盟要求禁止所有来自高加索地区的生猪和猪肉产品贸易。

（5）人类活动　人类活动在非洲猪瘟的传播中也起到关键作用，如狩猎、贸易、运输、旅游、出入境等。国际航班、船舶中的猪肉制品及食物垃圾由于处理不当也会造成病毒的传播，如1957年的西班牙疫情、2007年的格鲁吉亚疫情。近年来，俄罗斯联邦、拉脱维亚、波兰、立陶宛等国家持续发生的非洲猪瘟疫情中，部分疫情与过境人员携带污染了非洲猪瘟病毒的物品有关。因此，欧盟委员会认为，非法移民和携带非洲猪瘟风险物品的非法移动导致的非洲猪瘟传播的风险不可忽视。

（6）饲养方式　饲养方式对非洲猪瘟的控制有直接影响。在高加索和俄罗斯地区，养殖户为了降低饲养成本多采取自由散养方式，让猪在外游荡啃食垃圾、饲喂泔水，几乎没有生物安全意识和相关防护措施，这些地区成为非洲猪瘟的高风险区和疫情重灾区。在欧洲，多数国家有较高的生物安全体系，非洲猪瘟发生流行的风险很低。通过改善饲养方式、提高生物安全意识、健全生物安全措施，可有效降低非洲猪瘟的发生流行风险。

（7）公共服务管理水平　疫病控制重在早发现、早报告。由于非洲猪瘟的临床症状与古典猪瘟相似，难以分辨，在有古典猪瘟流行的地区，很容易造成误诊，延误防控时机，造成疫病的大面积扩散。因此，加强预警、及时报告、提高鉴别诊断能力、加强应急演练、完善应急预案非常重要。在生猪饲养管理到屠宰上市的各个环节，都应强化非洲猪瘟的防控管理，尤其是加强产地检疫和屠宰检疫，严格禁止感染猪及猪产品的流通。此外，兽医从业人员的卫生习惯、意识以及对非洲猪瘟病毒的认识等都可以决定从业人员传播非洲猪瘟病毒的程度。接触过感染非洲猪瘟病毒猪的人员的衣服、使用的工具等都可能受到污染，相关器具的消毒和存放方式也很重要。

4. 非洲猪瘟发生强度的分布

大量研究显示，传染病的发生和扩散大都具有较强的时间连续性和空间连续性[14-15, 27-28]，按照Tobler的地理学第一定律和基于"风险邻近"的解释，病例之间具有一定强度的空间相关性[27-28]。非洲猪瘟最早发现于非洲大陆，随后传至非洲之外的欧洲、美洲等多个大洲的很多国家和地区。自从发现非洲猪瘟以来，全球已经有至少89频次的国家和地区报道发生过非洲猪瘟疫情[1-10, 27]，其中很多国家和地区反复发生、多次报道。如安哥拉、贝宁、布基纳法索、佛得角、加纳、几内亚比绍、意大利、肯尼亚、马达加斯加、莫桑比克、马拉维、纳米比亚、尼日利亚、葡萄牙、俄罗斯、卢旺达、塞内加尔、南非、乌干达、坦桑尼亚、多哥、赞比亚等国家和地区都至少发生过一次以上较大规模的非洲猪瘟疫情，说明这些地区和国家的野生动物、宿主昆虫或猪群中存在病毒，而其中布基纳法索、纳米比亚、俄罗斯、塞内加尔、贝宁、佛得角、加纳、意大利、马达加斯加、莫桑比克、多哥等12个国家和地区在2007—2010年上半年的时间段内，报道发生多起非洲猪瘟疫情。从Tobler的地理学第一定律和"风险邻近"对此可以解释为：这一类地区和国家存在的非洲猪瘟疫情对与其具有邻近动物贸易关系的国家和地区以及地理毗邻的国家和地区产生了极大的接触乃至暴露风险。同时从时间维度来考虑，这一类国家和地区也是目前全球非洲猪瘟疫情和病例发生和报道可能性最大、风险最高的地区和国家。从这一类国家和地区进口和输入猪及其产品存在较大的非洲猪瘟输入风险。此外，OIE发布的喀麦隆、刚果、马拉维、卢旺达、乌干达、安哥拉、肯尼亚、尼日利亚、南非、坦桑尼亚、赞比亚等国家在2005—2008年也持续报道发生过非洲猪瘟疫情[11]。而安道尔、比利时、巴西、古巴、多米尼加、法国、冈比亚、直

布罗陀、海地、马耳他、荷兰、葡萄牙、西班牙等国家和地区曾在2005
年前有过非洲猪瘟疫情的报道[1-10]。在基于地理学第一定律和"风险邻
近度"概念给出非洲猪瘟疫情发生状况分类的基础上，我们借鉴IF函数
排序、组合和函数运算的功能，在全球尺度上对不同时间段内的非洲猪
瘟疫情进行了风险排序（图7-7）。

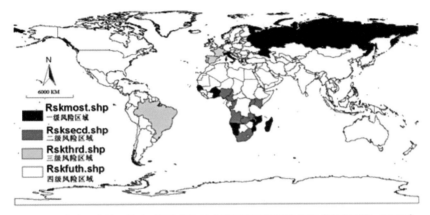

图 7-7　全球尺度基于发病时间和频次的非洲猪瘟疫情风险分布（张志诚等，2012）

（二）暴露风险分析

1. 全球猪的存栏及其养殖格局分布

FAO数据库资料显示：2012年全球猪的存栏总量达到941 281 626头
左右，主要分布在亚洲的中国、越南等，北美洲的美国、加拿大，南美
洲的巴西、墨西哥和欧洲的德国、西班牙、俄罗斯、波兰、法国等国
家，养殖数量在721 705 862头左右，占全球猪养殖和存栏量的76.67%。
其中中国的年末存栏数量最多，达446 422 605头左右，占全球猪养殖和
存栏数量的47.42%；其次为美国，养殖和存栏数量为65 909 000头左右，
占全球猪养殖份额的7%左右；巴西、越南、德国、西班牙等国家的养殖
份额分别占4.24%、2.836%、2.835%、2.79%和1.71%。在猪的养殖存栏
密度方面，养殖较为密集的区域主要分布在欧洲地中海沿岸的西班牙及
德国、荷兰、比利时等国家，在东亚及南亚的中国、越南、泰国、菲律

宾等国家的养殖密度也较大（图7-8、图7-9）。

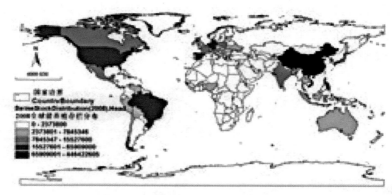

图 7-8　2012 年全球猪的养殖和存栏分布

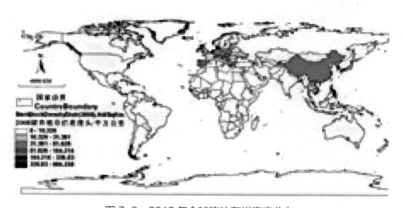

图 7-9　2012 年全球猪的存栏密度分布

2. 非洲猪瘟传入我国的可能途径

非洲猪瘟传入我国的可能途径很多，有引种、野生传媒包括野生动物传播和野生的媒介昆虫的活动导致的传播，以及跨越大洲和国家之间的国际交流和贸易等几个主要的途经。

（1）种猪引进　引进种猪是非洲猪瘟传入的重要途径之一，带毒种猪可以潜伏带毒，并随着引种而进入国内，一旦在猪群寄居，很快会在猪群蔓延、流行。非洲猪瘟病毒在猪冷冻精液中可以长期存活，可伴随人工授精将病毒传播给母猪并导致疫情暴发。野猪是非洲猪瘟病毒的重要寄主，常可自然感染，但不表现临床症状，是危险的长期带毒者。我国幅员辽阔，野猪资源丰富，在与俄罗斯等周边国家接壤的地区存在着巨大的风险性。此外，野猪引种、饲养驯化在我国许多地区盛行，给我国的ASF防控带来隐患。

（2）国际贸易和交流　随着中国改革开放不断展开，进入中国旅游的外国游客数量逐年攀升。外国游客可能会不知不觉地将污染的猪肉或猪肉制品从非洲猪瘟感染国携带进来，污染食物作为外来动物疫病传染源在一些国家已经是屡见不鲜。另外，未煮熟的感染猪制品或残羹在机场、海港以及其他地方都可能作为疫病传入的渠道。非洲猪瘟从西班牙传播到葡萄牙被认为是在国际机场用未煮过的感染猪制品或残羹饲喂空运的猪而引起。马耳他和萨丁尼亚也报道给从海港进口的猪饲喂未煮熟的残羹而暴发非洲猪瘟。亚洲地区是世界最大的猪肉生产区，以中国为主导，每年屠宰超过6.79亿头猪；亚洲也是世界最大的猪肉进口者，全球猪肉贸易的57%以亚洲国家为对象（中国、日本和韩国）。而且，自从中国与非洲于2010年签订了合作意向，中国对非洲的投资特别是对非洲特定国家的投入大幅增加。ASF在这些国家中有的呈地方流行性，包括安哥拉、刚果、肯尼亚和南非。与非洲的贸易往来将导致贸易（进口和出口）、空中和海运还有人口流动大幅增加，这使得居住在非洲的中国人数量显著增加，有超过5万人居住在南非和尼日利亚等国家。中非贸易的快速扩大将极大地增加非洲猪瘟通过贸易流动扩散到中国的风险。

（3）野生传播媒介　野生传播媒介的传播包括家猪与野生动物共牧和混群传播以及通过媒介昆虫的接触传播。我国地域辽阔，在西北、东北和西南地区与多个国家接壤，仅在西北地区的新疆维吾尔自治区就与俄罗斯、塔吉克斯坦等8个非洲猪瘟高风险国家接壤，陆地边境线长达5 600km以上，占全国陆地边境线的1/4。新疆地区共有对外开放的一类口岸17个、二类口岸12个，边境地区存在野猪的分布，非洲猪瘟的传入风险不容忽视。

另外，我国与非洲、欧洲、美洲等多个国家具有集装箱、航空等贸易往来，虫媒载体可能通过多种不同的渠道进入。我国地域广阔、气候适宜，境外虫媒一旦传入即可滋生繁衍，并有可能将非洲猪瘟病毒传入我国，甚至造成定殖和流行。

四、后果评估及风险管理

（一）后果评估和风险估算

非洲猪瘟是猪的一种烈性传染病，由于缺乏有效疫苗，也被称为猪的"艾滋病"。非洲猪瘟一旦传入我国将在以下几个方面产生严重的后果和损失。

1. 养猪业面临严重打击

我国年生猪养殖量近12亿头，生猪占有量全球第一，平均密度为83.1头/km^2；此外，目前我国500头以上的规模养猪场仅占养猪总量的38.5%，全国6 000万个体养殖户依然是主力军。在我国总体生物安全水平不高的高密度养猪体系如果发生疫病传播，会很难控制和消除。

2. 农业和农村经济的停滞和倒退，威胁社会安定

养猪是我国大部分农村地区农民最重要的生产方式和收入来源，其对广大农民而言不仅是生产资料，同时也是重要的生活资料。非洲猪瘟一旦传入，其高死亡率和感染性会导致大量的农业和农村生产资料的损失，对我国建设小康社会和新农村建设以及振兴农业和农村经济都是一个严重的威胁，同时会给广大农村地区的社会安定带来潜在影响。

3. 环境生态风险升高

非洲猪瘟的传播媒介目前主要在家养畜群、野猪和蜱虫之间循环。而我国边境接壤国家比较多，虽然除俄罗斯外周边大部分国家目前还没

有非洲猪瘟病例报告，但其风险不可忽视；西北边境地区与俄罗斯联邦共和国、塔吉克斯坦、吉尔吉斯斯坦等非洲猪瘟风险国家有大面积的荒地、丘陵和山区林地接壤，大量野生动物活动和迁徙的廊道及混群为非洲猪瘟扩散和蔓延提供了可能；边境地区家养畜群的共牧也构成了显著的威胁，同时蜱虫的潜在威胁和无国界分布导致的威胁也不可忽视。非洲猪瘟一旦传入我国，将对我国的农业和农业生态环境产生难以估计的影响。

4. 对国际贸易和交流产生负面影响

目前我国正处在一个贸易快速发展和经济稳定优化的阶段，与国际上很多国家和地区都有猪及其相关产品的贸易交流，一旦非洲猪瘟传入我国，对我国的出口贸易会产生巨大的打击，对我国目前的经济发展会产生相当程度的负面影响。

（二）风险管理

从近年来ASF发病国家疫情发生和采取的措施看，隔离、限制猪只流动、消毒污染场所、扑杀是ASF暴发后采取的积极措施，且效果比较显著。但由于地理位置、自然环境条件以及野猪资源、昆虫资源的难于控制，疫情扑灭后再暴发的现象时有发生，如多数非洲国家。非洲猪瘟的防控管理主要集中在以下几个方面：① 引进种猪、精液的检疫控制；② 野猪流动控制，尤其在国与国边界；③ 国内猪只的流通管理和移动控制；④ 媒介昆虫控制；⑤ 边境贸易、航空、海港废弃食物、泔水物品的安全处置；⑥ 人员的动物疫病识别能力、动物卫生意识。

对非洲猪瘟的防控，FAO推荐主要采取以下几个方面的控制措施：

（1）制订严格的进口隔离检疫政策　严格遵守OIE《陆生动物卫生法典》防止ASF传入的技术指南，明确家猪和野猪、猪肉和猪肉制品、猪精液、猪胚胎、受精卵以及用于药物制剂制备的原料的其他猪制品的进口检疫要求。

（2）落实边境检疫　重点在国际机场、海港码头、国与国间边境交汇点检疫、检查含有猪肉或肉制品的食物和其他风险物质。查获的风险材料以及国际空港、海港的废弃食物要通过深埋、焚烧、化制等方法安全妥善处理。

（3）禁止饲喂泔水　含有进口动物产品的残羹剩饭、废弃的食物碎屑常常是非洲猪瘟和其他重要跨国界传染动物疾病（如猪水疱病、口蹄疫、猪瘟）传播的重要途径。因此，应制定法规禁止用泔水饲喂动物。应尽可能采取措施防止机场、码头用泔水喂猪。

（4）加强猪群控制　大量散养猪只、猪群自由流通都将给非洲猪瘟侵入和快速传播提供极大的便利条件，并严重影响疫病扑灭。非洲猪瘟高风险地区应采取措施提高猪群的饲养管理水平，鼓励规模化、规范化饲养。

综合目前非洲猪瘟全球及周边国家流行情况，非洲猪瘟病毒的致病特点、传播特性以及传入我国的可能途径和我国对该病的防控现状等因素，我们认为现阶段我国传入非洲猪瘟的风险非常高，需要引起我国政府及相关科技工作者的高度关注，并按照新发、突发重大动物疫病防控方案，加强对非洲猪瘟的风险防范。重点加强西北、东北边境省份，重要空海港所在城市，种猪资源（含冷冻精液）引进省份的监测，加强对国内重要民航节点、航运船舶码头、边境省份火车/汽车站点游资来源、客流数量、货运批次及残羹剩饭等废弃食品的处理、监测等。

第二节　疫情监测

疫情监测是掌握动物疫病流行状况、流行规律和疫情动态，增强疫情预警预报能力的重要手段，也是防控非洲猪瘟的重要措施之一。非洲猪瘟监测应遵循"国家监测与地方监测相结合、常规监测与应急监测相结合、定点监测与全面监测相结合、抗体监测与病原监测相结合、实验室检测与临床监视相结合"的原则，同时，及时掌握和分析全球非洲猪瘟疫情状况、周边国家非洲猪瘟疫病发生情况及流行态势，全面掌握和分析非洲猪瘟的分布和流行规律，适时评估非洲猪瘟疫情传入我国的风险，发布预警预报，科学开展防控。

一、疫情监测区域的选择

就非洲猪瘟而言，根据风险评估结果，目前我国应重点加强对边境地区、机场和港口、进口活猪及其制品的省份、蜱活跃地区等区域的监测。

（一）边境地区

边境地区的猪、尤其是野猪自由流动给ASF的传入和快速传播提供了极大的便利条件，也大大增加了疫情防控的难度。野猪是ASFV的重要宿主，常可自然感染。非洲疣猪感染后一般不表现临床症状，但可成为危险的长期带毒者；欧洲野猪易感性较强，死亡率比较高。我国幅员辽阔、野猪资源丰富，在与俄罗斯等周边国家接壤的地区，野猪活动比较频繁，存在着一定的风险性。此外，近年来野猪引种、驯化改良在我国部分地区盛行，在一定程度上增加了非洲猪瘟传入的风险。因此，应加强边境地区、尤其与发生疫病国家接壤地区的疫情监测。

（二）机场和港口

1. 废弃食物、泔水等

ASFV传入无病国家或地区常与来自发病国家航班的机场和港口的、未经煮熟的感染猪制品或残羹不能安全处理有关。口岸、国际机场、海港码头等废弃的食物、碎屑，尤其是来自感染国家（地区）的船舶、飞机的废弃食物和泔水、剩菜及肉屑等常常是非洲猪瘟和其他重要跨国界动物传染病（如猪水疱病、口蹄疫、猪瘟）传播的重要途径。因此，对这些地方应进行重点监测。

2. 疫区国家人员携带猪制品

国际机场、海港码头等来自疫区国家的人员非法携带的猪肉及猪制品等也可能是非洲猪瘟传入的途径之一。据海关部门统计，每年从入境人员的携带物中截获猪、野猪及相关产品数量均达到数吨之多。

因此，要加强口岸、国际机场、海港码头携带物品中猪肉或肉制品类食物和其他风险物质的检疫。

（三）进口猪及其产品

引进种猪是ASF传入的重要途径之一，带毒种猪可以潜伏带毒，并随着引种进入国内。ASFV在猪冷冻精液中、可以长期存活，并可伴随人工授精将病毒传播给母猪，导致疫情暴发。此外，进口猪肉、火腿和香肠等其他猪制品，都有传入非洲猪瘟的风险。非法从国外购进猪及其相关制品，更加大了疫情传入的风险。据出入境检疫部门统计，2009年截获了20t非法进境的猪肉。因此要严格执行动物及动物产品的进口政策，加强口岸、国际机场、海港码头、国与国间边境交汇点对猪肉和猪制品、猪精液、胚胎、受精卵以及用于药物制剂制备的原料等其他猪制品的进口检疫，严禁非法进口猪及其产品。

二、监测对象与监测方式

监测对象与监测方式的选择应根据疫病流行的状况或传播风险大小而确定。就非洲猪瘟而言，由于该病对我国属于外来病，而且已往发病疫点离我国边境较远，虽然存在一定的风险，但也不能夸大风险，疫情的监测应有侧重点，保持监测的力度，保证适时的预警预报。基于对非洲猪瘟传入我国的风险分析，目前应考虑的监测对象有边境地区的野猪和种用家猪，从国外引进种猪省份的猪、野猪，蜱活跃地区的猪及蜱等（图7-10）。

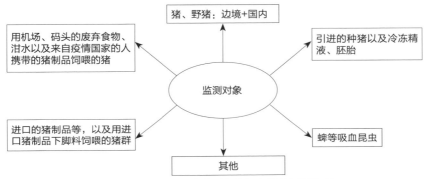

图 7-10 非洲猪瘟监测中应考虑的重点监测对象

监测方式可以采取国家宏观指导、地方和专业实验室联合执行的方式，将主动监测和被动监测相结合，抗体监测与病原监测相结合，实验室检测与临床监视相结合。对边境、进口种猪的省份等高风险地区采取重点靶向监测的方式。

主动监测是指国家兽医部门及相关单位组织人员到边境等高风险地区开展流行病学调查，对野猪、猪或蜱等采样进行实验室检测。目前我国对边境等高风险地区应当持续进行定点流行病学调查和血清学监测。

被动监测是指各省、直辖市、自治区，尤其是边境省自治区的兽医机构及相关单位按照国家制定的规范和程序，对非洲猪瘟进行日常监测，并及时向上级机构报告监测数据和资料。县级以上动物疫病预防控制机构应当加强非洲猪瘟监视工作。各级机构和人员发现可疑或疑似疫情时，应立即向当地动物疫病预防控制机构报告。

靶向监测是对高风险的动物群体，如边境地区的猪及野猪、尤其死亡猪及野猪、表现临床症状的猪，或用机场、码头的泔水饲喂的猪进行监测。

三、监测结果的处理

参照《非洲猪瘟防治技术规范》中的有关要求进行。

目前，我国已经建立了遍布全国的动物疫情报告体系和疫情监测体系，设有304个动物疫情测报站、146个边境动物疫情监测站（图7-11）。全国已有2 800多个县级动物防疫监督机构与国家动物疫情传报网络中心连接，可确保实时传报动物疫情。国家外来动物疫病研究中心也在上级主管机构领导下，联合有关部委的专业实验室，综合国家级重点实验室、边境省份兽医疫病防控机构以及内陆重点省份的技术力量，初步建立了外来动物疫病的监测网络，使非洲猪瘟的疫情监测做到有效、适时、实时，严防疫情的侵入。

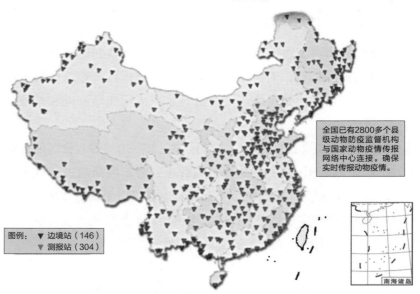

图7-11　全国边境动物疫病监测站、疫情测报站分布图

（图片来源：http://www.cafte.gov.cn/include/linshiwenjian/download/2China.ppt）

第三节　我国非洲猪瘟防控技术储备

2007年非洲猪瘟传入高加索地区，进一步传入俄罗斯，并在欧洲境内部分蔓延，对我国养猪业安全构成严重威胁。我国政府相关研究单位组织开展了非洲猪瘟诊断技术、重组疫苗研究技术、风险分析、防治技术规范等综合防控措施系列研究，为提高外来动物疫病防控能力提供了技术支持。

一、非洲猪瘟病原学检测技术

（一）普通PCR检测方法

能特异性检测非洲猪瘟病毒，不与猪瘟等常见猪病病原体发生交叉反应，最低能检测到浓度为1×10^{-3}ng/μL的DNA模板，重复性和稳定性试验阳性检出率均为100%。

（二）荧光PCR检测方法

能特异性检测非洲猪瘟病毒，不与猪瘟等常见猪病病原体发生交叉反应，最低能检测到浓度为1×10^{-4}ng/uL的DNA模板，重复性和稳定性试验阳性检出率均为100%。研制上述检测试剂盒，农业部发函同意生产储备非洲猪瘟病毒核酸检测试剂盒。应用上述试剂盒开展了黑龙江、新疆、吉林、内蒙古等边境省份猪临床样品的检测，共检测样品4 244份，结果全部为阴性。

（三）区分非洲猪瘟病毒和猪瘟病毒的双重RT-PCR检测方法

试验结果证明该方法可在同一个体系中同时对两个目的基因进行扩

增，此方法特异性强、敏感性高，和猪繁殖与呼吸综合征病毒、猪圆环病毒、猪细小病毒、伪狂犬病毒无交叉反应，具有省时、省力、快速、高效等特点，能区分非洲猪瘟病毒和猪瘟病毒感染，为ASFV和CSFV的鉴别诊断提供了有效的技术支持（图7-12，图7-13）。

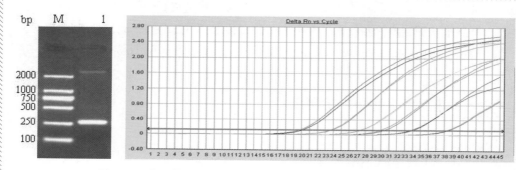

图 7-12　非洲猪瘟 PCR 检测方法（左）和荧光 PCR 检测方法（右）

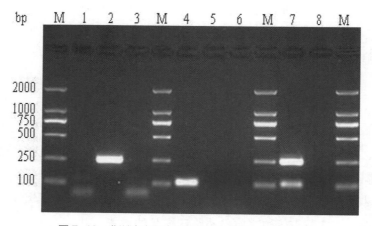

图 7-13　非洲猪瘟和猪瘟病毒的双重 RT-PCR 检测

M. DL2000　1. 猪瘟 ASFV-PPA1 和 ASFV-PPA2 引物　2. 非洲猪瘟 ASFV-PPA1 和 ASFV-PPA2 引物　3. 阴性对照 ASFV-PPA1 和 ASFV-PPA2 引物　4. 猪瘟 SFV-PPC-3 和 SFV-PPC-4 引物　5. 非洲猪瘟 SFV-PPC-3 和 SFV-PPC-4 引物　6. 阴性对照 SFV-PPC-3 和 SFV-PPC-4 引物　7. 猪瘟和非洲猪瘟 ASFV-PPA1 和 ASFV-PPA2 引物　SFV-PPC-3 和 SFV-PPC-4 引物　8. 阴性对照

（四）其他PCR检测方法

杨霞等[29]建立了能鉴别ASFV、CSFV强毒和CSFV弱毒的三重PCR方法，应用该法在进行常规CSFV监测的同时，可有效监控ASFV在我国猪群中的存在状况。作者对河南省部分猪群的排查结果表明，虽然CSF在该省猪群中时有发生，但不存在ASFV的感染。

吴忆春[30]选取ASFV结构蛋白基因VP73中保守性强的区域设计特异性引物，利用PCR扩增该VP73基因片段，克隆入pET-32a（+）载体，以构建的重组质粒为模板建立了ASFV的PCR检测方法。优化扩增条件，并组装成PCR试剂盒。结果显示，PCR扩增出429bp的ASFV VP73基因片段。该试剂盒与猪伪狂犬病毒、猪瘟病毒（疫苗株）、猪圆环病毒2型、猪繁殖与呼吸综合征病毒、猪乙型脑炎病毒、猪细小病毒、健康猪和蜱的基因组无交叉反应，试剂盒敏感性可达0.1fg。试剂盒批内和批间检测结果无明显差异，稳定性良好。置于4℃和-20℃条件下保存12个月，试剂盒稳定性无明显改变。

苗富春[31]通过分析GenBank中登录的ASFV、PPRV、HeV、NiV和WNV 5种病毒的相关基因序列，在其保守区域（PPRV的N基因、ASFV的P72基因、HeV和NiV的H基因以及WNV的PrM基因）各设计了两套引物和Taqman探针，通过特异性、灵敏性和重复性试验筛选出了一套引物和探针。通过对45份蝙蝠样品、38份猪脏器样品和20份小反刍兽分泌物等临床样品的检测显示，除阳性标准品外，其他均与空白对照一致，建立了并联Taqman荧光定量PCR检测方法。

（五）环介导等温扩增（LAMP）检测方法

此方法特异性强、灵敏度高，与猪瘟、猪圆环病毒2型、猪细小病毒、伪狂犬病病毒、犬瘟热病毒等无交叉反应，灵敏度比常规PCR高10倍。利用建立的非洲猪瘟LAMP方法对20份临床样本进行检测，其结果与实时定量PCR检测结果一致（图7-14）。此方法具有简单、快速、准

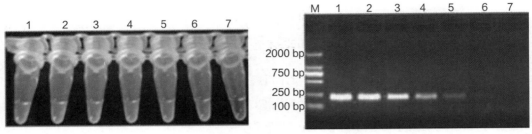

图 7-14　非洲猪瘟 LAMP 检测方法敏感性

确等优点，可用于非洲猪瘟的快速诊断和病原监测。

（六）纳米金核酸扩增试剂盒

该试剂盒的特异性高、重复性好，检测病毒核酸扩增产物的灵敏度小于10 fm，可有效检测出不同基因型ASFV核酸以及重组病毒rPRV-p72resc核酸（图7-15），与常见的PRV、PPV、PCV-2、CSFV、PRRSV核酸无交叉反应（图7-16），可用于ASFV核酸检测。组装ASFV纳米金核酸扩增试剂盒，获得授权专利1项（专利授权号：201010288475.7）。

图 7-15　纳米金扩增法检测不同基因型 ASFV DNA

1.Benin97/1　2.OURT88/3　3. OURT88/1　4.Uganda95/3　5.Uganda95/1　6.Vir Uganda　7.Malawi LIL20/1　8.Tengani60　9.RSA99/1　10.Botswana99/1　11.Malta78　12.阴性对照

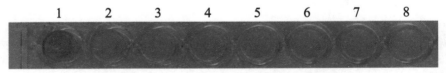

图 7-16　纳米金扩增法检测其他猪源病毒基因结果

1. Benin97/1 阳性对照　2. PRV　3. PPV　4. PCV-2　5. CSFV　6. PRRSV　7. 健康猪组织 DNA　8. 空白对照

（七）焦磷酸测序检测方法

最低能检测到浓度为10^{-4}ng/μL 的病毒核酸，对PCR产物进行32倍稀释仍然能够获得良好的测序结果（图7-17）。

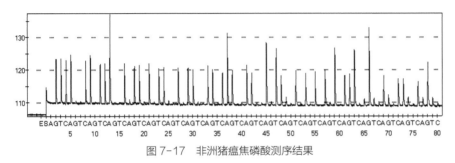

图7-17　非洲猪瘟焦磷酸测序结果

（八）ASFV分离培养的猪巨噬细胞系

从猪肺巨噬细胞总RNA中扩增猪CD163全长cDNA，经序列测定正确后克隆入pVITRO2-MCS载体，获得重组质粒pVITRO2-CD163。将重组质粒pVITRO2-CD163转染猪巨噬细胞系3D4/31，用300μg/mL潮霉素筛选后获得抗性细胞克隆，经有限稀释法克隆纯化后获得表达CD163的巨噬细胞系3D4/31-1。目前已证明该细胞系对PRRSV易感且产生明显的细胞病变，对ASFV强毒株的易感性有待进一步验证。

二、非洲猪瘟血清学检测技术

（一）间接ELISA抗体检测试剂盒

以原核表达、纯化的ASFV重组抗原pB602L、pK205R以及p54作为混合抗原包被酶标板，研制出ASFV抗体检测的多抗原ELISA方法及试剂盒。通过大量已知血清样品检测证明，此试剂盒具有良好的批内和批间重复性，检测灵敏度高（表7-1），且与CSFV、PRV、PRRSV、PPV、PCV-2、PCV-1抗体无交叉反应（表7-2）。此ELISA试剂盒的灵敏性、特

表 7-1　不同方法检测人工感染猪血清 ASFV 抗体的统计分析

检测方法	敏感性 （95% CI）	特异性 （95% CI）	K 值 （95% CI）	符合率
OIE ELISA	76.09% （62.06～86.09）	95.95% （88.75～98.61）	0.7448 （0.5678～0.9218）	88.33% （106/120）
ID-Vet ELISA	28.26% （17.32～42.55）	87.84% （78.47～93.47）	0.1786 （0.02063～0.3366）	66.67% （80/120）
Ingenasa ELISA	58.7% （44.34～71.71）	100% （95.06～100）	0.6367 （0.47～0.8034）	84.17% （101/120）
Multi-Antigen ELISA	95.65% （85.47～98.8）	91.89% （83.42～96.23）	0.8613 （0.6828～1.04）	93.33% （112/120）

表 7-2　多抗原 ELISA 试剂盒检测不同猪源血清的特异性

	检测血清									
	CSFV[+]	PRV[+]	PRRSV[+]	PCV-2[+]	PCV-1[+]	PPV[+]	ASFV[+]	ASFV[-]	对照[+]	对照[-]
OD$_{490}$ 净值	0.063	0.075	0.076	0.083	0.078	0.092	1.826	0.087	1.582	0.087
结果	－	－	－	－	－	－	－	－	+	－

异性显著高于OIE推荐的ELISA和国外同类试剂盒，可用于非洲猪瘟血清学诊断、流行病学调查和生猪进出口检疫检验。

曾少灵等[32]利用杆状病毒表达系统表达ASFV VP73蛋白，经ASFV标准阳性血清鉴定，并以此重组蛋白作为检测抗原包被酶标板，初步建立了间接ELISA检测方法。

梁云浩等[33]利用Bac-to-Bac杆状病毒表达系统表达ASFV P54蛋白，并以该重组蛋白作为检测抗原包被酶标板，优化各反应条件，建立了检测ASF血清抗体的间接ELISA方法。该方法的检测灵敏度可达1∶320，批内、批间变异系数均小于10%。与商品化的ASF竞争ELISA试剂盒比较，符合率达100%。用该间接ELISA方法检测其他不同疫病猪的阳性血清样本，结果均为阴性，无交叉反应。

董志珍等[34]用基因重组技术制备的ASFV P54蛋白免疫BALB/C小鼠，制备ASFV单克隆抗体，并利用制备的单抗建立了ASFV抗体检测竞争ELISA方法。对该法的评估结果显示，灵敏度高于间接免疫荧光法，可用于猪血清的ASF抗体检测。

储德文[35]将ASFV E75株p30基因序列优化成大肠杆菌密码子偏爱序列，人工合成后插入原核表达载体pET-30a表达、纯化，得到高纯度的His-p30融合蛋白，以此纯化蛋白为抗原免疫小鼠，采用杂交瘤技术制备单克隆抗体，获得2株E75株ASFV P30蛋白的特异性单克隆抗体。

（二）快速检测试纸条

用胶体金颗粒标记纯化p54重组抗原，以金黄色葡萄球菌A蛋白捕捉标记抗原与病毒抗体复合物作为检测线，以p54免疫血清捕捉未结合至检测线上的胶体金标记的p54抗原作为质量控制线，制备胶体金免疫层析试纸条。该试纸条可用于血清中ASFV抗体检测，也可直接用于抗凝猪血中ASFV抗体检测（图7-18）。应用试纸条对61份猪血清进行抗体检测，结果与Western-blot检测结果的符合率为91.67%（11/12），检测弱阳性和强阳性血清的符合率均为100%。

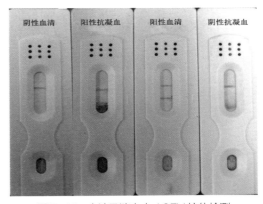

图7-18 血清及猪血中ASFV抗体检测

三、非洲猪瘟疫苗研究

李倩等[36]通过综合分析ASFV VP73蛋白的二级结构、亲水性、表面可及性与抗原性指数，预测了VP73蛋白的B细胞抗原表位。推测出VP73蛋白N端的11~18、26~48、73~82、136~150、159~174、

181 ~ 1891、91 ~ 2102、47 ~ 276、279 ~ 295、313 ~ 323和382 ~ 392区段内或上述区段附近可能存在B细胞抗原表位，为进一步研究非洲猪瘟病毒VP73蛋白的特征以及表位疫苗的研制奠定了基础。

靳雯雯等[37]以巨细胞病毒—早期启动子（CMV-IE）和经水疱性口炎病毒G蛋白（VSV/G）修饰过的pFastBac杆状病毒为载体，构建了含有ASFV VP73蛋白基因片段的重组杆状病毒AcNPV-G-VP73。Western blot结果表明，该病毒感染BHK-21哺乳动物细胞后，VP73基因在细胞中获得表达，为ASF新型疫苗与诊断方法的探索研究提供了新的思路。

国家外来动物疫病研究中心开展了重组多肽疫苗的探索性研究。分析ASFV多个蛋白主要B细胞和T细胞抗原表位，优化组合方式，设计合成两种重组多肽疫苗，以该疫苗免疫本体动物开展免疫学特性研究。抗体检测结果显示，两种疫苗均产生了较高水平的抗ASFV 主要抗原性蛋白P30、P73的特异性抗体，且免疫3个月后抗体仍能维持较高水平；体外分离培养免疫和非免疫猪的脾脏淋巴细胞，进行抗原刺激试验，结果显示，针对免疫原，两种疫苗均产生了高水平的伽马干扰素（IFN-γ）。表明重组多肽疫苗中的T细胞抗原表位能够有效诱导动物体产生细胞免疫应答。

第四节 防治技术规范

本节引用农业部《非洲猪瘟防治技术规范（试行）》的内容。

非洲猪瘟（African Swine Fever，ASF）是由非洲猪瘟病毒引起的猪的一种急性、热性、高度接触性动物传染病，以高热、网状内皮系统出血和高死亡率为特征。世界动物卫生组织（OIE）将其列为法定报告动物疫病，我国将其列为一类动物疫病。

为防范、控制和扑灭非洲猪瘟疫情，依据《中华人民共和国动物防疫法》《重大动物疫情应急条例》《国家突发重大动物疫情应急预案》等法律法规，制定本规范。

一、适用范围

本规范规定了非洲猪瘟的诊断、疫情报告和确认、疫情处置、防范等防控措施。

本规范适用于中华人民共和国境内与非洲猪瘟防治活动有关的单位和个人。

二、诊断

（一）流行病学

1. 传染源
感染非洲猪瘟病毒的家猪、野猪（包括病猪、康复猪和隐性感染猪）和钝缘软蜱为主要传染源。

2. 传播途径
主要通过接触非洲猪瘟病毒感染猪或非洲猪瘟病毒污染物（泔水、饲料、垫草、车辆等）传播，消化道和呼吸道是最主要的感染途径；也可经钝缘软蜱等媒介昆虫叮咬传播。

3. 易感动物
家猪和欧亚野猪高度易感，无明显的品种、日龄和性别差异。疣猪和薮猪虽可感染，但不表现明显临床症状。

4. 潜伏期
因毒株、宿主和感染途径的不同而有所差异。OIE《陆生动物卫生法典》规定，家猪感染非洲猪瘟病毒的潜伏期为15d。

5. 发病率和病死率

不同毒株致病性有所差异，强毒力毒株可导致猪在4～10d内100%死亡，中等毒力毒株造成的病死率一般为30%～50%，低毒力毒株仅引起少量猪死亡。

6. 季节性

该病季节性不明显。

（二）临床表现

1. 最急性

无明显临床症状突然死亡。

2. 急性

体温可高达42℃，沉郁，厌食，耳、四肢、腹部皮肤有出血点，可视黏膜潮红、发绀。眼、鼻有黏液脓性分泌物；呕吐；便秘，粪便表面有血液和黏液覆盖；或腹泻，粪便带血。共济失调或步态僵直，呼吸困难，病程延长则出现其他神经症状。妊娠母猪流产。病死率高达100%。病程4～10d。

3. 亚急性

症状与急性相同，但病情较轻，病死率较低。体温波动无规律，一般高于40.5℃。仔猪病死率较高。病程5～30d。

4. 慢性

波状热，呼吸困难，湿咳。消瘦或发育迟缓，体弱，毛色暗淡。关节肿胀，皮肤溃疡。死亡率低。病程2～15个月。

（三）病理变化

浆膜表面充血、出血，肾脏、肺脏表面有出血点，心内膜和心外膜有大量出血点，胃、肠道黏膜弥漫性出血。胆囊、膀胱出血。肺脏肿大，切面流出泡沫性液体，气管内有血性泡沫样黏液。脾脏肿大，易碎，呈暗红色至黑色，表面有出血点，边缘钝圆，有时出现边缘梗死。下颌淋巴结、腹腔淋巴结肿大，严重出血。

（四）鉴别诊断

非洲猪瘟临床症状与古典猪瘟、高致病性猪蓝耳病等疫病相似，必须开展实验室检测进行鉴别诊断。

（五）实验室检测

1．样品的采集、运输和保存

见附件1。

2．血清学检测

抗体检测可采用间接酶联免疫吸附试验、阻断酶联免疫吸附试验和间接荧光抗体试验等方法。

血清学检测应在符合相关生物安全要求的省级动物疫病预防控制机构实验室、中国动物卫生与流行病学中心（国家外来动物疫病研究中心）或农业部指定实验室进行。

3．病原学检测

（1）病原学快速检测　可采用双抗体夹心酶联免疫吸附试验、聚合酶链式反应和实时荧光聚合酶链式反应等方法。

开展病原学快速检测的样品必须灭活，检测工作应在符合相关生物安全要求的省级动物疫病预防控制机构实验室、中国动物卫生与流行病学中心（国家外来动物疫病研究中心）或农业部指定实验室进行。

（2）病毒分离鉴定　可采用细胞培养、动物回归试验等方法。

病毒分离鉴定工作应在中国动物卫生与流行病学中心（国家外来动物疫病研究中心）或农业部指定实验室进行，实验室生物安全水平必须达到BSL-3或ABSL-3。

（六）结果判定

1. 临床可疑疫情

符合非洲猪瘟的流行病学特点、临床表现和病理变化，判定为临床可疑疫情。

2. 疑似疫情

对临床可疑疫情，经上述任一血清学方法或病原学快速检测方法检测，结果为阳性的，判定为疑似疫情。

3. 确诊疫情

对疑似疫情，经中国动物卫生与流行病学中心（国家外来动物疫病研究中心）或农业部指定实验室复核，结果为阳性的，判定为确诊疫情。

三、疫情报告和确认

（一）疫情报告

任何单位和个人发现家猪、野猪异常死亡，如出现古典猪瘟免疫失败，或不明原因大范围生猪死亡的情形，应当立即向当地兽医主管部门、动物卫生监督机构或者动物疫病预防控制机构报告。

当地县级动物疫病预防控制机构判定为非洲猪瘟临床可疑疫情的，应在2小时内报告本地兽医主管部门，并逐级上报至省级动物疫病预防控制机构。

省级动物疫病预防控制机构判定为非洲猪瘟疑似疫情时，应立即报告省级兽医主管部门、中国动物疫病预防控制中心和中国动物卫生与流行病学中心；省级兽医主管部门应在1h内报告省级人民政府和农业部兽医局。

中国动物卫生与流行病学中心（国家外来动物疫病研究中心）或农

业部指定实验室判定为非洲猪瘟确诊疫情时，应立即报告农业部兽医局并抄送中国动物疫病预防控制中心，同时通知疫情发生地省级动物疫病预防控制机构。省级动物疫病预防控制机构应立即报告省级兽医主管部门，省级兽医主管部门应立即报告省级人民政府。

（二）疫情确认

农业部兽医局根据中国动物卫生与流行病学中心（国家外来动物疫病研究中心）或农业部指定实验室确诊结果，确认非洲猪瘟疫情。

四、疫情处置

（一）临床可疑和疑似疫情处置

（1）接到报告后，县级兽医主管部门应组织2名以上兽医人员立即到现场进行调查核实，初步判定为非洲猪瘟临床可疑疫情的，应及时采集样品送省级动物疫病预防控制机构；省级动物疫病预防控制机构诊断为非洲猪瘟疑似疫情的，应立即将疑似样品送中国动物卫生与流行病学中心（国家外来动物疫病研究中心），或农业部指定实验室进行复核和确诊。

（2）对发病场（户）的动物实施严格的隔离、监视，禁止易感动物及其产品、饲料及有关物品移动，并对其内外环境进行严格消毒（见附件2）。

必要时采取封锁、扑杀等措施。

（二）确诊疫情处置

疫情确诊后，立即启动相应级别的应急预案。

1. 划定疫点、疫区和受威胁区

（1）疫点　发病家猪或野猪所在的地点。相对独立的规模化养殖场

（户），以病猪所在的场（户）为疫点；散养猪以病猪所在的自然村为疫点；放养猪以病猪所在的活动场地为疫点；在运输过程中发生疫情的，以运载病猪的车、船、飞机等运载工具为疫点；在市场发生疫情的，以病猪所在市场为疫点；在屠宰加工过程中发生疫情的，以屠宰加工厂（场）为疫点。

（2）疫区　由疫点边缘向外延伸3km的区域。

（3）受威胁区　由疫区边缘向外延伸10km的区域。对有野猪活动地区，受威胁区应为疫区边缘向外延伸50km的区域。

划定疫区、受威胁区时，应根据当地天然屏障（如河流、山脉等）、人工屏障（道路、围栏等）、野生动物分布情况，以及疫情追溯调查和风险分析结果，综合评估后划定。

2. 封锁

疫情发生所在地县级以上兽医主管部门报请同级人民政府对疫区实行封锁，人民政府在接到报告后，应在24h内发布封锁令。

跨行政区域发生疫情时，由有关行政区域共同的上一级人民政府对疫区实行封锁，或者由各有关行政区域的上一级人民政府共同对疫区实行封锁。必要时，上级人民政府可以责成下级人民政府对疫区实行封锁。

3. 对疫点应采取的措施

（1）扑杀并销毁疫点内的所有猪只，并对所有病死猪、被扑杀猪及其产品进行无害化处理。

（2）对排泄物、被污染或可能被污染的饲料和垫料、污水等进行无害化处理。

（3）对被污染或可能被污染的物品、交通工具、用具、猪舍、场地进行严格彻底消毒。出入人员、车辆和相关设施要按规定进行消毒（见附件2）。

（4）禁止易感动物出入和相关产品调出。

4. 对疫区应采取的措施

（1）在疫区周围设立警示标志，在出入疫区的交通路口设置临时消毒站，执行监督检查任务，对出入的人员和车辆进行消毒（见附件2）。

（2）扑杀并销毁疫区内的所有猪只，并对所有被扑杀猪及其产品进行无害化处理。

（3）对猪舍、用具及场地进行严格消毒。

（4）禁止易感动物出入和相关产品调出。

（5）关闭生猪交易市场和屠宰场。

5.　对受威胁区应采取的措施

（1）禁止易感动物出入和相关产品调出，相关产品调入必须进行严格检疫。

（2）关闭生猪交易市场。

（3）对生猪养殖场、屠宰场进行全面监测和感染风险评估，及时掌握疫情动态。

6.　野生动物控制

应对疫区、受威胁区及周边地区野猪分布状况进行调查和监测，并采取措施，避免野猪与人工饲养的猪接触。当地兽医部门与林业部门应定期相互通报有关信息。

7.　虫媒控制

在钝缘软蜱分布地区，疫点、疫区、受威胁区的养猪场（户）应采取杀灭钝缘软蜱等虫媒控制措施。

8.　疫情跟踪

对疫情发生前30d内以及采取隔离措施前，从疫点输出的易感动物、相关产品、运输车辆及密切接触人员的去向进行跟踪调查，分析评估疫情扩散风险。必要时，对接触的猪进行隔离观察，对相关产品进行消毒处理。

9.　疫情溯源

对疫情发生前30d内，引入疫点的所有易感动物、相关产品及运输工具进行溯源性调查，分析疫情来源。必要时，对输出地猪群和接触猪群进行隔离观察，对相关产品进行消毒处理。

10. 解除封锁

疫点和疫区内最后一头猪死亡或扑杀，并按规定进行消毒和无害化处理6周后，经疫情发生所在地的上一级兽医主管部门组织验收合格后，由所在地县级以上兽医主管部门向原发布封锁令的人民政府申请解除封锁，由该人民政府发布解除封锁令，并通报毗邻地区和有关部门，报上一级人民政府备案。

11. 处理记录

对疫情处理的全过程必须做好完整详实的记录，并归档。

五、防范措施

（一）边境防控

各边境省份畜牧兽医部门要加强边境地区防控，坚持内防外堵，切实落实边境巡查、消毒等各项防控措施。与发生过非洲猪瘟疫情的国家和地区接壤省份的相关县市，边境线50km范围内，以及国际空、海港所在城市的机场和港口周边10km范围内禁止生猪放养。严禁进口非洲猪瘟疫情国家和地区的猪、野猪及相关产品。

（二）饲养管理

（1）生猪饲养、生产、经营等场所必须符合《动物防疫条件审查办法》规定的动物防疫条件，建立并实施严格的卫生消毒制度。

（2）养猪场户应提高场所生物安全水平，采取措施避免家养猪群与野猪、钝缘软蜱的接触。

（3）严禁使用未经高温处理的餐馆、食堂的泔水或餐余垃圾饲喂生猪。

（三）日常监测

充分发挥国家动物疫情测报体系的作用，按照国家动物疫病监测与流行病学调查计划，加强对重点地区重点环节的监测。加强与林业等有关部门合作，做好野猪和媒介昆虫的调查监测，摸清底数，为非洲猪瘟风险评估提供依据。

（四）出入境检疫监管

各地兽医部门要加强与出入境检验检疫、海关、边防等有关部门协作，加强联防联控，形成防控合力。配合有关部门，严禁进口来自非洲猪瘟疫情国家和地区的易感动物及其产品，并加强对国际航行运输工具、国际邮件、出入境旅客携带物的检疫，对非法入境的猪、野猪及其产品及时销毁处理。

（五）宣传培训

广泛宣传非洲猪瘟防范知识和防控政策，增强进出境旅客和相关从业人员的防范意识，营造群防群控的良好氛围。加强基层技术人员培训，提高非洲猪瘟的诊断能力和水平，尤其是提高非洲猪瘟和古典猪瘟等疫病的鉴别诊断水平，及时发现、报告和处置疑似疫情，消除疫情隐患。

 附件1　非洲猪瘟样品的采集、运输与保存

可采集发病动物或同群动物的血清学样品和病原学样品，病原学样品主要包括抗凝血、脾脏、扁桃体、淋巴结、肾脏和骨髓等。如环境中存在钝缘软蜱，也应一并采集。

样品的包装和运输应符合农业部《高致病性动物病原微生物菌（毒）种或者样本运输包装规范》规定。规范填写采样登记表，采集的样品应在冷藏和密封状态下运输到相关实验室。

一、血清学样品

无菌采集5mL血液样品，室温放置12～24 h，收集血清，冷藏运输。到达检测实验室后，冷冻保存。

二、病原学样品

1．抗凝血样品

无菌采集5mL抗凝血，冷藏运输。到达检测实验室后，−70℃冷冻保存。

2．组织样品

（1）首选脾脏，其次为扁桃体、淋巴结、肾脏、骨髓等，冷藏运输。

（2）样品到达检测实验室后，−70℃保存。

3．钝缘软蜱

（1）将收集的钝缘软蜱放入有螺旋盖的样品瓶/管中，放入少量土壤，盖内衬以纱布，常温保存运输。

（2）到达检测实验室后，−70℃冷冻保存或置于液氮中；如仅对样品进行形态学观察时，可以放入100%酒精中保存。

附件2　非洲猪瘟消毒技术

一、药品种类

最有效的消毒药是10%的苯及苯酚、去污剂、次氯酸、碱类及戊二醛。碱类（氢氧化钠、氢氧化钾等）、氯化物和酚化合物适用于建筑物、木质结构、水泥表面、车辆和相关设施设备消毒。酒精和碘化物适用于人员消毒。

二、场地及设施设备消毒

1．消毒前准备

（1）消毒前必须清除有机物、污物、粪便、饲料、垫料等。

（2）选择合适的消毒药品。

（3）备有喷雾器、火焰喷射枪、消毒车辆、消毒防护用具（如口罩、手套、防护靴等）、消毒容器等。

2．消毒方法

（1）对金属设施设备消毒，可采用火焰、熏蒸和冲洗等方式消毒。

（2）对圈舍、车辆、屠宰加工、贮藏等场所，可采用消毒液清洗、喷洒等方式消毒。

（3）对养殖场（户）的饲料、垫料，可采用堆积发酵或焚烧等方式处理，对粪便等污物作化学处理后采用深埋、堆积发酵或焚烧等方式处理。

（4）对疫区范围内办公、饲养人员的宿舍、公共食堂等场所，可采用喷洒方式消毒。

（5）对消毒产生的污水应进行无害化处理。

三、人员及物品消毒

（1）饲养管理人员可采取淋浴消毒。

（2）对衣、帽、鞋等可能被污染的物品，可采取消毒液浸泡、高压灭菌等方式消毒。

四、消毒频率

疫点每天消毒3～5次，连续7d，之后每天消毒1次，持续消毒15d；疫区临时消毒站做好出入车辆人员消毒工作，直至解除封锁。

参考文献

[1] AYOADE G O, ADEYEMI I G. African swine fever: an overview [J]. Revue Elev Med vet Pays Trop, 2003, 56(3−4): 129−134.

[2] BROWN F. The classification and nomenclature of viruses: Summary of results of meetings of the International Committee on Taxonomy of Viruses in Sendai, September 1984 [J]. Intervirology, 1986, 25: 141−143.

[3] COSTA J V. African swine fever virus[M] // Gholamreza Darai. Molecular Biology of Iridoviruses. Norwell: Kluwer Academic Publishers, 1990.

[4] DIXON L K, ROCK D L, VINUELA E. African swine fever-like viruses [M] // F. A. Murphy. Virus Taxonomy. Sixth Report of the International Committee on Taxonomy of Viruses. New York: Springer-Verlag, 1995, 92−94.

[5] AFONSO C L, ZSAK L, CARRILLO C, et al. African swine fever virus NL gene is not required for virus virulence [J]. Journal of General Virology, 1998, 79: 2543−2547.

[6] PENRITH M L, THOMSON G R, BASTOS A D S. African swine fever [M] //Coetzer J A W. Infectious diseases of livestock. 2nd ed. Cape Town: Oxford University Pres, 2004, 1087−1119.

[7] 曲连东, 于康震. 非洲猪瘟研究进展[J]. 中国兽医科技, 1998, (28)11: 42−43.

[8] 王君玮, 王志亮. 非洲猪瘟[M]. 北京: 中国农业出版社, 2010.

[9] MELLOR P S, KITHCHING R P, WILKINSON P J. Mechanisical transmission of capripox virus and African swine fever virus by Stomoxys Calcitrans [J]. Research in Veterinary Science, 1987, 43: 109−112.

[10] DE KOCK G, ROBINSON E M, KEPPEL J J G. Swine fever in South African. Onderstepoort J. Vet. Sci. Anim. Ind. 1940, 14: 31−93.

[11] OIE. Disease Information [EB/OL]. http: //www.oie.int/wahis/public. php?page=disease.2010−4−28.

[12] FAO. FAOSTAT [EB/OL]. http: //faostat. fao. org/default. aspx. 2010−4−23.

[13] TOBLER W A. Computer movie simulating urban growth in the detroit region [J]. Economic Geography, 1970, 46(2): 234−240.

[14] 张志诚, 李蕾, 王志亮, 等. 地理风险分析在动物卫生与流行病学中的应用[J]. 中国动物检疫, 2009, 11(26): 73−75.

[15] 李小文, 曹春香, 常超一. 地理学第一定律与时空邻近度的提出[J]. 自然杂志, 2007, 29(2): 69−71.

[16] ITS. Excel Formulas & Functions Tips & Techniques [EB/OL]. http://lca. lehman. cuny. edu/lehman/itr/html/library/Excel-Formulas-manual. pdf. 2010－8－11.

[17] University of Washington. Excel Function & Charts [EB/OL].http://lms. cfr. washington. edu/download/05-excel. pdf. 2010－8－11.

[18] About. com. Excel IF Functions [EB/OL]. http://spreadsheets. about. com/od/iffunctions/Excel_IF_Functions. htm. 2010－4－23.

[19] Google. "Timeline for African Swine Fever" [EB/OL]. http://www. google. com/search?q=timeline+for+african+swine+fever&hl=en&newwindow=1&sa=G&tbs=tl: 1&tbo=u&ei=LKMiTOnaE8LBceay7OsE&oi=timeline_result&ct=title&resnum=11&ved=0CDwQ5wIwCg. 2010－5－24.

[20] STENY D G. Preliminary report on a Southern African virus disease amongst pigs [R]. 13th and 14th Reports of the Director of Veterinary Education and Research, Union of South Africa, 1928, 415－428.

[21] DE KOCK G, ROBINSON E M, et al. Swine fever in South Africa [J]. Onderstepoort Journal of Veterinary Science and Animal Industry, 1940, 14: 31－93.

[22] WILKINSON P J, DONALDSON A I, GREIG A, et al. Transmission studies with Africian swine fever virus Infection of pig by airborne virus [J]. J Comp Pathol, 1997, 87: 487－495.

[23] Sanchez-Botija C. Reservorios del virus de la peste porcina Africana. Investigación del virus de la PPA en los artrópodos mediante la prueba de la hemoadsorción [J]. Bull. Off. Int. Epizoot, 1963, 60: 895－899.

[24] PLOWRIGHT W, PARKER J, PIERCE M A. African swine fever in ticks (Ornithodoros moubata) collected from animal burrows in Tanzania [J]. Nature, 1969, 221: 1071－1073.

[25] MELLOR P S, KITCHING R P, WILKINSON P J. Mechanical transmission of capripox virus and African swine fever virus by Stomoxys calcitrans [J]. Research in Veterinary Science, 1987, 43: 109－112.

[26] PLOWRIGHT W. Vector transmission of African swine fever[M] // LIESS, B. Seminar on Hog Cholera/Classical Swine Fever and African Swine Fever. EUR 5904 EN. [s. 1.]: Commission of the European Communities. 1977.

[27] 张志诚，包静月，王志亮，等. 基于"风险邻近"的全球尺度非洲猪瘟发生状况及其输入风险模型构建[J].畜牧兽医学报，2011, 42(1): 83－91.

[28] 张志诚，王志亮，侯哲生，等. 基于病例-对照设计的中国马流感发生的集聚度探测研究[J]. 科学通报，2012 (23): 2192－2199.

[29] 杨霞，孙彦婷，王新卫等. 鉴别猪瘟和非洲猪瘟病毒复合PCR方法的建立及初步应用[C] . 中国畜牧兽医学会动物传染病学分会第四次猪病防控学术研讨会，郑州.2010.

[30] 吴忆春. 非洲猪瘟病毒PCR检测试剂盒的研制[J]. 中国兽医科学, 2012 (11): 1158-1162.

[31] 苗富春. 小反刍兽疫病毒、非洲猪瘟病毒、西尼罗病毒、亨德拉病毒及尼帕病毒并联荧光定量PCR方法建立 [D]. 长春：吉林农业大学, 2013.

[32] 曾少灵, 廖立珊, 唐金明等. 非洲猪瘟病毒VP73蛋白在昆虫细胞中的表达与间接ELISA方法的建立[J]. 动物医学进展, 2013 (1): 1-6.

[33] 梁云浩, 曹琛福, 陶虹等. 非洲猪瘟病毒P54蛋白的真核表达及间接ELISA检测方法的建立[J]. 中国兽医科学, 2014 (4): 373-378.

[34] 董志珍, 肖妍, 赵祥平等. 检测非洲猪瘟McAb-ELISA竞争试剂盒的建立及初步应用[J]. 中国动物检疫, 2012 (4): 37-40.

[35] 储德文. 非洲猪瘟病毒p30重组蛋白的表达及单克隆抗体制备 [D]. 扬州：扬州大学, 2013.

[36] 李倩, 姚淑霞. 非洲猪瘟病毒VP73蛋白的B细胞表位预测[J]. 安徽农业科学, 2008 (18): 7680-7682.

[37] 靳雯雯, 杨晓红, 朱碧波等. 非洲猪瘟病毒VP73基因在哺乳动物细胞中的表达[J]. 中国预防兽医学报, 2014 (7): 574-576.

附　　录

兽医诊断实验室
良好操作规范指南（节选）

3.1 引言

　　本附录旨在为兽医诊断实验室制定良好操作规范提供指南。指南规定了兽医实验室安全良好操作的基本要求、标准操作准则和特殊操作准则，内容不一定满足或适用于所有兽医诊断实验室或特定的实验室活动，所以各兽医诊断实验室应根据实验室的特定用途、操作对象和风险评估结果制定适用的良好操作规范。

3.2 基本要求

1) 执行准入制度。进入兽医诊断实验室人员应经过批准，符合进入实验室规定，知晓实验室的潜在危害。

2) 实验操作人员要经过相应的培训，经考核合格后方可进入实验室工作，并且最初几次实验操作需要在资深工作人员的指导下进行。

3) 操作人员在开始相关工作之前，应对所从事的微生物或其他危险物质可能带来的危害进行风险评估，明确防护要求，并制定安全操作规程。

4) 操作人员需熟悉兽医实验室运行的一般规则，掌握各种仪器、设备的操作步骤和要点，熟悉从事的病原微生物或其他危险材料操作的可能危害，熟练掌握防护用品的穿戴方法。

5) 应掌握各种感染性物质和其他危害物质操作的一般准则和技术要点。

6) 操作感染性气溶胶或溅出物的特定操作程序需在生物安全柜或其他具有物理防护功能的设备中进行。

3.3 良好操作规范

3.3.1 进入实验室

1) 只有经批准的人员方可进入实验室工作区域，并且实验正在进行时，限制无关人员进入实验室。实验室的门也应保持关闭。

2) 实验室工作人员在实验操作前应了解有关危险因素，熟知实验操作的潜在风险，阅读及遵守有关操作及规程的要求。

3) 正式上岗前，实验室人员需要熟练掌握良好工作行为规范及微生物操作技术和操作规程。

3.3.2 穿工作服

1) 工作人员在实验室工作时，必须穿着合适的工作服或防护服。需要防止液体或其他有害物质喷溅到眼睛和面部时，佩戴护目镜、面罩（面具）或其他防护装备。

2) 存在气溶胶传播风险或有害气体散播时，应进行呼吸防护。用于呼吸防护的口罩或防毒面具应进行个体适配性测试。

3) 工作中，个人防护装备发生被喷溅或其他潜在明确的污染时，应及时更换。

4) 防护装备需要及时消毒处理或者使用一次性物品。

3.3.3 戴手套

1) 工作人员在进行具有潜在感染性的材料或感染性动物以及其他有害物质的操作时，应戴手套。手套用完后摘除时应使手套外表面向内。手套摘除后必须洗手。

2) 手套在工作中发生污染时，或较长时间使用后，或破损，要更换手套。

3.3.4 物品存放

1) 在实验室内用过的防护服应放在指定的位置，不得与日常洁净衣服放在同一个柜子。

2) 不常用的物品最好存放在抽屉或箱柜内。

3.3.5　实验室禁忌

1) 工作区内禁止吃东西、喝水、抽烟、操作隐形眼镜及使用化妆品。

2) 实验室禁止放置与实验无关的物品，尤其不能放置食品、饮料。

3) 严禁穿着实验室防护服离开实验工作区域。

4) 严禁在实验室内穿露脚趾的鞋。

5) 严格禁止用嘴吸移液管取液，要使用机械吸液装置。

3.3.6　实验室去污染

1) 工作结束后，应实行终末消毒处理。如有任何潜在危险物溅出时，应对受溅出污染区域或表面立即去污染处理。

2) 实验室设备和工作台面在处理完感染性标本后，尤其有明显的溢出、飞溅或其他由感染性标本造成的污染时，应该用有效的消毒剂进行常规消毒处理。需要维修或包装运送的污染设备在搬运出实验室之前必须遵照相关规定进行去污染净化处理。

3) 日常工作中，定期清洁实验室设备。根据污染性质，必要时使用消毒灭菌剂或放射物吸收物品清洁实验室设备。

4) 所有培养物、贮存病原和其他应控制的废弃物，在丢弃之前应使用经验证批准的去除污染方法（如高压灭菌法）进行净化处理。

5) 用后的工作服要定期进行去污染处理，应先去污染，再洗涤。

6) 由受过培训的专业人员按照专门的规程清洁实验室。外雇的保洁人员可以在实验室消毒灭菌后负责清洁地面和窗户。

7) 保持工作表面的整洁。每天工作完后都要对工作表面进行清洁并消毒灭菌。宜使用可移动或悬挂式的台下柜，以便于对工作台下方进行清洁和消毒灭菌。

8) 定期清洁墙面，如果墙面有可见污物时，及时进行清洁和消毒灭菌。不宜无目的或强力清洗，避免破坏墙面。

9) 定期清洁易积尘的部位。

10) 清洁地面的时间视工作安排而定，不在日常工作时间做常规清洁工作。清洗地板最常用的工具是浸有清洁剂的湿拖把；家用型吸尘器不适用于生物安全实验室使用；不要使用扫帚等扫地。

3.3.7 离开实验室

1) 只有保证在实验室内没有受到污染的文件纸张方可带出实验室。

2) 从实验室内运走的危险材料，要按照国家和地方或主管部门的有关要求进行包装。

3) 实验人员离开实验室前，应脱下防护服或工作服。

3.3.8 实验室安全控制

1) 实验室入口处应有标志，包括国际通用的生物危害警告标志、标明实验室操作的传染因子、实验室负责人姓名、电话以及进入实验室的特殊要求。

2) 实验室需有措施控制昆虫和啮齿类动物进入。

3) 确保实验室工作人员在工作地点可随时得到供快速阅读的安全手册。

4) 建立实验室良好内务规程，对个人日常清洁和消毒提出要求，如洗手、淋浴（适用时）等。

5) 制定尖锐物品的安全操作规范。

6) 制定应急程序，包括可能的紧急事件和急救计划，并对所有相关人员培训和进行演习。

7) 所有的实验操作步骤尽可能小心，减少气溶胶或飞溅物的形成。实验评估具有潜在气溶胶或喷溅物形成时，应在生物安全柜或其他物理隔离装置中进行。

8) 当存在交叉污染的可能时，不得在同一实验室同时进行不同的实验。

9) 应限制使用注射针头和注射器。不能将注射针头和注射器用作移液器或其他用途。塑料制品可以替代玻璃制品使用。

10) 必须高度注意被污染的尖锐物品，包括针头、注射器、载玻片、移液管、毛细玻璃吸管和解剖刀。

11) 破碎的玻璃制品不能用手直接接触，必须用机械手段如刷子、簸箕、钳子或镊子等取走。盛装污染的针头、尖锐设备和破碎玻璃的容器在处理之前应按照相关规定先进行消毒处理。

12) 针头连接到注射器上才可用于注射或抽吸感染性的液体。用过的针头不能弯折、剪断、折断、套回针套以及取下针头，用完后放在一个方便放置并且能耐穿刺的容器内并消毒处理。

13) 体液培养物、组织、标本或具潜在感染性的废弃物应放在带盖子的容器内，以防止在收集、处理、保存、运送过程中发生泄漏。

14) 重复利用的锐器应置于耐扎容器中，采用适当的方式去污染和清洁处理。

15) 不要在实验室内存放或养与工作无关的动植物。

16) 包装好的具有活性的生物危险物除非采用经确认有效的方法灭活后，不要在没有防护的条件下打开包装。如果发现包装有破损，立即报告，由专业人员处理。

17) 定期检查防护设施、防护设备、个体防护装备，使其能始终处于安全可用状态。

3.3.9 员工健康管理

1) 实验室人员应接受与所操作生物因子或实验室内潜在的生物因子相应的免疫接种或检测。

2) 制定有关职业禁忌症、易感人群和监督个人健康状态的政策。必要时，为实验室人员提供免疫计划、医学咨询或指导。

3) 考虑到所操作的生物因子，在需要时收集保存实验室工作人员的正常基本血清标本。另外，根据有关生物因子或安全设施的要求可以定期采集血清标本。

4) 因为溢出或其他意外事故造成了对感染性物质的明显暴露，应立即报告实验室主任，对相关人员提供适当的医疗评估、监测和治疗，并记录存档资料。

5) 建立实验室人员就医或请假的报告和记录制度，评估是否与实验室工作相关。

3.3.10 适时培训，使实验室人员持续具备安全工作能力

1) 对实验室人员进行上岗培训并评估与确认其能力。需要时，实验室人员要适时接受再培训，如长期未工作、操作规程或有关政策发生变化等。

2) 实验室人员每年应进行实验室安全方面的培训，如潜在危害性，自我防护，意外事件应急处置等。

病原微生物实验室
生物安全管理条例（节选）

国务院第 424 号令 　（2004 年 11 月发布）

第一章　总　　则

第二条　对中华人民共和国境内的实验室及其从事实验活动的生物安全管理，适用本条例。

本条例所称实验活动，是指实验室从事与病原微生物菌（毒）种、样本有关的研究、教学、检测、诊断等活动。

第三条　国务院兽医主管部门主管与动物有关的实验室及其实验活动的生物安全监督工作。

县级以上地方人民政府及其有关部门在各自职责范围内负责实验室及其实验活动的生物安全管理工作。

第五条　国家实行统一的实验室生物安全标准。实验室应当符合国家标准和要求。

第二章　病原微生物的分类和管理

第七条　国家根据病原微生物的传染性、感染后对个体或者群体的危害程度，将病原微生物分为四类：

第一类病原微生物，是指能够引起人类或者动物非常严重疾病的微生物，以及我国尚未发现或者已经宣布消灭的微生物。

第二类病原微生物，是指能够引起人类或者动物严重疾病，比较容易直接或者间接在人与人、动物与人、动物与动物间传播的微生物。

第三类病原微生物，是指能够引起人类或者动物疾病，但一般情况下对人、动物或者环境不构成严重危害，传播风险有限，实验室感染后很少引起严重疾病，并且具备有效治疗和预防措施的微生物。

第四类病原微生物，是指在通常情况下不会引起人类或者动物疾病的微生物。

第一类、第二类病原微生物统称为高致病性病原微生物。

第九条　采集病原微生物样本应当具备下列条件：

（一）具有与采集病原微生物样本所需要的生物安全防护水平相适应的设备；

（二）具有掌握相关专业知识和操作技能的工作人员；

（三）具有有效防止病原微生物扩散和感染的措施；

（四）具有保证病原微生物样本质量的技术方法和手段。

采集高致病性病原微生物样本的工作人员在采集过程中应当防止病原微生物扩散和感染，并对样本的来源、采集过程和方法等作详细记录。

第十条　运输高致病性病原微生物菌（毒）种或者样本，应当通过陆路运输；没有陆路通道，必须经水路运输的，可以通过水路运输；紧急情况下或者需要将高致病性病原微生物菌（毒）种或者样本运往国外的，可以通过民用航空运输。

第十一条　运输高致病性病原微生物菌（毒）种或者样本，应当具备下列条件：

（一）运输目的、高致病性病原微生物的用途和接收单位符合国务院卫生主管部门或者兽医主管部门的规定；

（二）高致病性病原微生物菌（毒）种或者样本的容器应当密封，容器或者包装材料还应当符合防水、防破损、防外泄、耐高（低）温、耐高压的要求；

（三）容器或者包装材料上应当印有国务院卫生主管部门或者兽医主管部门规定的生物危险标识、警告用语和提示用语。

运输高致病性病原微生物菌（毒）种或者样本，应当经省级以上人民政府卫生主管部门或者兽医主管部门批准。在省、自治区、直辖市行政区域内运输的，由省、自治区、直辖市人民政府卫生主管部门或者兽医主管部门批准；需要跨省、自治区、直辖市运输或者运往国外的，由出发地的省、自治区、直辖市人民政府卫生主管部门或者兽医主管部门进行初审后，分别报国务院卫生主管部门或者兽医主管部门批准。

出入境检验检疫机构在检验检疫过程中需要运输病原微生物样本的，由国务院出入境检验检疫部门批准，并同时向国务院卫生主管部门或者兽医主管部门通报。

通过民用航空运输高致病性病原微生物菌（毒）种或者样本的，除依照本条第二款、第三款规定取得批准外，还应当经国务院民用航空主管部门批准。

有关主管部门应当对申请人提交的关于运输高致病性病原微生物菌（毒）种或者样本的申请材料进行审查，对符合本条第一款规定条件的，应当即时批准。

第十二条 运输高致病性病原微生物菌（毒）种或者样本，应当由不少于2人的专人护送，并采取相应的防护措施。

有关单位或者个人不得通过公共电（汽）车和城市铁路运输病原微生物菌（毒）种或者样本。

第十三条 需要通过铁路、公路、民用航空等公共交通工具运输高致病性病原微生物菌（毒）种或者样本的，承运单位应当凭本条例第十一条规定的批准文件予以运输。

承运单位应当与护送人共同采取措施，确保所运输的高致病性病原微生物菌（毒）种或者样本的安全，严防发生被盗、被抢、丢失、泄漏事件。

第十四条 国务院卫生主管部门或者兽医主管部门指定的菌（毒）种保藏中心或者专业实验室（以下称保藏机构），承担集中储存病原微生物菌（毒）种和样本的任务。

第三章　实验室的设立与管理

第十九条 新建、改建、扩建三级、四级实验室或者生产、进口移动式三级、四级实验室应当遵守下列规定：

（一）符合国家生物安全实验室体系规划并依法履行有关审批手续；

（二）经国务院科技主管部门审查同意；

（三）符合国家生物安全实验室建筑技术规范；

（四）依照《中华人民共和国环境影响评价法》的规定进行环境影响评价并经环境保护主管部门审查批准；

（五）生物安全防护级别与其拟从事的实验活动相适应。

第二十条 三级、四级实验室应当通过实验室国家认可。

第二十一条　一级、二级实验室不得从事高致病性病原微生物实验活动。三级、四级实验室从事高致病性病原微生物实验活动，应当具备下列条件：

（一）实验目的和拟从事的实验活动符合国务院卫生主管部门或者兽医主管部门的规定；

（二）通过实验室国家认可；

（三）具有与拟从事的实验活动相适应的工作人员；

（四）工程质量经建筑主管部门依法检测验收合格。

第二十二条　取得从事高致病性病原微生物实验活动资格证书的实验室，需要从事某种高致病性病原微生物或者疑似高致病性病原微生物实验活动的，应当依照国务院卫生主管部门或者兽医主管部门的规定报省级以上人民政府卫生主管部门或者兽医主管部门批准。实验活动结果以及工作情况应当向原批准部门报告。

实验室申报或者接受与高致病性病原微生物有关的科研项目，应当符合科研需要和生物安全要求，具有相应的生物安全防护水平，并经国务院卫生主管部门或者兽医主管部门同意。

第二十三条　出入境检验检疫机构、医疗卫生机构、动物防疫机构在实验室开展检测、诊断工作时，发现高致病性病原微生物或者疑似高致病性病原微生物，需要进一步从事这类高致病性病原微生物相关实验活动的，应当依照本条例的规定经批准同意，并在取得相应资格证书的实验室中进行。

第二十八条　对我国尚未发现或者已经宣布消灭的病原微生物，任何单位和个人未经批准不得从事相关实验活动。

为了预防、控制传染病，需要从事前款所指病原微生物相关实验活动的，应当经国务院卫生主管部门或者兽医主管部门批准，并在批准部门指定的专业实验室中进行。

第三十二条　实验室负责人为实验室生物安全的第一责任人。

第三十五条　从事高致病性病原微生物相关实验活动应当有2名以上的工作人员共同进行。

第三十六条　在同一个实验室的同一个独立安全区域内，只能同时从事一种高致病性病原微生物的相关实验活动。

第三十七条　实验室应当建立实验档案，记录实验室使用情况和安全监督情况。实验室从事高致病性病原微生物相关实验活动的实验档案保存期，不得少于20年。

第四章　实验室感染控制

第四十四条　实验室发生高致病性病原微生物泄漏时，实验室工作人员应当立即采取控制措施，防止高致病性病原微生物扩散，并同时向负责实验室感染控制工作的机构或者人员报告。

第四十五条　负责实验室感染控制工作的机构或者人员接到本条例第四十三条、第四十四条规定的报告后，应当立即启动实验室感染应急处置预案，并组织人员对该实验室生物安全状况等情况进行调查；确认发生实验室感染或者高致病性病原微生物泄漏的，应当依照本条例第十七条的规定进行报告，并同时采取控制措施，对有关人员进行医学观察或者隔离治疗，封闭实验室，防止扩散。

第六章　法律责任

第五十六条　三级、四级实验室未依照本条例的规定取得从事高致病性病原微生物实验活动的资格证书，或者已经取得相关资格证书但是未经批准从事某种高致病性病原微生物或者疑似高致病性病原微生物实验活动的，由县级以上地方人民政府卫生主管部门、兽医主管部门依照各自职责，责令停止有关活动，监督其将用于实验活动的病原微生物销毁或者送交保藏机构，并给予警告；造成传染病传播、流行或者其他严重后果的，由实验室的设立单位对主要负责人、直接负责的主管人员和其他直接责任人员，依法给予撤职、开除的处分；有资格证书的，应当吊销其资格证书；构成犯罪的，依法追究刑事责任。

第五十七条　卫生主管部门或者兽医主管部门违反本条例的规定，准予不符合本条例规定条件的实验室从事高致病性病原微生物相关实验活动的，由作出批准决定的卫生主管部门或者兽医主管部门撤销原批准决定，责令有关实验室立即停止有关活动，并监督其将用于实验活动的病原微生物销毁或者送交保藏机构，对直接负责的主管人员和其他直接责任人员依法给予行政处分；构成犯罪的，依法追究刑事责任。

因违法作出批准决定给当事人的合法权益造成损害的，作出批准决定的卫生主管部门或者兽医主管部门应当依法承担赔偿责任。

第五十九条　违反本条例规定，在不符合相应生物安全要求的实验室从事病原微生物相关实验活动的，由县级以上地方人民政府卫生主管部门、兽医主管部门依照各自职责，责令停止有关活动，监督其将用于实验活动的病原微生物销毁或者送交保藏机构，并给予警告；造成传染病传播、流行或者其他严重后果的，由实验室的设立单位对主要负责人、直接负责的主管人员和其他直接责任人员，依法给予撤职、开除的处分；构成犯罪的，依法追究刑事责任。

第六十条　实验室有下列行为之一的，由县级以上地方人民政府卫生主管部门、兽医主管部门依照各自职责，责令限期改正，给予警告；逾期不改正的，由实验室的设立单位对主要负责人、直接负责的主管人员和其他直接责任人员，依法给予撤职、开除的处分；有许可证件的，并由原发证部门吊销有关许可证件：

（一）未依照规定在明显位置标示国务院卫生主管部门和兽医主管部门规定的生物危险标识和生物安全实验室级别标志的；

（二）未向原批准部门报告实验活动结果以及工作情况的；

（三）未依照规定采集病原微生物样本，或者对所采集样本的来源、采集过程和方法等未作详细记录的；

（四）新建、改建或者扩建一级、二级实验室未向设区的市级人民政府卫生主管部门或者兽医主管部门备案的；

（五）未依照规定定期对工作人员进行培训，或者工作人员考核不合格允许其上岗，或者批准未采取防护措施的人员进入实验室的；

（六）实验室工作人员未遵守实验室生物安全技术规范和操作规程的；

（七）未依照规定建立或者保存实验档案的；

（八）未依照规定制定实验室感染应急处置预案并备案的。

第六十二条　未经批准运输高致病性病原微生物菌（毒）种或者样本，或者承运单位经批准运输高致病性病原微生物菌（毒）种或者样本未履行保护义务，导致高致病性病原微生物菌（毒）种或者样本被盗、被抢、丢失、泄漏的，由县级以上地方人民政府卫生主管部门、兽医主管部门依照各自职责，责令采取措施，消除隐患，给予警告；造成传染病传播、流行或者其他严重后果的，由托运单位和承运单位的主管部门对主要负责人、直接负责的主管人员和其他直接责任人员，依法给予撤职、开除的处分；构成犯罪的，依法追究刑事责任。

第六十七条　发生病原微生物被盗、被抢、丢失、泄漏，承运单位、护送人、保藏机构和实验室的设立单位未依照本条例的规定报告的，由所在地的县级人民政府卫生主管部门或者兽医主管部门给予警告；造成传染病传播、流行或者其他严重后果的，由实验室的设立单位或者承运单位、保藏机构的上级主管部门对主要负责人、直接负责的主管人员和其他直接责任人员，依法给予撤职、开除的处分；构成犯罪的，依法追究刑事责任。

第六十九条　县级以上人民政府有关主管部门，未依照本条例的规定履行实验室及其实验活动监督检查职责的，由有关人民政府在各自职责范围内责令改正，通报批评；造成传染病传播、流行或者其他严重后果的，对直接负责的主管人员，依法给予行政处分；构成犯罪的，依法追究刑事责任。

附录三 陆生动物诊断试验和疫苗手册非洲猪瘟部分

2.8.1章 非洲猪瘟
AFRICAN SWINE FEVER

摘 要

非洲猪瘟（ASF）是一种由病毒引起的家猪和野猪的传染病，它能够感染所有品种和年龄的猪，产生一系列综合症状。急性型以高热、网状内皮系统出血和高致死率为特征。已经证明，钝缘蜱属的软蜱、尤其是*O. moubata*和*O. erraticus*，是非洲猪瘟病毒（ASFV）的储存宿主和传播载体（ASFV）。

非洲猪瘟病毒是非洲猪瘟病毒科（Asfarviridae）、非洲猪瘟病毒属（*Asfivirus*）的唯一成员。

ASF的实验室诊断方法分为两类：第一类包括病毒的分离、病毒抗原及基因组DNA的检测；第二类为抗体的检测。检测方法的选择主要根据当地的发病情况及其实验室的诊断能力而定。

病原鉴定：实验室诊断都必须以检测到病毒为目标，下列试验可以同时进行，选择猪白细胞或骨髓培养物接种细胞进行病毒分离，制备组织切片或是冷冻切片进行荧光抗体试验（FAT）检测其中的病毒抗原，通过聚合酶链式反应（PCR）检测病毒基因组DNA。PCR是一种非常好的、敏感和快速的ASFV检测方法，可以适用于多种条件下，尤其是当组织不适合进行病毒分离及抗原检测时。

对于可疑病例，可以将材料经过白细胞传代并且重复上面的操作过程。

血清学检测：自然感染幸存下来的猪通常在感染后的7～10d产生针对ASFV的抗体，而且这些抗体会持续很长一段时间。对于该病呈地方性流行或由低毒力毒株引起初次暴发的地方，在进行该病新近暴发调查研究时，应该包括血清或组织提取物中特异性抗体的检测。用于抗体检测的方法有很多种，例如，间接荧光抗体试验（IFA）、酶联免疫吸附试验（ELISA）和免疫印迹试验等都可以用于抗体的检测。

疫苗和诊断用生物制品要求：目前还没有ASF疫苗。

A. 前言

非洲猪瘟病毒（ASFV）是一种复杂的、大的、二十面体对称的、有囊膜的DNA病毒，它具有虹彩病毒科和痘病毒科的许多共同特征（Arias和Sánchez-Vizcaíno, 2002a; Vinuela, 1985）。目前，这种病毒是非洲猪瘟病毒科中唯一的成员（Dixon等，2005）。在细胞内的病毒粒子（200nm）中至少已经鉴定出28种结构蛋白（Sánchez-Vizcaíno, 2006）。在感染病毒的猪巨噬细胞中，已经鉴定出超过100种感染性蛋白，其中的至少50种蛋白能够与感染或康复期的猪血清进行反应。病毒基因组组成为170~192kb，包括一个保守的中心区（大约125kb）和可变的末端。这些可变区编码5种多基因家族，这些多基因家族直接与病毒基因组的可变性相关（Blasco等，1989）。已完成了几株ASFV毒株的全基因组序列分析（Chapman等，2008; De Villier等，2010）。虽然这些ASFV不同毒株的致病能力不一样，但是通过抗体试验检测目前仅有一种血清型。

对于该病的分子流行病学研究，通过对VP72基因C末端的序列测定，将该病毒分为22种不同的基因型（Boshoff等，2007; Lubisi等，2005）。P54全基因组序列的测定，被证实也是一种有价值的基因型分型方法（Gallardo等，2009）。通过对B602L基因中央可变区的分析，提高了鉴别基因型的能力，该可变区有最多的可变位点，能够区分关系很近的毒株以及能够对上述22个基因型中的几个基因型进行病毒亚群的鉴别（Gallardo等，2009）。

ASFV表现出广泛的症状，包括最急性、急性、慢性和外表健康的带毒动物。家畜中猪是唯一的可以自然感染ASFV的动物。欧洲野猪和野化家猪也易感，并且可以表现出与家猪一样的临床症状和死亡率。而非洲的野猪、如疣猪（*Phacochoerus aethiopicus*）、丛林猪（*Potamochoerus porcus*）和大森林猪（*Hylochoerus meinertzhageni*）则对该病不易感，很少或者不出现临床症状。这些非洲野猪品种在当地充当了该病储存宿主的角色（Sánchez-Vizcaíno, 2006）。

该病的潜伏期通常4~19d。毒力强的毒株可引起以高热、食欲废绝、皮肤和内脏出血为特征的最急性和急性出血性疾病，通常在4~10d甚至在出现可以观察到的临床症状迹象前就已死亡，死亡率可高达100%。毒力稍弱的毒株，表现为轻微发热、食欲减退和精神沉郁的温和临床症状，这种情况通常容易与猪的其他疾病相混淆而不会怀疑到是非洲猪瘟。低毒力的不会产生出血症状的毒株偶尔会引起一些非出血性的亚临床症状或仅仅是血清转阳，但是有些动物会在肺脏和骨骼突出部位的皮肤上出现个别的损伤，或是在其他部位存在散在的病灶。急性或是慢性的病例自然痊愈后会转成持续性感染，而成为病毒携带者。目前关于非洲猪瘟持续性感染的生物学机理仍未知（Carrillo等，1994）。痊愈后携带病毒的猪只和处于持续性感染状态下的野猪构成了控制该病的最大难题。带毒猪只血清学的确认成为成功根除该病计划中的关键（Arias和Sánchez-Vizcaíno, 2002b）。

通过临床诊断和死后剖检不能区分ASF与古典猪瘟（猪霍乱；CSF）。所有出现急性、热性和出血性症状的病猪，都要考虑进行这两种疾病的鉴别诊断。细菌性疾病引起的败血症也可能同非洲猪瘟和猪瘟相混淆，因此非常有必要通过实验室诊断对这些疾病进行鉴别。

对于那些没有ASF但怀疑其存在的国家，必须要进行实验室诊断，即同时用猪白细胞或是骨髓培养物接种细胞进行病毒分离，通过荧光抗体试验（FAT）检测组织涂片或冰冻切片中的抗原，或是通过PCR检测病毒基因组DNA，对于那些持续性感染的猪只，该方法具有极高的敏感性；对于那些因腐败而不能进行病毒分离和切片制备的样品，该方法特别有用。通过采用PCR方法，在发病的早期就能从组织样品中或是含有EDTA的血液和血清中检测到病毒的存在。而对于那些在急性或是慢性感染中痊愈的猪只，会在数周内存在病毒血症现象，因此采用PCR方法，可以对毒力较低或是毒力温和的毒株有效检出。

由于没有ASF疫苗，ASF抗体的存在预示着先前感染的发生。另外在感染发生的第1周就能够产生抗体，并且会持续很长一段时间。因此对于该病的诊断，抗体的检出可以成为一个非常好的疾病诊断标志。ASF抗体具备出现早（通常在感染后的7~10d就会出现）、持续时间长的特点，使得一些如ELISA、免疫印迹和间接荧光抗体（IFA）检测等抗体检测技术，成为诊断该病亚急性和慢性病例的有效方法。

因为发生在非洲和欧洲的ASF感染具有不同的流行病学模式，所以ASF流行病学是复杂的。ASF发生的传播涉及家猪、野猪、非洲野猪和软蜱（Sánchez-Vizcaíno等，2009）。在那些纯缘蜱属软蜱存在的地区，对于这些ASFV宿主的检测将更有助于了解该病的流行病学，同时也是有效根除和控制该病的重中之重（Basto等，2006）。

ASF不是一种人兽共患病，不影响公共卫生（Sánchez-Vizcaíno等，2009）。

ASFV应该在主管部门批准的实验室操作，按照OIE关于3类和4类病原体生物防护准则执行。

B. 诊断技术

1. 病原鉴定

对于怀疑发生ASF的地点，应将下列样品送往实验室：抗凝血（EDTA）、脾脏、淋巴结、扁桃体和肾脏。在运输过程中要尽可能保持样品低温，但不能冻结。样品被送到实验室后如果不能及时处理，则应在－70℃保存。当不能实现病料冷链运送时，可以将样品保存在甘油生理盐水中运输，尽管这种方法可能会轻微降低病毒鉴定的可能性，但是可以更方便地将样品运输到实验室以确定疫情是否暴发。

- 血细胞吸附试验的样品制备

i)   将0.5～1.0g重的组织放入有灭菌沙子的研钵中，用研钵槌将组织研碎，然后加5～10mL生理盐水缓冲液或含抗生素的组织培养液，制成组织悬液。

ii)   1000g离心5min，取上清液用于细胞培养/血细胞吸附试验（见B.1.a部分）。

a)   血细胞吸附试验

血细胞吸附（HAD）试验（Malmquist和Hay，1960）的原理是：猪的红细胞会吸附在感染ASFV的单核细胞或巨噬细胞的表面，大多数的病毒分离株都会产生血细胞吸附现象。HAD的阳性结果可以作为判定ASF的最终诊断。但是也分离到极少数没有血细胞吸附能力的病毒，这些大多数是无毒力的毒株，但是有一些能引起典型的急性ASF症状。通过用可疑猪的血液或组织悬液上清液接种原代白细胞（见下述操作程序1）或猪肺泡巨噬细胞培养，或制备实验室攻毒猪和野外可疑猪的血液白细胞培养物（见下述操作程序2）完成试验。每100mL去纤维蛋白或加肝素抗凝的血液可制备300份培养物，必须如此完成所有程序，以防止培养物污染。

- 操作程序1：原代白细胞培养物的血细胞吸附试验

i)　采集需要量的新鲜去纤维蛋白的猪血。

ii)　700g离心30min，收集淡黄色的细胞层，在白细胞中加入3倍体积的0.83%氯化铵，混合，室温下孵育15min，650g离心15min，小心地移去上清液，用培养液或是PBS洗涤沉淀。

iii)　用含抗生素和10%～30%猪血清的组织培养液将细胞重新悬浮并使细胞含量达10^6～10^7个/ mL。为了防止非特异性血细胞吸附的发生，培养液中的血清或血浆必须来自于取白细胞的同一头猪。如果有大量样品需要检测，可以用预先筛选的不会产生非特异性自身花环（auto rosette）的血清代替同源血清。

iv)　将细胞悬液分装到96孔板，每孔200μL（300 000个细胞/孔），在5%CO_2培养箱中37℃培养。也可按每份1.5mL将细胞悬液分装到160mm×16mm的试管中（将试管与水平面呈5°～10°倾斜放置），置37℃培养

注意：就常规诊断而言，只有2～4d的培养才足够敏感。

v)　培养3d后，取3管（或孔）细胞，每管接种0.2mL或每孔接种0.02mL（1/10最终稀释度）组织样品，如送检样品保管不好，可将样品做10倍或100倍稀释后再接种到培养物，这一点尤为重要。

vi)　接种含有能吸附血红细胞的病毒培养物作为阳性对照，必须设置未接种的阴性对照，以监测可能出现的非特异性红细胞吸附。

vii)　每管加0.2mL用缓冲盐水配制的新鲜1%猪红细胞。如果使用的是96孔板，则每孔加入0.02mL的1%猪红细胞。

viii)　每天用显微镜观察细胞病变（CPE）和血细胞吸附情况，连续观察7～10d。

ix)　结果判定：血细胞吸附是指大量猪血细胞附着在感染细胞的表面。在无红细胞吸附的情况下发生的贴壁细胞数减少的细胞病变可能是由于接种物的细胞毒性所致，伪狂犬病病毒或无血细胞吸附作用的AFSV可用细胞沉淀物作FAT或用PCR（见下述）来检测。如果没有观察到变化，或者

当免疫荧光和PCR检测结果为阴性时，将上清液重新接种新鲜的白细胞，连续传代3次。所有分离到的毒株需要经PCR检测并测序后才能确认。

- 操作程序2：用感染猪的外周血白细胞作"自身玫瑰花环"血细胞吸附试验。

这一程序比制备和接种原代猪白细胞培养物（见程序1）要快，对阳性病例能迅速得到结果。此试验可以在没有装备常规病毒学检测的实验室中进行。只需要有载玻片、盖玻片、显微镜、无菌培养基、试管或小瓶、滴管即可。采集野外可疑猪或实验室接种猪的肝素抗凝血，制备白细胞培养物，直接用血细胞吸附试验检查。但其检查结果评价比较困难，目前此方法逐步被PCR所替代。

i) 用装有含2000IU肝素的2mL盐水的注射器取20mL全血，混匀后转移到一只玻璃试管或狭窄的瓶中。

ii) 将试管或小瓶垂直放入37℃培养箱或水浴中，使细胞沉淀。加入2mL血浆体积膨胀剂促进沉淀，如葡聚糖150，这是一种加在0.9%NaCl中作注射用的葡聚糖150溶液（Fisons, UK）。

iii) 置培养物于37℃孵育6～8h，每隔2～3h取出少量富含白细胞并带有一些红细胞的上清液，放到载玻片上，用显微镜观察是否有血细胞吸附性细胞。

iv) 结果判定：在显微镜下观察到血细胞吸附，则可认为存在ASFV。血细胞吸附是指大量的猪红细胞吸附在感染的细胞表面。确定出现血细胞吸附，需要经过重复多次才能确定，或是通过另一种检测方法如PCR检测验证才能确认ASFV的存在。

b) 荧光抗体试验检测抗原

FAT（Bool等，1969）可以作为检测野外可疑猪或实验室接种猪组织中抗原的另外一种方法。FAT检测阳性，出现临床症状和适当的损伤，这三者同时存在时可以假定ASF存在。此外，它还可用于检测无血细胞吸附现象的白细胞培养物中的ASFV抗原，即能够鉴定出没有血细胞吸附能力的毒株。此试验还可将由ASFV或其他病毒，如伪狂犬病病毒或细胞毒性引起的细胞病变区别开来。但对亚急性和慢性病例来说，此方法的敏感性明显下降。导致这一现象的原因可能是由于感染猪只体内抗原抗体的复合物会封闭病毒抗原与病毒共轭物之间的相互作用（Sánchez-Vizcaíno, 2006）。

- 试验操作：

i)　准备待检组织的冰冻切片或压印涂片，或将已经接种的白细胞培养物的细胞沉淀物在载玻片上涂开，室温下风干，丙酮固定10min。

ii)　用推荐的或预先滴定稀释度的异硫氰酸荧光素标记的抗ASFV抗体染色，37℃湿盒中着染1h。

iii)　同时固定并着染阳性和阴性对照样品。

iv)　用新配制干净的PBS浸泡4次，PBS/甘油封固染好的组织，用带有适当栅栏和激发滤片的紫外光显微镜检查。

v)　结果判定：在淋巴组织的副皮质区域或其他组织的固定巨噬细胞内或者接种的白细胞内，观察到特异的颗粒状的胞质荧光，则判为该组织阳性。

c)　聚合酶链反应（PCR）检测病毒基因组

PCR技术已经成熟，用病毒基因组高度保守区的引物可检测和鉴定所有已知病毒基因型的各种分离株，包括无血细胞吸附能力的病毒和低致病力的分离株。当由于样品腐败而不适合作病毒分离或抗原检测，或是当实验室收到的样品中病毒已经被灭活时，PCR是一种非常有效的方法。

下面描述了两种已经得到验证的PCR程序，并且在试验程序后还包含一种样本制备方法。这些程序可以作为PCR方法的一个一般性指南和起点，最佳反应条件（反应时间和温度，设备型号和厂商，试剂如引物和dNTP的浓度）可能有变化，因此使用前须首先评估所述的条件。

- 样品制备方法（Agüero等，2003；2004）

使用一种商业化高纯度PCR模板提取试剂盒[①]比较灵敏，抽提程序见下。此外，还有许多适合用于不同提交分析样品的PCR模板制备商业化DNA抽提试剂盒。多种不同的样品均可用此操作方法，如细胞培养上清液、EDTA-全血、血清和组织匀浆，甚至是保存在温暖条件下并有一定程度腐败的组织样本。该方法有一个优点：它既能用于ASFV DNA的抽提，也能用于CSFV RNA的抽提，这使它能够在一次多重PCR反应中同时检测两种病毒（Agüero等，2004）。

———————————————

① Roche 诊断试剂。

高纯度PCR模板制备试剂盒（Roche Diagnostics）包括以下试剂：结合缓冲液、蛋白酶K、抑制物清除缓冲液、洗涤缓冲液、高纯化过滤管和收集管。

对于器官和组织样本，首先将材料以1/10的比例于PBS中制备匀浆，然后12 000g离心5min使悬液澄清。从得到的上清液中抽提DNA或RNA。有时推荐将上清液1/10稀释作为平行对照。

对照样本的抽提：每次抽提核酸扩增都应包括至少一个阳性对照和一个阴性对照。阳性对照样品为200μL ASFV阳性血清、EDTA-全血或1/10的组织匀浆（同待检样品相同的组织），阴性对照为200μL水或ASFV阴性EDTA-全血、或组织匀浆。对照样本与测试样本同时进行操作。

- 准备工作液

冻干的蛋白酶K：用4.5mL灭菌蒸馏水溶解蛋白酶K，等份分装在500μL小瓶中，用前−20℃保存。

抑制物清除缓冲液：加入20mL无水乙醇，相应地做好标记以及写上日期。

洗涤缓冲液：加入80mL无水乙醇，相应地做好标记以及写上日期。

i)   吸取200μL样本加入到1.5mL微量离心管中。

ii)   加200μL结合缓冲液和40μL蛋白酶K，立即混匀，72℃作用10min。

iii)   瞬时离心1.5mL微量离心管，以去除盖子内侧的液滴。

iv)   加100μL异丙醇于样本管中。

v)   将高纯净过滤管置于收集管内，并吸取样本加至上层过滤管。8 000r/min离心1min。（对于血液样本，如果样本仍在过滤管内，重复离心一次。）

vi)   弃去收集管并将过滤管放入一个清洁的收集管内。

vii) 加500μL抑制物清除缓冲液于上层过滤管，8 000r/min离心1min。

viii) 弃去收集管并将过滤管放入一个清洁的收集管内。

ix)   加450μL洗涤缓冲液于上层过滤管，8 000r/min离心1min。

x)   弃去收集管并重复清洗一次。

xi)   弃去收集管并将过滤管放入一个清洁的收集管内。13 000r/min离心10s，去除残留的洗涤缓冲液。

xii) 弃去收集管并将过滤管放入一个清洁的1.5mL微量离心管内。

xiii) 为了洗脱核酸，加50μL预热（70℃）的无菌水至上层过滤管（注意：对于CSFV RNA不能使用试剂盒内的洗脱缓冲液）。8 000r/min离心1min

xiv) 立即使用或保存至−20℃备用。

- 常规PCR扩增（Agüero等，2003）

这种方法中的ASFV 引物能够与CSFV的特异性引物一起应用于多重RT-PCR反应中，在一次反应中同时检测区分两种病毒的基因组（Agüero等，2004）。

- 储存液

无核酸酶灭菌水。

热启动Taq Gold DNA 聚合酶，10× PCR 缓冲液II以及商品化的氯化镁。

包含各种dNTP的PCR 核苷酸混合液，浓度为10mM。

引物浓度为20pmol/μL：引物PPA-1序列：5′-AGT-TAT-GGG-AAA-CCC-GAC-CC-3′（上游引物）；引物PPA-2序列：5′-CCC-TGA-ATC-GGA-GCA-TCC-T-3′（下游引物）。

10×加样缓冲液：0.2%二甲苯蓝，0.2%溴酚蓝，30%甘油。

配制琼脂糖凝胶的TAE缓冲液（50×）：Tris 碱（242g）、冰醋酸（57.1mL）、pH 8.0的0.5M EDTA（100mL）、蒸馏水（补足到1L）。

Marker DNA：商品化的梯度为100bp DNA分子量标准。

i) 在一只灭菌的1.5mL 微量离心管中准备下面所述的PCR反应混合液。反应混合液可批量准备，比所检测样品量额外多准备一个样品量。

ii) 无核酸酶或灭菌蒸馏水（17.375μL），10×PCR缓冲液II（2.5μL），氯化镁25mM（2μL），dNTP混合液10mM（0.5μL），引物PPA-1, 20pmol/μL（0.25μL），引物PPA-2, 20pmol/μL（0.25μL），Taq Gold DNA 聚合酶5U/μL（0.125μL）。

iii) 加23μL PCR反应混合液至所需数量的0.2mL PCR反应管中。

iv) 加2μL 抽提的样本模板至每个PCR管中。每次PCR反应包括一个阳性反应对照（2μL ASFV DNA）和一个阴性反应对照（2μL蒸馏水）。

v) 将反应管置于自动热循环仪内，按下列步骤操作：

95℃ 10min，1个循环。

95℃ 15s，62℃，30s，72℃ 30s，共反应40个循环。

72℃ 7min，1个循环。

4℃保存。

vi） 程序结束后，取出PCR管，每管加2.5μL的10×加样缓冲液。

vii） 将所有样品加入TAE缓冲液配制的2%琼脂糖凝胶中，TAE缓冲液含有终浓度为0.5μg/mL的溴化乙啶。

viii） 将DNA分子量标准加到凝胶每侧的孔内。

ix） 凝胶在150~200V恒压中电泳30min。

x） 判定结果：以紫外光源照射观察凝胶。在阳性样本中，会出现一条独立的条带，它应该与阳性对照的PCR产物迁移速率一致。参考DNA分子量标准来计算检测样品和阳性对照PCR产物的分子量。阳性对照的PCR产物大小为257bp，阴性对照不出现条带。

xi） 可选步骤：进一步的验证试验可以通过$BsmA$ I限制性内切酶消化所扩增的产物。在这个试验中，终体积20μL的消化反应混合液（2μL 10×缓冲液，1μL $BsmA$ I（5U/μL）和12μL灭菌蒸馏水）中含有5μL扩增的DNA产物。反应混合液置55℃作用2.5h。然后，样本在上述3%琼脂糖凝胶中电泳。在阳性样品中，限制性酶切图谱应该包括173~177bp和84~80bp两个片段。

- PCR程序：TaqMan PCR程序（King等，2003）

- 样品制备

许多商品化的DNA提取试剂盒适合用于不同提交分析样品的PCR，也适合在参考实验室使用。

下述为QIAamp®病毒RNA微量提取试剂盒（QIAGEN）程序，此试剂盒可用于检测疑似猪瘟动物的血液。感染猪的血液中应加入EDTA。在这些实例中，可同时检测ASFV和古典猪瘟（见2.8.3章，CSFV分子检测方法）。

i） 在1.5mL微量离心管中加入560μL试剂盒提供的AVL缓冲液。

ii） 加入140μL待测或对照样品，用旋涡振荡混合约15s。在每批样品检测时，应同时设ASF阴性对照样品，可以是非感染猪的脾脏匀浆物、非感染猪的骨髓（PBM）及外周血单个核（PBL）细胞。另外需设立一个提取阴性对照，如通过提取无核酸酶的水，（所有对照都要和被检样品一起进行PCR）。

iii）室温作用至少10min。

iv）瞬时离心，以去除微量离心管内盖上的液滴。

v）在样品中加入560μL乙醇，旋涡振荡混匀约15s，瞬时离心，主要是去除微量离心管内盖上的液滴。

vi）于管中取出630μL液体，加入套有收集管（2mL规格）的QIAamp离心柱中，不要弄湿边缘，盖上离心帽，6 000g离心1min，取出离心柱置于一个洁净的2mL收集管中，丢弃含滤液的管子。

vii）小心打开QIAamp柱，重复步骤vi。

viii）小心打开离心帽，加500μL AW1缓冲液；盖上离心帽，6 000g离心1min；将柱子放入一干净的2mL收集管中，丢弃含滤液的管子。

ix）小心打开离心帽，加入500μL AW2缓冲液；盖上离心帽，20 000g离心3min。

x）取出QIAamp柱，置于一干净的1.5mL离心管中，丢弃含滤液的管子；小心打开离心帽，加入60μL的AVE缓冲液，盖上离心帽，室温平衡1min；6 000g离心1min。

xi）丢弃QIAamp柱，提取的DNA（60μL）保存在−20℃，用于PCR扩增。

● 贮存液

i）无核酸酶水或其他合适的灭菌水，TaqMan® PCR 反应混合液（2×）。

ii）50pmol/μL浓度的引物：引物1序列：5′-CTGCT-CATGG-TATCA-ATCTT-ATCGA-3′（正链）；引物2序列：5′-GATAC-CACAA-GATC（AG）-GCCGT-3′（负链）。

iii）5pmol/μL浓度的TaqMan®探针：（5′-[6-羧基-荧光素（FAM）]-CCACG-GGAGG-AATAC-CAACC-CAGTG-3′-[6-羧基-四甲基-罗丹明（TAMRA）]）

● TaqMan法PCR扩增（Fernández-Pinero等，2010）

i）按下述方法在灭菌的1.5mL离心管中制备用于每个样品的PCR反应混合液。可以根据被检样品的数量准备反应混合液，但是应准备比实际样品多一份的样品所需反应混合液。

无核酸酶或灭菌水（7.5μL），（2×）TaqMan PCR反应混合液（12.5μL），引物1为50pmol（1.0μL）；引物2为50pmol（1.0μL）；TaqMan®探针5pmol（1μL）。

ii) 在MicroAmp®优化反应板中的每个被检样品中加22μL PCR反应混合液。

iii) 加入3μL样品提取物或空白对照提取物，每个孔上都小心盖上盖子。

iv) 在合适的离心机里将板离心1min以混合每孔中的溶液。

v) 将板放入TaqMan序列检测系统中进行PCR扩增，并执行以下程序：

50℃ 2min，1个循环。

95℃ 10min，1个循环。

95℃ 15s，58℃ 1min，40个循环。

注：假如没有TaqMan热循环仪，也可用普通热循环仪，PCR产物分析可以用终点荧光读数仪或可选择用1.5%琼脂糖胶电泳，产物大小为250bp。

vi) 结果判定：在所有扫描的扩增图（一个荧光信号对循环数所作的图）中，每个PCR反应对应一个C_T值。阴性样品、非感染阴性对照或提取空白对照的C_T值>40.0，阳性检测样品和阳性对照的C_T值<40.0（强阳性样品的C_T值<30.0）。

使用其他商品化扩增试剂盒对此程序进行的修改可能得到更多的PCR产物，但在使用前应对其进行充分验证。

2. 血清学试验

感染后康复猪的抗体可维持很长时间，有时是终生，很多试验方法可用于检测抗体，尽管只有少数可用作实验室常规诊断（Escribano等，1990; Pastor等，1990; Sánchez-Vizcaíno, 1987）。最常用的是ELISA（Sánchez-Vizcaíno等, 1983; Wardley等, 1979），此方法既可以检测血清，也可检测组织液。一些严格病例中，ELISA阳性样品应用其他方法，如IFA、免疫过氧化物酶染色或免疫印迹（Escribano等，1990; Pastor等，1989）进行确证试验。由于感染了强毒力毒株的猪只在抗体产生之前就死了，因此这种情况下通常检测不到抗体，而感染了低毒力或中等毒力的ASFV的猪能产生抗体，尽管这些抗体不完全是中和抗体。

最近，通过大规模研究对非洲猪瘟血清学试验的特异性和敏感性进行了评估，试验是在有不同流行病学背景的非洲和欧洲进行的，用到了当前流行的ASFV毒株（包括高加索基因型II和变异更快的东部非洲毒株），结果显示OIE指定的试验在全部受评价的流行病学情形下，都能精确地、高灵敏地检测到ASFV抗体的存在（Gallardo等，2010）。

在非洲猪瘟呈地方流行的区域，确诊可疑病例最好用标准的血清学试验（ELISA），结合另一种血清学试验（IFA）或抗原检测试验。在有些国家，95%以上的阳性病例是用IFA和FAT结合方法鉴定出的（Sánchez-Vizcaíno, 2006）。

值得注意的是，猪感染无毒力或低毒力的分离株时，血清学试验也许是检测感染动物的唯一途径。

a)　酶联免疫吸附试验（ELISA）（国际贸易指定试验）

ELISA（Pastor等，1990）是一种直接检测低毒力或中等毒力ASFV感染猪抗体的试验。目前有高特异性和敏感性的商品化的ELISA试剂盒，其基于竞争形式，可在不同流行病学情形下使用。下面介绍一种价格较为低廉的，使用可溶性抗原的间接ELISA方法的操作程序。

如果待检血清样品保存不好会降低ELISA方法的敏感性，为了解决这一问题，目前有一些建立在ASFV重组蛋白上的ELISA方法可供使用（Gallardo等，2006）。

为防止由于待检血清保存不好而导致的可疑结果或呈阳性结果时，推荐使用下述的第二种方法，如免疫印记、IFA或免疫过氧化物酶进行验证。

● ELISA抗原制备

用含猪血清的感染细胞制备ELISA抗原（Escribano等，1989）。

i)　用10个感染复数适应毒感染MS（monkey stable）细胞，并用含2%猪血清的培养基培养。

ii)　收获36~48h出现广泛细胞病变的感染细胞，用PBS洗涤，650g离心5min，用5mmol/L pH8.0的Tris-HCl配制的0.34mol/L蔗糖溶液洗涤细胞沉淀，再离心沉淀细胞。

从（iii）至（v）在冰上操作

iii)　用5mmol/L pH8.0的Tris-HCl配制67mmol/L的蔗糖溶液重新悬浮细胞（每175cm^{2}瓶1.8mL），放置10min（5min后震荡搅拌）。

iv)　加无离子洗涤剂（NP-40）到最终浓度为1%（W/V），作用10min（5min后震荡搅拌），使细胞溶解。

v) 加用0.4mol/L pH8.0的Tris-HCl配制的蔗糖至终浓度64%（W/W），1000g 离心10min沉定细胞核。

vi) 收集上清液，加用0.25mol/L pH8.0的Tris-HCl配制的EDTA（最终浓度为 2mmol/L）、ß-巯基乙醇（最终浓度为50mmol/L）和NaCl（最终浓度为 0.5mol/L）混合液，然后在25℃作用15min。

vii) 将上述液体加在由50mmol/L pH8.0的Tris-HCl配制的20%（W/V）蔗糖垫 溶液上面，4℃、100 000g离心1h。

立即取上面的紧靠蔗糖层的带，作为ELISA抗原，-20℃贮存。

● 间接ELISA试验程序（Pastor等，1990）

i) 每孔加100μL，用0.05mol/L、pH9.6的碳酸盐/碳酸氢盐缓冲液稀释的指定 或预先定量的抗原包被ELISA polysorp微孔板。

ii) 4℃孵育16h（过夜），然后用pH7.2、含0.05%吐温-20的PBS洗5次。

iii) 用含0.05%的吐温-20的PBS溶液，将待检血清和阴、阳性对照血清稀释30 倍，将稀释的血清加入到抗原包被板中，每孔加100μL，每个样品做双孔。

如果每次在酶标板的不同部分加4对阴、阳性对照血清，那么一块酶标板一次 可检测40份血清，如下图所示：

	1	2	3	4	5	6	7	8	9	10	11	12
A	+											−
B	+											−
C				+					−			
D				+					−			
E				−					+			
F				−					+			
G	−											+
H	−											+

iv) 将酶标板放37℃作用1h（最好置酶标板振荡器上），然后用含0.05%吐

温–20的PBS洗5次。

v)　每孔加入100μL预先用含0.05%吐温–20的PBS配制的或用推荐使用的蛋白A/辣根过氧化物酶结合物溶液（Pierce）。

vi)　37℃作用1h，然后用含0.05%吐温20的PBS洗5次。

vii)　底物：按10μL/25mL比例加过氧化氢到底物溶液［用pH5.0的磷酸盐/柠檬酸缓冲液配制的0.04%邻苯二胺（OPD）］中，每孔加入100μL底物。

可供选择的：可用DMAB/MBTH的底物溶液替代邻苯二胺的：每孔加入200μL底物（80.6mmol/L DMAB 10mL + 1.56mmol/L MBTH 10mL + 过氧化氢5μL）。

DMAB/MBTH底物溶液的制备：

DMAB-3-Dimethylaminobenzoic acid（SIGMA D-1643）；

MBTH-3-Methyl-2-benzothiazolinone hydrazone hydrochloride monohidrate（SIGMA M-8006）。

80.6mmol/L DAMB溶液：用1000mL pH7的0.1mol/L的磷酸盐缓冲液（5.3g KH_2PO_4, 8.65g Na_2HPO_4加蒸馏水至1000mL）溶解13.315g DAMB，室温条件下搅拌1h，用5mol/L的NaOH将pH调整到7。漏斗过滤。

1.56mmol/L MBTH溶液：用1000mL pH7的0.1mol/L的磷酸盐缓冲液（5.3g KH_2PO_4, 8.65g Na_2HPO_4加蒸馏水至1000mL）溶解0.3646gMBTH，搅拌1h，用浓盐酸将pH调整到6.25。滤过。

每板需要的体积为：10mL DMAB + 10mL MBTH + 5μL 30% H_2O_2。

可以制备底物溶液的母液，分装后–20℃贮存。DMAB和MBTH按1∶1比例加入，然后再加入相应量的30%的H_2O_2。

viii)　室温下作用6～10min（在阴性对照显色前），显色的时间取决于加样时底物的温度和室温。

ix)　每孔加100μL、3N的硫酸中止反应。

x)　判定结果：阳性血清可以用肉眼辨认，为清亮的黄色（如果用DMAB/MBTH底物溶液为蓝色），为确保所有阳性血清的判定，必须用酶标仪测定每孔的光吸收率值，检测波长为492nm，如果用DMAB/MBTH底物溶液则为600～620nm。任何一种血清，如果用OPD底物溶液，只要它的吸收值超过同一块板中阴性对照血清平均吸收值的2倍，就可认为是阳性。如果用DMAB/MBTH底物溶液，阳性对照的吸光度均值要高于阴性对照吸光度均值4倍，试验才成立。

为了正确判定结果，必须计算临界值，以便能区分阴性、可疑和阳性结果。临界值可通过以下公式进行确定：

临界值＝阴性血清吸光度×1＋阳性血清吸光度×0.2

血清光密度低于临界值-0.1为阴性。

血清光密度高于临界值+0.1为阳性。

血清光密度在临界值±0.1之间为可疑，须通过IB技术确证。

b)　间接荧光抗体试验

此试验（Pan等，1974）用于无非洲猪瘟流行地区ELISA检测阳性的血清，以及来自地方性流行地区经ELISA检测疑似结果的血清确证试验。

● 试验程序

i)　用感染ASFV的猪肾或猴的细胞制备浓度为$5×10^5$个/mL悬液，取一小滴在载玻片上铺开，风干，室温下用丙酮固定10min，注意载玻片可在-20℃贮存直到使用。

ii)　56℃30min灭活被检血清。

iii)　将用缓冲盐水稀释的适当浓度的被检血清及阴、阳性对照血清加到已感染和未感染的对照细胞的载玻片上，湿盒中37℃作用1h。

iv)　浸入新配制干净的PBS中清洗4次，后用蒸馏水冲洗载玻片。

v)　将预先测定或推荐稀释度的抗猪免疫球蛋白—异硫氰酸荧光素（FITC）或蛋白A/FITC结合物加到所有载玻片上，湿盒中37℃作用1h。

vi)　浸入新配制干净的PBS中清洗4次，后用蒸馏水冲洗载玻片，然后用PBS/甘油封固载玻片，用带有适当光栅和滤光片的紫外光显微镜检查。

vii)　结果判定：加到感染细胞中的对照阳性血清必须出现阳性、其他所有对照必须出现阴性的情况下才能判定试验的结果。如果感染的培养物出现特异荧光，则血清被判为阳性。

c)　免疫印迹试验（Escribano等，1990; Pastor等，1989）

免疫印迹试验可用作间接荧光抗体试验的替代试验以验证个别样品的可疑结果。免疫印迹试验非常特异，得到的结果更迅速、更客观，尤其有利于对弱阳性样品的确认。

已经确定能够诱导产生特异性抗体的病毒蛋白。将这些多肽固定在抗原条上，已经用免疫印记的方法验证能够与感染9d以后产生的特异性抗体反应。

- 制备抗原条

i)　按照（B.2.a部分）制备ELISA抗原的方法制备胞浆可溶性病毒蛋白。

ii)　与适当的蛋白分子量标准一起，在17%丙烯胺/N, N'-2二烯丙基酒石二酰胺（DATD）凝胶上作电泳。

iii)　在转移缓冲液（用pH8.3，196mmol/L的甘氨酸25mmol/L的Tris-HCl配制的20%甲醇）中，通过用5mA/cm的恒定电流电泳，将蛋白质转移到14cm×14cm的硝化纤维素膜上。

iv)　干燥纤维素膜并标记有电泳蛋白的一面。

v)　沿边缘剪取一条纤维膜，按下述程序进行免疫印迹。与平行电泳的蛋白分子量标准比较，找到含23～35kD蛋白质的区段，并将这一区段剪成0.5cm宽的条。标记每一条中有电泳蛋白的一面。

这些条（大约4cm长）就是用作免疫印迹的抗原条，它所含的蛋白质能与急性期和恢复期猪血清中的抗体反应，某些猪终生存在这些抗体。

- 氯萘酚底物溶液的制备

此溶液要现配现用。

i)　将6mg 4-氯-1-萘酚溶解在2mL甲醇中，边搅动边将此溶液缓慢加入10mL PBS中。

ii)　用Whatman 1号滤纸过滤除去白色沉淀。

iii)　加入4μL 30%过氧化氢。

- 试验程序

抗原条在免疫反应程序中须将标记面朝上。

i)　将抗原条放入封闭缓冲液（在PBS中加入2%的脱脂干奶粉）中，37℃不断搅动作用30min。

ii)　用封闭缓冲液将被检血清、阳性和阴性对照血清做40倍稀释。

iii)　将抗原条放入上述稀释好的血清中，37℃作用45min，不断搅动。在阳性和阴性对照血清中各放入一个抗原条作为对照。在封闭缓冲液中洗涤4次，最后一次持续振荡洗涤5min。

iv)　将用封闭缓冲液配制的指定的或事先定量的A蛋白——辣根过氧化物酶结合物（通常是1000倍稀释）加到所有的抗原条上。37℃持续振荡作用45min。用封闭缓冲液洗涤4次，最后一次振荡洗涤5min。

v)　将刚制备的底物溶液加至抗原条上，室温下持续振荡5～15min。

vi)　当蛋白带略呈黑色的时候，用蒸馏水中止反应。

vii)　结果判定：在抗原条上，阳性血清与病毒的多个蛋白质发生反应；它们必须显示出与阳性对照血清相似的蛋白图谱和相同的颜色强度。

C. 疫苗要求

目前尚无非洲猪瘟疫苗。

参考文献（略）

注：非洲猪瘟OIE参考实验室名单请参见OIE网址：

http://www.oie.int/our-scientific-expertise/reference-laboratories/list-of-laboratories

国际动物卫生法典非洲猪瘟部分

第15.1章　非洲猪瘟
（African Swine Fever, ASF）

第15.1.1条

一般规定

包括所有品种的家养和野生猪（*Sus scrofa*）、疣猪（*Phacochoerus* spp.）、丛林猪（*Potamochoerus* spp.）和大森林猪（*Hylochoerus meinertzhageni*）在内的猪及其近缘性品系是非洲猪瘟病毒（ASFV）的唯一自然宿主。本章对家猪（包括终生圈养和农场散养）和野生猪（包括野化家猪和野猪），对猪和非洲猪种进行了区分。

所有品种的猪均易感染非洲猪瘟而致病，但非洲野生猪却感染而不致病，是非洲猪瘟病毒的储存库。钝缘蜱属（*Ornithodoros*）中的软蜱是该病毒的自然宿主，是病毒感染的生物学媒介。

本《陆生动物卫生法典》将猪（*Sus scrofa*）非洲猪瘟的潜伏期定为15d。

诊断试验标准见《陆生动物卫生手册》。

第15.1.2条

确定国家、区域或生物安全隔离区的非洲猪瘟状况

确定国家、区域或生物安全隔离区的非洲猪瘟状况时，需要首先考虑以下适用于家猪和野生猪的标准：

1) 非洲猪瘟在整个国家应是法定通报疫病，必须对所有非洲猪瘟疑似病例进行实地调查和实验室检测；

2) 应持续实施宣传教育计划，以鼓励对非洲猪瘟疑似病例的报告；

3） 兽医主管部门应了解、掌握当前全国、区域或生物安全隔离区所有家猪的情况，并有权对其进行管理；

4） 兽医主管部门应了解当前国家或区域内野生猪的品种、群体数量及其栖息地。

第15.1.3条

非洲猪瘟无疫国、无疫区或生物安全隔离区

1. 历史无疫状况

国家或区域如未实施专项监测计划，但只要符合本法典第1.4.6条的规定，即可被视为无非洲猪瘟国家或区域。

2. 实施根除计划后无疫状况

如果一个国家、区域或生物安全隔离区没有达到上述第1点的要求但符合下述条件，亦可视为非洲猪瘟无疫国、无疫区或无疫生物安全隔离区：

a） 在过去3年中无非洲猪瘟暴发；如流行病学调查未发现软蜱，这一期限可减至12个月；

b） 在过去12个月中没有非洲猪瘟病毒感染迹象；

c） 在过去12个月中一直对家猪进行监测；

d） 进口家猪符合本章第15.1.5条或第15.1.6条规定。

且

监测结果表明该国家或区域的任何野生猪无非洲猪瘟感染，且

e） 在过去12个月中，未发现野生猪表现非洲猪瘟临诊症状及携带病毒的证据；

f） 在过去12个月中，6～12月龄野生猪中没有检测到血清学阳性动物；

g） 进口野生猪符合本章第15.1.7条规定。

第15.1.4条

恢复非洲猪瘟无疫状况

无疫国、无疫区域或无疫生物安全隔离区在暴发非洲猪瘟疫情后，如已实施监

测措施且结果为阴性，并满足下列条件，可恢复无疫状况。

1) 在实施扑杀政策的情况下，应在最后一例病例处置后至少等待3个月方可恢复无疫状况，并且如怀疑有软蜱传播时，应在使用了杀螨剂和哨兵猪之后才可考虑恢复无疫状况；或

2) 在未实施扑杀政策的情况下，应符合本章第15.1.3条第2点规定。

且

监测结果表明，该国家或区域的任何野生猪群无非洲猪瘟感染。

第15.1.5条

关于从非洲猪瘟无疫国、无疫区或无疫生物安全隔离区进口的建议

家猪

兽医主管部门应要求出示国际兽医证书，证明动物：

1) 装运之日无非洲猪瘟临诊症状；

2) 自出生或至少在过去40d内，一直饲养在非洲猪瘟无疫国、无疫区或无疫生物安全隔离区。

第15.1.6条

从感染非洲猪瘟国家或区域进口的建议

家猪

兽医主管部门应要求出示国际兽医证书，证明动物：

1) 装运之日无非洲猪瘟临诊症状；

2) 自出生或至少在过去40d内，一直饲养在无非洲猪瘟生物安全隔离区。

第15.1.7条

从非洲猪瘟无疫国或无疫区进口的建议

进口野生猪

兽医主管部门应要求出示国际兽医证书，证明动物：

1) 装运之日无非洲猪瘟临诊症状；

2) 野生猪是从非洲猪瘟无疫国或无疫区捕获；

且，若是从毗邻野生猪感染区捕获的动物，则：

3) 装运前应在检疫站至少隔离40d，并在进入检疫站至少21d后进行病毒学和血清学检测，结果阴性。

第15.1.8条

关于从非洲猪瘟无疫国、无疫区或无疫生物安全隔离区进口的建议

进口家猪精液

兽医主管部门应要求出示国际兽医证书，证明：

1) 供体动物

    a) 从出生或采集前至少40d内，一直饲养在非洲猪瘟无疫国、无疫区或无疫生物安全隔离区；

    b) 采集之日无非洲猪瘟临诊症状；

2) 精液的采集、加工和贮存符合本法典第4.5章和4.6章规定。

第15.1.9条

关于从被视为感染非洲猪瘟国家或区域进口的建议

进口家猪精液

兽医主管部门应要求出示国际兽医证书，证明：

1) 供体动物

    a) 从出生或采集前至少40d内，一直饲养在无非洲猪瘟生物安全隔离区；

    b) 采集之日及随后的40d内，无非洲猪瘟临诊症状；

2) 精液的采集、加工和贮存符合本法典第4.5章和4.6章规定。

第 15.1.10 条

关于从非洲猪瘟无疫国、无疫区或无疫生物安全隔离区进口的建议

进口家猪体内胚胎

兽医主管部门应要求出示国际兽医证书，证明：

1) 供体母猪

    a) 自出生或采集前至少40d内，一直饲养在非洲猪瘟无疫国、无疫区或无疫生物安全隔离区；

    b) 采集之日无非洲猪瘟临诊症状；

2) 胚胎的采集、加工和贮存符合本法典第4.7章和第4.9章相关规定。

第 15.1.11 条

关于从认为感染非洲猪瘟国家或区域进口的建议

进口家猪体内胚胎

兽医主管部门应要求出示国际兽医证书，证明：

1) 供体母猪

    a) 自出生或采集前至少40d内，一直饲养在无非洲猪瘟生物安全隔离区；

    b) 采集之日及随后的40d内，无非洲猪瘟临诊症状；

2) 胚胎的采集、加工和贮存符合本法典第4.7章和第4.9章规定。

第 15.1.12 条

关于从非洲猪瘟无疫国、无疫区或无疫生物安全隔离区进口的建议

进口家猪鲜肉

兽医主管部门应要求出示国际兽医证书，证明该批肉品都来自符合以下条件的动物：

1) 自出生或至少在过去40d内，一直饲养在非洲猪瘟无疫国、无疫区或无疫生物安全隔离区，或符合本章第15.1.5条或第15.1.6条规定；

2) 在批准的屠宰场屠宰，依照本法典第6.2章的规定，经宰前检疫和宰后检验，未发现任何非洲猪瘟感染迹象。

第 15.1.13 条

关于从非洲猪瘟无疫国或无疫区进口的建议

进口野生猪鲜肉

兽医主管部门应要求出示国际兽医证书，证明：

1) 该批肉品均来自符合以下条件的动物：

   a) 猎杀于非洲猪瘟无疫国或无疫区；

   b) 在批准的检验中心，按照本法典第6.2章的规定，经宰后检验，且未发现任何非洲猪瘟感染迹象。

且，如猎杀地毗邻野生猪非洲猪瘟感染区，则：

2) 从每头猪采集一份样本，经病毒学和血清学检验为非洲猪瘟阴性。

第 15.1.14 条

关于猪肉产品（包括家猪的或野生猪的），用于动物饲料、农业或工业、医药或外科手术的动物源性产品（来源于新鲜猪肉），来源于野生猪的装饰品的进口建议

兽医主管部门应要求出示国际兽医证书，证明：

1.   产品加工自：

    a)   仅源于符合本章第15.1.12条或第15.1.13条规定的鲜肉；

    b)   加工企业：

        i)   经兽医主管部门批准的出口型企业；

        ii)   只加工符合本章第15.1.12或第15.1.13条规定的肉品；或

2.   产品在兽医主管部门批准的出口型企业加工，以便保证杀灭非洲猪瘟病毒，以及加工后采取必要的预防措施，避免与任何含有非洲猪瘟病毒源的产品接触。

第 15.1.15 条

关于用于动物饲料或农业、工业的动物源性产品（猪源，但非来源于新鲜猪肉）的进口建议

兽医主管部门应要求出示国际兽医证书，证明：

1.   产品加工自：

    a)   仅源于符合第15.1.12条或第15.1.13条规定的鲜肉；

    b)   加工企业：

        i)   由兽医主管部门批准的出口型企业；

        ii) 只加工符合第15.1.12条或第15.1.13条规定的

        产品；或

2.   产品在兽医主管部门批准的出口型企业加工，以便保证杀灭非洲猪瘟病毒，以及加工后采取必要的预防措施，避免与任何含有非洲猪瘟病毒源的产品接触。

第 15.1.16 条

关于猪鬃的进口建议

兽医主管部门应要求出示国际兽医证书，证明：

1.　产品来自非洲猪瘟无疫国、无疫区或无疫生物安全隔离区，或

2.　产品在兽医主管部门批准的出口型企业加工，以便保证杀灭非洲猪瘟病毒，以及加工后采取必要的预防措施，避免与任何含有非洲猪瘟病毒源的产品接触。

第 15.1.17 条

关于猪垫草和肥料的进口建议

兽医主管部门应要求出示国际兽医证书，证明：

1.　产品来自非洲猪瘟无疫国、无疫区或无疫生物安全隔离区，或

2.　产品在兽医主管部门批准用的出口型企业加工，以便保证杀灭非洲猪瘟病毒，并加工后采取必要的预防措施，避免与任何含有非洲猪瘟病毒源的产品接触。

非洲猪瘟应急计划

（资料来源：FAO）

一、前 言

非洲猪瘟（ASF）是最严重的跨国界猪病之一，不仅能引起猪群高死亡率、造成严重的经济损失和社会影响，而且传播迅速、传播无国界、无有效的治疗措施或者防疫用疫苗。

对于跨国界动植物病虫害紧急预防系统（EMPRES）来说，跨境动物疾病（TADs）是指那些对相当数量的国家的经济贸易和食品安全产生巨大影响，可以很容易地从一个国家蔓延到另一个国家并达到较高的流行比例，并且要求进行包括拒绝入境在内的控制和管理措施的需要国际合作的疾病。世界动物卫生组织（OIE）的《陆生动物卫生法典》将非洲猪瘟归入到先前的A类疾病名录中。A类疾病的定义是"可以跨越国家边境严重的和快速的传播，对社会经济或者公共健康具有非常的重要性并在动物及动物产品的国际贸易中产生主导性的影响的传染疾病"。

本应急预案提供了关于非洲猪瘟的特性及其预防、发现、控制和消除的策略方案，对受非洲猪瘟威胁的国家制定防控政策以控制、根除或防止该病的传入提供指南。本应急预案规定了全国性非洲猪瘟应急计划所需的人员、器械和设施，给出了应急计划的格式和内容建议。应急预案编制过程中，参考了世界动物卫生组织《陆生动物卫生法典》。建议本手册与粮农组织的全国动物疾病应急计划的编制手册(2008修订版）共同使用。

二、缩写和缩略语

ASF	非洲猪瘟
ASFV	非洲猪瘟病毒
AUSVETPLAN	澳大利亚兽医应急计划
CCEAD	紧急动物疾病咨询委员会
CSF	传统猪瘟
CVO	首席兽医官
DCP	危险接触场所
DVS	兽医局局长
EDTA	乙二胺四乙酸
ELISA	酶联免疫吸附试验
EMPRES	跨界动植物病虫害紧急预防系统
FAO	联合国粮农组织
FMD	口蹄疫
GPS	全球定位系统
IATA	国际航空运输管理局
IP	感染场所
NGO	非政府组织
OIE	世界动物卫生组织
PCR	聚合酶链反应
PDNS	猪皮炎/肾病综合症
PRRS	猪繁殖与呼吸综合征
SS	Schweiger-Seidel 施魏格尔-赛德尔
TAD	跨境动物疾病
TADinfo	跨境动物疾病信息系统
WAHID	世界动物卫生信息数据库
WHO	世界卫生组织

第1章　建议的格式以及全国应急计划的内容

非洲猪瘟应急计划是由政府精心制定的战略性文件，规定了在出现非洲猪瘟紧急情况时要采取的行动。该计划应该包含在紧急情况下所需的资源的详细情况，以及迅速、有效地部署人力和物力以有效地控制疾病并消除感染的行动计划。尽管制定一个样板应急计划来完全适合所有情况是不可行的，但这里描述的格式以及内容可以作为制定全国非洲猪瘟应急计划的指导方针。建议全国非洲猪瘟应急计划应该包括如下段落中概述的内容。

一、疾病的自然特性

本部分应该描述非洲猪瘟的基本特征，比如：

- 病因、世界范围的演变和分布；
- 流行病学特征；
- 临床症状；
- 病理变化；
- 免疫；
- 诊断：现场诊断、鉴别诊断和实验室诊断。

上述内容中，大部分都是各个国家防控通用的内容，几乎可以不用修改进行使用，但某些地方需要进行修改以反映本国家当时的情况。

二、风险分析

风险分析可以提供如下内容：非洲猪瘟的威胁有多么严重，非洲猪瘟在哪里，以何种方式存在以及其潜在后果是什么的信息。风险分析应该显示需要投入多少措施到应急计划中，应该对于所选择的疾病控制战略提供基本理由。一般来说，风险分析应包含4个部分：风险或者危害识别、风险评估、风险缓解措施以及将风险告知所有的当事人（生产商、兽医从业者、贸易伙伴、执行者、兽医、消费者等）。

风险分析应该根据内外部环境因素的变化定期更新，比如全国和全球经济、国际贸易和市场机会、猪的种群密度（包括野猪）、旅游、动物卫生体系的变化以及客户需求。

三、预防策略

预防策略描述了应该使用的检疫、养殖场生物安全措施以及其他措施，以便将非洲猪瘟的引入和发生风险降至最低。

四、早期预警应急计划

应急计划应该包括所要采取的所有措施，以确保非洲猪瘟侵入后在其达到流行比例之前被发现并应对。同时，应监督根除运动的进展，包括：疑似病例的定义；确诊病例的定义；疾病监测以及流行病学能力，比如紧急疾病报告机制以及动物卫生信息体系；对动物卫生人员、养猪生产者以及市场中间商进行非洲猪瘟识别的培训和公众认知规划。

五、控制和根除策略

缺乏疫苗免疫的情况下，在很早以前从发病地区根除或者消灭非洲猪瘟的唯一可行的策略就是建议全部扑杀。但这种措施受到伦理、环境、资金和现实考虑的影响。尽管目前尚没有可接受的替代扑杀的方法，但一个国家必须对如何进行控制以及根除疫情作出强制规定。该部分属于应急计划的核心部分，应该描述如何实施控制，应考虑所有与该国的生猪生产、分布和猪群管理，是否存在野猪、野猪数量，以及实施控制措施的能力等相关的因素。控制策略还应包括如何证实疾病已根除，以及全国的、区域的或者局部地区无非洲猪瘟疫情状态的国际标准。

六、应急时的组织安排

一般来说，全国的兽医部门的行政结构是为了处理例行的全国动物卫生工作，一般都没有为应急疾病控制做准备或者分拨专项资金。这一部分描述了当出现非洲猪瘟紧急事件时需要建立的组织安排。目的是确保所有必要的资源进行有效配给来应对紧急事件。这些组织安排根据不同国家的基础设施、兽医部门的能力和机构框架而有所不同。

七、支持计划

包括财政计划、资源计划以及立法。这些计划对于控制措施实施的成败极为重要，常起到关键作用。

八、行动计划

行动计划描述了执行一个计划的不同阶段的机制，从最初的调查到最终的停止阶段，涉及重建和恢复阶段的机制，以及编制获取的反馈以将已有的教训纳入到全国应急计划中。

九、附录

附录应该提供24h联系人列表信息，包括地址、办公室以及手机号码、传真号码和电子邮件地址。应对联系人信息定期更新。另外，如下内容也应该包括在应急计划的附录中：

- 目前非洲猪瘟的区域性分布和世界参考实验室；
- 可能提供支持的区域性和国际性组织。

还应该包括某个特定国家的全国动物卫生法律以及其他相关数据，如猪的存栏数量和分布、野猪种群的分布等。

需要重点强调的是，以上仅仅提供了非洲猪瘟全国应急计划的框架。每个国家应考虑其特殊国情制定。

第2章　疾病的自然特性

一、定义

非洲猪瘟是家猪的一种高度传染性疾病，主要表现为出血热，死亡率接近100%。该病常对生猪生产造成灾难性影响，不仅能引起严重的社会经济后果，而且威胁食品安全。非洲猪瘟是一种严重的跨境动物疾病（TAD），具有迅速在全球蔓延的可能性。

二、全球分布

非洲猪瘟最早在1921年由Montgomery于肯尼亚报道。随后，在非洲南部和东部大部分国家都有过报道。病毒或者存在于疣猪（疣猪属）与钝缘蜱之间的古代森林循环，或者存在于不管有或没有蜱的参与但涉及地方品种猪的家畜循环中。

1957年，非洲猪瘟扩散到葡萄牙，几乎可以肯定的是从安哥拉传播而来。尽管看起来是被根除了，但在1959年二度出现，导致该疾病在接下来的几十年内传播到整个伊比利亚半岛以及欧洲的其他几个国家，包括法国、意大利、马耳他、比利时以及荷兰。但是，非洲猪瘟只在西班牙和葡萄牙以及意大利的撒丁岛上站稳了脚跟。西班牙和葡萄牙根除非洲猪瘟花费了30多年的时间，而在意大利的撒丁岛，非洲猪瘟目前仍然属于地方病。1999年下半年，葡萄牙再次暴发非洲猪瘟，但疫情很快被根除。

1977年，非洲猪瘟传播到古巴，疫情被根除，损失了40万头猪。1978年，巴西和多米尼加共和国暴发疫情，1979年在海地、1980年在古巴分别发生非洲猪瘟。这些国家根除非洲猪瘟都是通过大规模的屠宰生猪而实现的。这些疫情的暴发是源自欧洲还是非洲没有定论。有报道说，前苏联在1977年暴发过一次非洲猪瘟疫情。

西非的第一例非洲猪瘟报告是发生在1978年的塞内加尔以及1982年的喀麦隆，尽管有说尼日利亚在20世纪70年代暴发过疫情，佛得角至少从1960年就有非洲猪瘟的感染。这些感染是从中部非洲传播而来还是从欧洲进口而来，还是个有争议的问题。除了圣多美和普林西比（该国于1992年根除非洲猪瘟），在1996年之前没有其他西非国家报告过非洲猪瘟。1996年开始流行的一场非洲猪瘟疫情，导致西部非洲、南部非洲以及东部非洲的多个国家第一次感染非洲猪瘟，并使先前已感染过非洲猪瘟的国家疫情更加严重起来。1997—1998年马达加斯加发生非洲猪瘟，毛里求斯在2007年暴发非洲猪瘟。非洲猪瘟在相当数量的非洲国家持续存在肯定对其他地区构成严重威胁。

2007年6月，格鲁吉亚报告了非洲猪瘟疫情，疫情几乎遍布全国。2007年10月，亚美尼亚确诊非洲猪瘟。在靠近格鲁吉亚边境的车臣共和国（俄罗斯的南部联邦国家）死亡的一群野猪也确诊为非洲猪瘟。2008年，俄罗斯联邦的其他部分地区也确诊了这种疾病。

三、病原学

非洲猪瘟由DNA病毒感染引起，根据形态特点，以前被归入虹彩病毒科。后来被认为更像痘病毒科的成员，目前划归为非洲猪瘟病毒科、非洲猪瘟病毒属，非洲猪瘟病毒是该科唯一的成员。与其他DNA病毒不同的是，ASFV是一种真正的虫媒病毒，能在脊椎动物和无脊椎动物宿主中繁殖。尽管只有单一血清型，但已经发现了20种以上具有不同毒力的基因型和众多的基因亚型。

四、流行病学特征

（一）易感种群

只有猪科动物易感。

家猪不分年龄、性别，对非洲猪瘟高度易感。但在中部非洲和某些地方猪群中，曾观察到即使在强毒株引起的非洲猪瘟疫情暴发期间仍有比预计要高的存活率的现象。病毒的持续流行可能会促使暴露猪群对该病毒产生固有的抵抗力，改变特有的毒力特性。所有的非洲野猪易感染ASFV，但不表现临床症状。疣猪是ASFV的主要宿主，非洲野猪和大森林猪曾经被发现感染ASFV，但这些野猪在该病的流行中所起的作用尚不明确。

欧洲野猪极易感染非洲猪瘟，死亡率与家猪差不多。美洲野猪（可能部分来自欧洲野猪）已被证实极易受到试验感染，正如欧洲野猪驯养的后裔和南非的家猪一样。除了美国红颈野猪彻底不易感外，尚没有对其他未发生非洲猪瘟地区的野猪是否对ASFV易感进行过调查。

人对非洲猪瘟不易感。

（二）病毒存活

1. 在环境中　在适宜的蛋白质环境中，病毒可在广泛的温度和pH值范围内存活。有证据显示，ASFV可在室温下血清中存活18个月，在冷藏的血液中存活6年，在37℃的血液中存活1个月。60℃经30分钟才可灭活病毒。在实验室，−70℃时ASFV能否保持感染性尚不确定，但是如果在−20℃环境中长时间保存则能被灭活。如果缺乏蛋白质媒介，病毒存活能力大大降低。通常在4～10的pH值范围内，ASFV保持稳定，但是在适宜的媒介（如血清）中，ASFV在更低和更高的pH从几个小时到3d之间仍然保持活性。腐败物不一定灭活该病毒，ASFV可在排泄物中存活至少11d，在已腐败的血清中存活15周，而在骨髓里可保存数月。另一方面，从腐败的标本中培养病毒经常不成功，可能是由于培养系统中细胞碎片和酶的毒性作用所致。

在没有保护的情况下，ASFV迅速被阳光和干燥灭活。已经证实在热带国家的猪舍即使是在没有清洗和消毒的情况下，其感染性不会持续超过3天。但是在富含蛋白质且潮湿的环境中，比如泥浆中，大量的ASFV可以持续存活。

由于其耐pH范围宽，在控制非洲猪瘟的过程中，只有某些杀毒剂是有效的。

2. 在宿主体内　在感染ASFV之后，家猪在临床症状显现之前24～48h可能排出感染剂量的病毒。在急性期，分泌物和排泄物中潜伏有大量的病毒，尤其在组织和血液中病毒滴度较高。在急性期后存活下来的猪几个月内仍保持感染性，但排毒期一般不超过30d。野猪只在淋巴结中存在感染水平的病毒，其他组织中在感染2个月后不可能含有感染水平的病毒。其他野猪或者家猪淋巴组织中感染水平的病毒维持的确切时间还不清楚，可能个体的差异比较大。家猪一般不超过3个月。

钝蜱寿命很长，可以保存ASFV达数年之久，仅仅出现感染性降低。寄居在猪舍的软蜱在保存和传播ASFV中的作用已经在非洲（如马拉维）和欧洲充分显现。在伊伯利亚半岛，软蜱（*Ornithodoros erraticus*）对非洲猪瘟在当地的盛行起到很大的作用，有可能是1999年葡萄牙非洲猪瘟大暴发的原因，那时活猪被引入仍然有蜱存在的废弃猪圈中饲养。在加勒比地区和北美地区出现的几种蜱属的蜱可以供养并传播ASFV，但是很明显，蜱与非洲猪瘟在加勒比地区的暴发没有关系，在撒丁岛并没有蜱。

正如古典猪瘟那样，在缺乏蜱的情况下，家猪群持续保持ASFV可能依赖于大量的、不同生长阶段的猪群的存在，猪群的高繁殖率确保了能持续供应非洲猪瘟的易感猪只。

3. 在动物产品中　ASFV在食品中，比如冷藏肉（最少15周，如果是冷冻的话时间会更长些）和没有经过高温烹煮或者烟熏的火腿和香肠（3~6个月）保持感染性的能力，对非洲猪瘟的传播有重要的影响。欠熟的猪肉、干制、熏制和腌制的猪肉以及猪血或者猪屠体粉如果被作为饲料喂给生猪是很危险的。

（三）疾病传播

在疣猪和钝缘蜱属软蜱之间的森林循环中，疾病的传播通常发生于蜱与新生疣猪以及蜱与家猪之间。成年疣猪，即使其淋巴结中含有感染剂量的ASFV，也不会储存足够的病毒或产生病毒血症来感染其他猪只或者吸食这些疣猪血液的蜱。在钝蜱中，ASFV可经卵传播、跨龄传播，也可经交配由雄性蜱传播给雌性蜱。（表1）

对大量的外寄生虫，包括猪虱、疥螨和寄生在猪上钝缘蜱以外的蜱属，比如扁头蜱的调查已经显示它们既不能贮藏ASFV，也不能机械传播这种病毒。只有螫蝇属中的稳蝇中已经发现可以贮藏并传播感染剂量的病毒达24~48h。

在疫情发生过程中，与被感染的猪及其分泌物和排泄物直接接触是病毒传播的最重要途径。感染一般通过口鼻途径发生。除非生产商或者贸易商接受控制措施，

表 1　不同蜱作为载体对 ASFV 传播的能力

蜱	地理分布	经卵传播	跨龄传播	是否传播给猪	注释
O. marocanus = O.erraticus	伊比利亚半岛和北非	否	是	是	存在于猪圈，在家猪中保持循环
O. porcinus porcinus	南部和东部非洲	是	是	是	存在于疣猪洞穴，在疣猪中保持森林循环
O. porcinus domesticus	南部和东部非洲	是	是	是	存在于猪圈，在家猪中保持循环
O. moubata	南部和东部撒哈拉以南非洲，马达加斯加，塞拉利昂有 1 次记录（疣猪洞穴）				
O. coriaceus	美国	否	是	是	
O. turicata	美国	?	?	是	实验室条件下不能传播 ASFV，但田间采集的蜱可以有效传播病毒
O. parkeri	美国	?	?	否	不能传播 ASFV，但是供研究的唯一样本是一份保存 15 年的实验室菌落
O. puertoricensis	加勒比	是	是	是	在实验室条件下已经证实是一种有效的载体，但是在海地和多米尼加共和国的非洲猪瘟根除行动中采集到的样本中没有发现大量的病毒
O. savignyi	西部和南部非洲	?	?	是	是一种沙漠蜱，与疣猪无关
O. sonrai	在北非萨赫勒（向南延伸到塞内加尔南部范围）				通过聚合酶链反应，在 2004 年和 2005 年暴发疫情的农场的 4/36 蜱中发现 ASFV 基因组
其他载体（厩螫蝇）					可以贮藏 ASFV 48h，并可以传染给猪

注：“？”表示传播途径不明。

否则，猪只常被迅速转移以避免染上疾病并逃避无补偿的强制扑杀。

当存在高度的环境污染时，ASFV可能通过污染物——被污染的车辆、设备、仪器以及衣物传播。通过污染针头可发生医源性传播，比如猪群的预防接种或者细菌性疾病治疗时，如丹毒，没有合理地消毒或更换针头。尽管废物处理经常是经由河流和其他水体进行的，由饮水而传染由于病毒的稀释作用基本不可能。然而，当河道被用于处理动物尸体，通过腐肉饲喂动物极易传染病毒。空气传播已被证实在非常近的距离发生。

泔水喂猪，特别是源于飞机和轮船的泔水，已经被认为是未发生过感染区域发生新感染的一个主要来源。含有大量被感染猪的猪肉的泔水常具有很高的传染风险，这类泔水可能已经导致了很多起疫情的暴发。在猪只散养地区，安全清除感染生猪屠宰后的内脏和下脚料意义重大。当发生疫情时，随着猪只的死亡会有大量的被感染猪的肉在市场出现。过剩的猪肉可能被晾干或者经过其他的不能灭活病毒的方法处理，因而，在用其饲喂生猪时，感染的风险就更大。

五、临床症状

潜伏期从5~15天不等。临床表现通常是超急性或急性死亡。亚急性和慢性病例持续时间较长，但多数终归死亡。亚急性和慢性病例多由低毒力毒株感染引起，曾经发生在欧洲和加勒比海地区，但是在非洲很少见，表明大多数已知的ASFV是强毒力毒株。

各年龄段猪只死亡率高是猪瘟（非洲猪瘟或者典型猪瘟）的一个主要指标。

非洲猪瘟临床症状的发展可归咎于在ASFV感染后，病猪全身和局部能释放一种被称为肿瘤坏死因子（TNF-α）的炎性细胞因子（一类由感染或者受激细胞释放的蛋白质）。肿瘤坏死因子参与了非洲猪瘟主要临床表现的致病过程，如血管内凝血、血小板减少症、局部组织损伤和出血、细胞死亡和休克等。

1．超急性型　猪一般在没有前兆的情况下死亡。横卧，伴有高热，在白猪中表现为腹侧区和四肢发红，某些猪死亡之前可以观察到寻找荫凉、蜷缩在一起以及快速浅呼吸。

2．急性型　猪持续高热达42℃，表现为沉郁、缺乏食欲、蜷缩在一起、寻找荫凉、有时会找水喝并且不愿意活动。白皮猪皮肤充血、发绀，特别是耳朵、小腿和下腹部。眼和鼻黏液排出物可能明显可见。有腹痛迹象，比如背部拱起、不安躲避和侧踢可能会发生。呕吐是常见现象，病猪或者便秘，粪便又小又硬并带有血液和黏液，或者血性腹泻，尾及会阴部全是污物。通常会出现由于后肢虚弱导致的运动失调。呼吸困难，有时有气泡，嘴和鼻孔出血，表明有肺水肿，肺水肿是死亡的主要原因。存活更长时间的猪会出现神经症状，包括由病毒性脑炎/血管炎或者临终前自然出现的抽搐。在黏膜和皮肤上可见点状（瘀点）到更大的（瘀癍到瘀青）出血。高热常导致任何阶段的怀孕母猪流产，但不会发生垂直传播。临床症状的持续时间一般2～7d，但也可能更长。表面上症状消失后可能会复发并导致死亡。死亡率接近100%。从急性感染中恢复的猪一般都无症状。

3．亚急性型　可以存活更长时间的猪一般都是感染了毒力较弱的毒株，病猪表现波状热。由于病猪发生间质性肺炎，常导致呼吸急促和有痰性咳嗽。有些病例可能继发细菌感染。关节疼痛、红肿。数周或者数月不等的一段时间内死亡。有的病猪恢复过来或者发展成慢性型。由于急性或者充血性心力衰竭引起的心肌损害可能导致死亡。

4．慢性型　慢性型非洲猪瘟病猪一般极度消瘦和发育不良，被毛无光泽。常可见肺炎、跛行、疼痛和溃疡病征。多数病猪容易继发细菌感染。它们可能存活数月，但是一般不能康复。

六、病理变化

1．剖检病变

（1）超急性型　除了天然孔出血和在体腔内有体液轻度积聚，通常伴有突然死亡外，几乎没有其他的病变。

（2）急性型　尸体常处于良好状态。在白皮猪中，四肢和腹部表面有紫绀，皮下可见明显出血，黏膜经常被挤塞出血。当剖开尸体，在体腔及心包可见稻草色到血色的液体。实质器官充血，浆膜表面可见出血。肾脏皮质、脾包膜和肺经常出现点状出血，心外膜和心内膜及胃肠浆膜多发生较大面积的出血。脾发生轻微到相当大程度的肿大、质软、色黑、边缘呈钝圆形。脾可能出现周边血管梗塞，此时脾一般略微肿大。淋巴结，特别是胃与肝部位、肠系膜、肾和下颌淋巴结肿大并且严重出血，类似血栓。胃黏膜严重充血、失血，有时出现坏死；胆囊和膀胱出血。有时可见胆囊壁稻草色胶质增厚。肺由于积液而肿大，气管内充满泡沫并混有血液。病猪常有严重的血小板减少症，多因消耗性血管内凝血所致，而不是病毒对巨核细胞直接作用的结果。在死亡之前经常出现弥散性血管内凝血。

（3）亚急性和慢性型　主要特征是消瘦、间质性肺炎、淋巴结肿大。慢性病例中淋巴结变硬和纤维化。

2. 组织病理学　组织病理改变都归因于病毒对巨噬细胞的作用，其会导致这些细胞的大规模的破坏，伴有细胞因子释放。

非洲猪瘟最显著的病理特征是淋巴组织大规模的核碎裂，经常伴有大出血。脾的Schweiger-Seidel（S-S）鞘几乎消失。由于内皮细胞坏死和炎症介质泄漏，血管壁特别是淋巴组织的血管壁常常出现纤维素样变化。其他的病理变化包括间质性肺炎、纤维蛋白和巨噬细胞的积聚，带透明滴状吸收的肾小管变性，带有巨噬细胞和淋巴细胞性脑膜脑炎的肝门束在肝脏中的渗透等。

七、免疫

对于超急性型或者急性型病例中存活的发病猪，在临床症状开始出现之后7～12d，血清中可检测出非洲猪瘟特异性抗体，并且可以持续很长时间，有可能终生带有抗体。非洲猪瘟抗体不能完全保护家猪不在以后发生感染，尽管有报道说对同源的病毒株的感染具有某种程度的免疫保护作用。血清学阳性母猪可通过初乳将抗体传递给仔猪。在亚急性和慢性病例，病猪在有抗体存在的情况下病毒仍可进行复制。组织中免疫复合物的沉积常常是亚急性和慢性病例中观察到多种病变的主要原因。

因为没有非洲猪瘟疫苗，在猪体中检测到抗体可以确定猪群发生自然感染。该病毒与其他病毒没有任何已知的血清学交叉反应。

八、诊断

1. 现场诊断　各日龄猪出现超高的死亡率很可能就是非洲猪瘟或者典型猪瘟所致。其他指标还包括典型的临床症状、病理损害、抗生素无效以及没有涉及其他牲畜等。应通过实验室诊断鉴别非洲猪瘟、古典猪瘟和其他病原导致的猪病。

2. 鉴别诊断　应注意古典猪瘟与非洲猪瘟的鉴别诊断。二者的临床症状和肉眼可见的病变可能相同，上述的细微差别不具有特征性或不是每个病例都能观察到。古典猪瘟中描述的在回盲交界处的纽扣状溃疡一般看不到，脾梗塞在这两种病中发生率相似。因此，任何怀疑猪瘟病例时应进行二者的实验室鉴别诊断。

可能在临床症状上与非洲猪瘟发生混淆的疾病还有如下几种：

★ 其他与非洲猪瘟具有某些共同特征的病毒性疾病有猪生殖与呼吸综合征（PRRS）和猪皮炎/肾病综合征（PDNS）。PRRS死亡率很高，PDNS是与猪圆环病毒2型感染相关的几种疾病表现之一。PDNS通常感染育肥猪，感染猪皮肤呈暗红色的斑点状到成片的皮肤损伤，特别是在后肢，此外可出现严重的肾损害。该病发病率低，但感染猪死亡率高。

★ 细菌性败血病，如猪丹毒、巴氏杆菌病和沙门氏菌病，也常感染某些特定猪群，但该病发病率和死亡率低，适当的抗生素治疗有效，细菌和病理组织学检查可确诊。也应注意与急性和全身形式的炭疽鉴别诊断，但通常表现为咽型炭疽，与非洲猪瘟不同。

★ 鼠药中毒会引起严重的大出血和死亡。一般在一群猪中只有几头发病，但尸检时不能看到血凝块。

★ 食用霉变饲料引起的霉菌中毒，如黄曲霉毒素中毒和穗霉菌中毒，会引起出血和高死亡率。在穗霉菌中毒中，出现明显的淋巴组织的核破裂。虽然这些可以引起任何年龄的猪只死亡，但特定年龄组的猪通常更易受到伤害，因为不同年龄组猪的饲料配给量不同。确诊需要通过实验室分析饲料或肝脏，但不是所有兽医诊断实验室都具备分析能力。

★ 急性的意外中毒或者恶意下毒可以导致各年龄段的猪在很短的时间里死亡，但是死亡时间一般比非洲猪瘟死亡时间还要短，有的有临床症状和病理损害，但不发热。需要进行胃肠内物质或者器官的毒理分析来进行确认。

亚急性型和慢性型非洲猪瘟很难与古典猪瘟以及其他引起猪群损失的疾病相区别，有继发感染时，诊断更加困难。

3. 实验室诊断　ASFV或抗体检测可以对疑似非洲猪瘟作出实验室确诊。由于大多数发生急性非洲猪瘟的猪只在产生抗体之前就死亡，所以病毒的检测在非洲猪瘟的实验室诊断中非常重要。

进行非洲猪瘟实验室诊断的详细操作程序见OIE出版的《诊断试验和疫苗标准

手册》。以下是一个概要，重点强调一下试验中的关键环节。

（1）诊断样本的采集和运输　进行病毒分离或抗原检测最好选择以下样本：

● 组织样本　无菌采集的淋巴结、脾和扁桃体，冷藏保存，不能冷冻；

● 从发热开始最多5d以内的EDTA或肝素抗凝全血，无菌采集。如果样本是用于PCR检测，则只能使用EDTA抗凝；

● 如果只有腐烂的猪尸体可供取样，应采集骨髓以进行PCR等特定方法的检测。

要进行抗体检测，血液样本应收集在无抗凝剂的采样管中。可以选择使用滤纸条或者毛细管等多种采集血液的方法。样品采集前应该事先与诊断实验室协商。

脾、淋巴结、肺、肝、肾和脑等组织可以收集在含10%福尔马林的缓冲液中，用于病理组织学检查和免疫过氧化物酶方法检测。

全血和未经防腐处理的组织样本应该进行冷藏并放在干冰或者冷冻凝胶冰块上运输。若做不到低温运输或者不可能进行冷藏，则可用含50%无菌甘油盐水溶液（50%甘油和0.8%的NaCl）保存，这种条件下保存的样品能用于病毒培养。添加抗生素（200单位青霉素+链霉素200毫克/毫升）可以防止细菌生长。使用甲醛-甘油盐水保存样本可用于检测病毒DNA，但不能用于病毒培养。如果目的是进行病毒培养，则不建议冷冻保存和运输，因为ASFV在-20℃容易被灭活。

如果可能的话，在运输之前对用于血清学检测的样本应该进行离心处理，或者去除血凝块。样品采集后，用于提取血清的血液样本在冷藏之前，应该在室温下静置足够的时间使血细胞凝集。倒置样品管，可以很容易去除血块，然后更换塞子，将样本如组织样本描述的那样放置在冰上或者进行冷冻。

诊断样本应该放置在牢固且防水密封的容器中，一般是有旋盖塑料容器。血液或者血清多放在真空采血管中。将样品管包裹在一个有吸收性能的材料中，然后放置在防漏的二级容器中，该容器一般为塑料或者聚苯乙烯冷藏保温箱，最外面是硬的外包装盒。用防水墨标记后，发运到诊断或参考实验室。如果样本是从热的环境条件下运往国家诊断实验室，建议使用带冰或者冷冻包装的冷箱。如果通过空运发送样本，应该遵守国际航空运输管理局（IATA）的规则。关于承运人、提单编号以及运到时间的信息应该事先告知实验室。与接收实验室的事先联系交流是必须的，以确保该实验室为接收包裹做好准备并且遵照指示进行操作（包括进出口许可）。

所有的样本应该附有以下基本信息：畜主姓名、猪场位置、简史（猪死亡数量和日期、猪龄、临床症状）、采集日期、怀疑的疾病以及要求进行的检测。如果提交了几个样本，每一个样本都应该用防水墨进行标记并分配一个编号，标明所附的信息。

只能在具备条件和资格的实验室由经过培训的专业人员进行实验室诊断。

（2）病毒分离　只能在具备条件和资格的实验室由经过培训的专业人员进行病毒分离操作。

ASFV可以通过接种原代猪白细胞培养，再通过血细胞吸附或者细胞病变效应鉴别。细胞病变效应不是特别针对ASFV的，应再由其他的实验方法进行确认。

由于存在其他的方法，为了诊断目的而使用活猪已经被认为是过时的了。

（3）抗原检测　可以使用如下的试验：

● 直接免疫荧光试验检测抗原；

● 抗原捕获酶联免疫吸附试验（ELISA）；

● 免疫过氧化物酶染色法：一般不作为备选方法，因为制备病理切片需要至少24h。该试验只能在具有组织病理试验能力的基准实验室才能进行；但是如果仅有的可供试验的样本一直保存在福尔马林溶液中，则该法非常有效。

（4）病毒核酸检测　非洲猪瘟可用PCR方法检测。PCR方法是一种高度敏感和特殊的技术，但因为可能存在交叉污染，该方法仅限于具备相应生物安全级别的实验室以及经培训和有经验的专业技术人员使用。

（5）抗体检测　非洲猪瘟的血清学检查方法包括：

● 酶联免疫吸附试验（ELISA）；

● 间接免疫荧光抗体检测；

● 免疫印迹法；

● 对流免疫电泳。

第3章　风险分析

一、概述

风险分析往往是人们日常生活和工作中凭直觉所做的工作的一部分。只是最近开始把风险分析发展成了一个更加正式的学科，并在越来越多的领域得到应用。在动物卫生领域，应用最多的就是协助制定进口动物和动物产品的检疫以及适当卫生状况策略。当然，应用于动物疾病应急准备计划的制订也具有非常重要的意义。

二、风险分析的原则

风险分析包括四个部分：风险识别、风险评估、风险管理和风险交流。

1. 风险识别　该部分内容包括鉴定、识别威胁或威胁发生的可能性，获取并研究用于风险分析的背景资料（如通过科学文献研究和其他数据分析）。

2. 风险评估　本部分应识别并描述某个事件或者某项行动的特定过程可能带来的威胁。然后，评估这些威胁（即风险）发生的可能性。对该威胁的潜在后果进行评价并用以修订风险评估。比如，一种具有进入某个国家的高风险的外来疾病，如果其在该国立足的风险低或者对该国潜在社会经济影响后果不大的话，在风险评估时可以把总体评分打得较低。一种具有低传入风险但是高立足风险或能引起严重社会经济后果的疾病应给予较高的风险评分。

风险评估可以定量、半定量或者定性方式进行。由于缺乏历史先例，加上现有生物学数据不足，很难对生物领域的风险进行定量分析或赋以可能的数值。建议对外来疾病的风险评估以定性方式进行。风险可以描述为极高、高、中等或者低，或者进行简单的评分。比如，把风险水平划分为1~5级，把潜在后果（社会经济的后果、对国计民生以及食品安全的影响、对内外贸的影响、人畜共患的潜在可能性、不能诊断或者控制威胁的可能性、扩散到其他物种特别是野生动物等的可能性）的严重程度划分为1~5级。

3. 风险管理　风险管理是识别、记录并采取措施以降低风险及其后果的过程。风险尽管不可能被完全消除，但可以采用新的程序或者修订现有的程序以将风险的等级降低到可以接受的水平。

实际上，本应急预案可以被看做是为非洲猪瘟应急计划提供的风险管理框架。

4．风险交流　风险交流是风险分析者和利益相关者就风险进行信息交流和意见沟通的过程。这里所说的利益相关者包括所有可能受到风险/威胁所造成的后果影响的人和从农民到政治家的所有人。风险评估和风险管理战略与这些人的充分沟通很重要，可以让利益相关方感觉到不用冒不必要的风险，并且值得花费这笔风险管理费用。

为确保决策的针对性，在整个风险分析过程中风险分析者和决策者应该始终咨询利益相关者的意见，以通过风险管理策略协调利益相关者各方并使决策得到充分的理解和支持。

三、谁应该来执行风险分析

风险评估的部分最好由全国兽医主管机关的流行病学部门来执行，作为跨境动物疾病以及其他突发疾病的全国预警系统的一部分。风险管理和风险交流是每个人的任务，但是要通过首席兽医官（CVO）来组织、协调。

我们应该记住风险不会保持静止，会随着一些因素比如家畜疾病疫情的国际传播和进化、新疾病的出现以及在该国国际贸易格局的改变而改变。风险分析不应该被视为一次性的活动，应该重复进行并定期更新。

四、风险评估

正如前面描述的那样，风险评估包括发现威胁、评估威胁发生的可能性以及通过评估其潜在的后果修改风险等级。

应该持续、密切关注非洲猪瘟以及其他重要跨境动物疾病暴发的国际动态和进展，关注最新的科学发现，并把这项工作作为全国兽医流行病学部门的一项日常工作来做。此外，还要关注科学文献。世界动物卫生组织（OIE）是最有价值的官方信息来源，可以通过其出版物比如每周疾病报告以及年度世界粮农组织/世界动物卫生组织/世界卫生组织《世界动物卫生》以及进入OIE的世界动物卫生信息库（WAHID－www.oie.int/wahis/public.php?page=home）获取有关信息。还可以通过其他来源获取疾病情报，比如世界粮农组织、参与动物生产和卫生管理的区域性组织、在国外工作的农业专员、电子新闻稿以及动物卫生的互联网网站等。

已经确定并列出了外国疾病威胁，下一步是对每一种病毒进入本国的风险的严重性以及进入路线和进入机制进行评估。评估时应考虑以下几个因素：

- 这种疾病（比如非洲猪瘟）在世界上现在的地理分布以及流行程度怎样？

- 该病分布是不是静止的，还是最近有传播到新的国家、地区或者大洲的记录？

- 该病离本国有多近？邻近国家的非洲猪瘟是什么情况，对邻国的兽医部门检测和控制该疾病暴发的能力有多少信心？

- 如果疾病在邻国发生，距离共同边境最近的暴发地点在哪里？

- 该国是否具有非洲猪瘟引入的历史？是否在家猪、野猪中存在未被发现的地区流行感染？

- 疾病是如何传播的？活体动物、遗传物质、猪肉或者其他动物产品以及蜱和迁徙动物在传播病原体中所扮演的角色是什么？

- 是否因动物品种、肉制品或者其他材料的大批量进口而具有非洲猪瘟传入的风险因素存在？这些进口物品是否来自疫区？进口检疫方案是否符合OIE标准？进口检疫程序的安全系数有多大？

- 屏障和边境检疫程序对于防止非洲猪瘟的危险材料非法入境，包括船舶、飞机的废弃食物和泔水的保险系数有多大？

- 用残羹喂猪在本国是否是普遍的情况？是否有适宜的程序使得这样做变得安全？

- 是否有走私？非正式的牲畜转移和季节性牲畜放牧转移能否构成非洲猪瘟传入的风险？特别是在邻国是否有国内动乱会导致人员的大迁移以及牲畜的迁移或者遗弃？

下一步是评估如果出现该疾病入侵的情况所造成的社会经济后果的严重程度。同样，有以下几个因素需要考虑：

- 这种疾病在本国固定下来的可能性有多大？是否存在易感动物宿主种群，包括野生动物在内？

- 兽医诊断实验室是否具有迅速检测感染所需的设备和经过培训的专业人员？

- 在全国的不同地区迅速发现疾病是否困难？

- 本国的家猪数量有多大？猪产业对于国民经济的重要性有多大？其在满足营养和其他社会需要中有多重要？
- 在本国猪产业是如何布局的？本国是具有大规模的商业化的猪肉生产工业，还是主要为庭院/村庄式的生产模式？生产是否只是集中在本国的几个地区呢？
- 由这种疾病造成的生产损失有多严重？食品安全会受到影响吗？
- 该疾病的出现对动物和动物产品外贸出口会有怎样的影响？对于国内贸易的影响呢？
- 是否存在控制不力可以到处自由跑的野猪或者驯养猪的种群？这些是否构成了非洲猪瘟感染难以控制的储存宿主呢？
- 在本国是否存在可以存储并传播病毒的钝缘蜱，钝缘蜱与猪相关联吗？
- 控制和根除这种疾病难度有多大，成本有多高？存在根除的可能性吗？

解决这些问题和事项可以使风险分析者对非洲猪瘟建立起一个风险的大体轮廓，并对该疾病所呈现的风险大小作出定性判断。最为重要的是，可以使人们对非洲猪瘟的风险评级与其他高优先级的疾病风险之间以及同分配给其他疾病的资源相比，需要分配什么样的资源来应对非洲猪瘟有个总体的概念。此外，也提供了关于该疾病侵入的压力点在哪些地方，兽医部门和非洲猪瘟应急计划哪些地方需要加强的思路。如果在本国已经有了非洲猪瘟，这些信息可以为应对当前情况的最恰当的控制战略决策提供指导。

已经描述的风险评估类型可以用于如下情况：

- 决定非洲猪瘟在本国严重疾病中的优先等级，决定与其他疾病相比应为该病准备什么样的资源水平；
- 决定在检疫标准和程序方面哪些地方需要加强以及如何加强；
- 了解全国各地区养猪业和市场上猪及猪肉产品状况；
- 决定如何加强实验室诊断能力；
- 规划对兽医人员的培训课程，以及提高农民意识的宣传活动；
- 决定疾病监管工作中哪些地方需要加强以及如何加强；
- 规划合理的疾病反应战略。

第4章 预防策略

一、介绍

"预防胜于治疗"的古谚对于非洲猪瘟以及其他跨境传播动物疾病来说尤为恰当。检疫（生猪运输前以及入境检疫）和跨境移动的管理与控制（活动物及其产品）构成这些疫病防控的第一道防线。所有国家都应该分配一定资源实施有效的边境和进口检疫政策，以防止严重的动物疾病的侵入。

非洲猪瘟的风险分析应考虑以下因素：

- 疾病侵入的风险程度；

- 非洲猪瘟入侵可能的机制和途径；

- 如果该疾病侵入本国，其潜在的严重性后果。

这些因素应该为设计和实施非洲猪瘟适当的有资源保证的预防战略提供基础。

预防非洲猪瘟或者其他动物疾病最重要的资源就是已经知晓消息的动物所有者或者管理人。在猪生产各个环节的业主必须在临床上识别非洲猪瘟，并清楚当他们发现疑似疫情时应该做什么。这只有通过使用简单、直观的媒介对养殖户进行强化训练得以实现，媒介可以不断提醒这种疾病以及其重要性。这样的沟通或者宣传材料覆盖面应该足够广泛，应包括非洲猪瘟以及其他易混淆疫病的临床症状，这样就不会使养殖者自己依靠自身的经验来决定潜在的病例是不是非洲猪瘟了。因此，必须在养殖户与兽医部门之间建立多条沟通渠道，报告在猪群中发生的高死亡事件或者其他超出他们通常经验的问题。非洲猪瘟必须报告到当地兽医部门和农业人员，必要时他们应向上级汇报。每天见到动物的人就是动物的所有者或者饲养人员，因此知情的养殖者构成了对动物疾病真正可行的每日监测的资源。

二、进口检疫政策

世界动物卫生组织《陆生动物卫生法典》（2007版，第2.6.6章）提供了对家养猪及野猪、猪肉和猪肉产品、猪精液、胚胎和卵子，以及其他猪组织的产品如医药产品等的进口安全指导方针（www.oie.int）。

需要采取适度的检验检疫措施，以切断包含有猪肉及其产品的食品和其他危险材料通过国际机场，港口和边检站被带入国内。对任何被没收的危险物质的处理应像所有的国际航班和船只产生的食品垃圾一样，通过深埋或者焚烧的方式进行无害化处理。欧盟委员会已经建立了一个一级危险材料，也就是极度危险材料的清单。

（一）泔水喂猪的控制

用含有进口的动物产品的食物残渣喂猪，是非洲猪瘟以及其他严重跨境传播动物疾病如口蹄疫（FMD）、猪水疱病和古典猪瘟等入侵一个国家的非常重要的一个途径。因此，应考虑实施禁止泔水喂猪或者至少实施可以使得泔水喂猪安全的控制措施。应采取一切措施防止用国际航班或者船只产生的食品垃圾来喂猪，因为这有极大的风险将非洲猪瘟和其他跨境的动物疾病传播到新的国家。非洲猪瘟极有可能是通过这种方式传播到西欧、拉丁美洲和格鲁吉亚的。

从疾病预防的角度来讲，希望能够实施泔水喂猪的禁令，但是在家庭层面上实施监管是不可能的，这就使实施很困难。猪之所以被驯养，首先是因为它们可以将低等级的饲料包括人们的残羹剩饭转化为高质量的蛋白质。在农村、近郊区以及城市环境里许多养猪者来说，出于经济方面的考虑，应该使用任何经济的食物来源。在城市和近郊就有可能使用泔水。避免疾病唯一的可行方法就是要让养猪业主明白其危害，从而在用泔水喂猪之前主动将泔水煮沸。在贫穷地区，由于法律不具有很大的威慑力。风险意识和切实可行的手段将可以确保人们遵守监管措施。在养猪业发达国家，如果泔水是被禁止的，农民们会遵照实施，但这主要是因为他们认识到从现代化生产的角度来讲，泔水喂猪不能产生最好的效益。

（二）活猪圈养

有大量无法控制或者控制不力的活猪存在的地区，具有非洲猪瘟传入和快速蔓延的高风险。如果疫病的发现被延误，就会给根除带来更大的困难。也许最大的危险就是这些猪可以在乡下或者在垃圾场接触到死猪尸体，以及死于非洲猪瘟并被烹饪供人食用的猪的内脏。应该采取措施鼓励建造合理的猪圈，以减少散养猪的数量，特别是在那些具有非洲猪瘟侵入高风险的地区。众所周知，一个非常基本的生物安全水平可以防止感染的传播，至少是在农场层面上来说。在各个级别上的猪农团体应该竭尽所能提高饲养环境的生物安全条件。这对于养猪小农户来说不仅使得对非洲猪瘟、典型猪瘟以及猪囊虫病的疾病控制成为可能，还可以提高生产率以及增加收入。应该鼓励支持小农户建立养猪业组织。

我们必须承认，在很多国家传统的养猪方式不能一夜之间就改变，将猪永久圈养起来是业主不能满足的饲养责任。除非对替代饲料进行更多研究，否则很多养猪人会发现将他们的猪圈养起来不值得。就近期而言，希望得到的最好结果就是，让已经了解信息的养猪业者意识到将死猪的尸体、内脏以及残余随便丢弃在垃圾场里以及让猪到处乱跑觅食有很高的风险。应该实施一项提高养猪也生产的全国性的政策，包括对易用和经济的饲料来源进行识别。

第5章　预警和应急计划

一、前言

预警要建立在疾病监测、快速汇报疫情和流行病学分析的基础上，旨在增进人们对疾病暴发、传染和传播的认知。预警工作应包括兽医局流行病学机构所开展的地区性和全球性检查，这种检查阐明了有可能会影响风险评估的各类变化因素。对流行病的认知力的增强可以在某种严重的疾病（如非洲猪瘟）出现或发病率突然激增时迅速发现这些疾病，以避免疾病发展成流行病，造成重大的社会经济损失。预警还能够预测疾病暴发的根源和演变，以及监督疾病控制措施的成效（关于全球性的预警工作可参见www.fao.org/docs/eims/upload/217837/agre_glews_en.pdf等相关网站）。

一个国家能否迅速发现非洲猪瘟的发生和其发病率激增的现象，主要取决于以下几个方面：

- 实施针对非洲猪瘟和其他高危家畜流行病的良好宣传行动，包括增强兽医和养猪农户之间的沟通和交流。
- 疑似病例和确诊病例的定义和运用。
- 对现场服务兽医、兽医助理、当地政府当局和养猪业者进行非洲猪瘟和其他家畜严重流行疾病临床和病理识别的培训。
- 及时采集和运输诊断标本。
- 与被动监视互为补充的持续的主动疾病监测。主动疾病监测应立足于养猪业者之间的紧密合作和为养猪业者提供良好的现场/实验室/流行病学兽医服务，在监测过程中使用问卷调查、血清学调查、屠宰场监视和临床症状的现场调查等方法。

- 建立向地区、国家兽医总部报告紧急突发动物传染疾病的可靠报告机制。

- 建立疾病信息计算机网络系统，如联合国粮农组织建立的跨界紧急突发动物流行疾病防治系统软件以及EMPRES。

- 加强兽医实验室对非洲猪瘟的诊断能力，包括参与地区和国际的比对试验。

- 增强地区实验室、国家实验室和国际基准实验室之间的联系。

- 加强现场兽医服务和兽医诊断实验室服务之间的紧密合作和联系。

- 加强国家流行病学诊断能力，为紧急突发疫情准备工作和疾病管理工作提供支持。

- 向世界动物卫生组织、邻近国家和贸易伙伴进行及时全面的疾病情况国际通报。

由于篇幅有限，本应急预案不可能详述每一论点。更多的信息可查阅《国家动物紧急突发疾病准备计划的准备工作手册》（联合国粮农组织动物卫生手册第6册）和《家畜疾病监测和信息系统手册》（联合国粮农组织动物卫生手册第8册）

新地域内非洲猪瘟病案定义（如高加索地区）

病例定义：疑似病例

有猪或猪群出现以下症状：

1. 临床症状：
   - 高热（>41.5℃）；
   - 神经紊乱；
   - 较高的致死率（>30%，涉及各个猪龄的猪群）；
   - 没有任何临床症状前兆的突发性死亡。及
2. 病理学方面
   - 淋巴结出血；
   - 脾脏肿胀和充血。
3. 最近曾有过新猪入栏、用泔水喂养和允许猪群在垃圾堆里觅食的历史。

确诊病案——实验室

非洲猪瘟抗体检测结果呈阳性（无论何种检测方式）显示临床疾病的流行病学证据，或确诊感染了ASFV：在实验室内检测出ASFV或基因成分。

二、为动物卫生工作人员开展关于早期发现、采集和运输诊断标本相关的培训

对从未发生过非洲猪瘟疫情的国家、多年未发生过非洲猪瘟疫情的国家或首次发生非洲猪瘟疫情的国家而言，没有几个公职和私营企业工作的兽医或其他动物卫生工作者拥有该疾病的第一手经验。对其他跨界动物流行疾病也存在相同的问题。可以通过培训计划来弥补专业人员缺乏的问题，培训对象应包括最先有可能接触到非洲猪瘟或其他跨界动物流行疾病疫情的所有相关人员。由于疫情有可能蔓延到全国各地及考虑人员流动现象，应定期举行相关培训且应保证培训计划全面详尽。培训计划应涉及到国家最边远地区的动物卫生工作人员、地方当局的相关人员、养猪业者和市场中介机构的相关人员。关于培训，中央主管机构和地方主管机构之间建立伙伴关系至关重要（州、省、自治区或部门间），尤其对那些权利分散型政府或联邦政府更是尤为重要。

针对所有流行疾病都举办旨在培养疾病专家的高级培训的做法完全没有必要且不切实。在大多数情况下，受训者只需熟悉每种疾病（包括非洲猪瘟）的基本临床、病理学和流行病学特征及在他们怀疑出现某种疾病时如何去做就足够了。但需要反复强调的是，一定要让受训者了解到，如果在现场或实验室诊断时发现不寻常的疾病时，他们应该将非洲猪瘟包括在鉴别诊断的可能性中并采取相应的措施，这一培训内容最为至关重要。另外，培训过程中有必要使受训者知晓获得确诊病例需要采取的步骤，包括采集和运输诊断标本和在疾病暴发现场迅速采取相应的控制措施，还应该使受训者明白如果不严格实施生物安全措施，就有可能造成疫情不断扩大蔓延。对于提名为专家诊断小组的受训者，应对其进行更多的专业培训。

专业培训可能涉及：

- 派遣在现场或实验室工作的骨干兽医或动物卫生人员去其他国家学习关于非洲猪瘟疫情的第一手经验，并参加其他国家关于疫情控制的讲座以获得控制疫情的相关经验。

- 国际培训机会，例如，由兽医学院提供的外来病课程，在国际或地区基准实验室或其他国际性组织对实验室工作人员进行相关培训。

- 全国紧急突发性疾病讲座（应是培训的主要形式）：这些讲座主要是为现场或

实验室兽医官员、从事公共卫生和检疫工作的兽医（包括在屠宰场、市场、边境口岸、机场和港口驻扎的兽医、兽医从业者和行业兽医）提供的。这些讲座还应邀请邻国代表参加。这些已经接受过培训的人员还要为养猪农户组织相关的讲座。

- 现场诊断手册：手册应简单、实用、配有插图说明，供疾病暴发现场快速参考时用。

三、对养猪农户的宣传/教育工作

对养猪农户的宣传工作是紧急疾病应急规划中至关重要的一个部分，但却往往被忽视。这些宣传可以增强牲畜饲养农户以及其他利益相关者的主人翁意识以及对紧急疾病控制/根除行动的支持，可以产生一种自下而上的疾病控制计划的规划和实施的态势。这种自下而上的模式方法与政府采取的自上而下的方法可起到相互补充的作用。

沟通策略旨在使利益相关者了解非洲猪瘟和其他严重家畜疾病的性质、潜在后果及预防和根除的益处。沟通有可能团结大众到流行病的预防或者战斗的共同事业中来，理想的结果就是形成卫生防疫群体或其他的农户组织。

另外，还需让养猪农户清楚地知道的一个信息就是一旦发现猪群中有不寻常的疾病暴发时，应尽早通知并寻求相关政府动物卫生官员的帮助。应向养猪农户提供如何报告疫情和寻求帮助的相关信息。防疫宣传工作应直接面向养猪农户、地方政府和牲畜贸易商。对养猪生产者遭受的损失进行适当补偿的政策对迅速报告疫情至关重要，应该让养猪农户都清楚地知道公平补偿政策。

制定补偿政策是应急计划的一个部分，养猪生产者需要知道该政策的存在。尽管通常是由农业部或畜牧部门确定补偿资金的数额，非常重要的一点是风险分析的沟通部分包括在发生跨界或外来动物疾病（如非洲猪瘟）入侵时，向其他部门（如财政部门、农村事务部和环境部）或总理办公室就紧急事件的需要发出警示。

四、专家诊断小组

我们推荐确定一支由专业人员组成的非洲猪瘟专家诊断小组并对他们进行培训。在报告有非洲猪瘟疑似疫情时，这个专家诊断小组立即上阵。应在紧急突发疫情出现之前提前做好这些培训工作。这些人应该配备装备，一接到疫情通知，马上可以奔赴疫情突发现场。装备应包括疫情初步流行病学调查所需的所有物品和采集及运输诊断标本所需的所有物品。

根据疫情情况的不同，组织成立规模不同的专家诊断小组，可包括如下人员：

- 1名来自国家或地区兽医诊断实验室的兽医病理学家；
- 1名流行病学专家，该专家最好拥有非洲猪瘟疫情的第一手经验或者有过非洲猪瘟培训经历；
- 1名在诊断猪群地方性疾病方面拥有丰富经验的兽医。

专家诊断小组赶赴疾病暴发现场与当地的兽医在首席兽医官的指导下一起工作：

- 进行临床检查；
- 收集病史材料；
- 进行初步流行病学调查，应着重调查以下方面：
- 追溯——查看是否有新的家畜在最近几周内入栏已感染家畜群，并查明这些新的家畜的来源地。
- 追踪——查看在最近几周内是否有已感染家畜群出栏，并查明这些出栏的家畜的最终去向。
- 对在发病晚期被宰杀的家畜或最近死亡的家畜进行尸体剖检；如有可能，可将尸体运往拥有正规尸体剖检设备的实验室进行尸体解剖。
- 采集与该地方和外来疾病相适应的标本进行鉴别诊断，并把这些标本运输到实验室。

专家诊断小组有权在疫情现场根据流行病学单位组成（请见以下方框内容）的定义和相关知识，立即采取任何疾病控制行动。专家诊断小组应立即向国家、省或地区兽医官和首席兽医官报告诊断评估结果，具体说明所需采取的措施以获得确诊信息，并就进一步的疫情控制提出建议，包括宣布感染和监视区。

流行病学单位

　　一个流行病学单位是指由于距离近（邻近的养殖场或家庭式养殖场）或者通过商业和生产接触（如育肥场、育种场或市场）而联系到一起的一系列猪生产单位。在定义传染风险时（往上/追溯和往下/追踪），查明以往的历史活动是否接触过感染的家畜或物质至关重要。另外，在淘汰宰杀病弱畜种之前，查明是否出现流行病的临床症状和临床病程也尤为重要。一个村庄可以是一个流行病学单位，但针对疾病控制采取的措施还应同时考虑社会和经济方面的因素。

五、实验室诊断能力

只有配备了整套诊断设备和一系列标准诊断试剂，拥有富有经验的诊断专业人员和有充足专业采样诊断标本储备的实验室才能保证快速、准确的疾病诊断结果。外来病诊断专家操作活病原体的试验，只能在安全可靠的微生物实验室内进行。

建立一个能诊断所有跨界动物疾病和其他紧急突发疾病（其中一部分为外来病）的国家兽医诊断实验室，对许多国家而言既不切实可行且花费过于昂贵。但是，对于家畜养殖数量众多的国家来说，有必要建立一个拥有病理学、病毒学、细菌学和血清学兽医标准诊断技术且能初步发现家畜紧急突发性疾病病原的诊断实验室。如果非洲猪瘟已被认定为一种高危险疾病，实验室应考虑具备进行一些重要的初步检测的能力，如直接免疫荧光检查。

国家、州或省兽医实验室应备有运输标本的容器，以备随时向在发病现场工作的兽医或专家诊断小组提供。容器最好由防漏的容器主件（如有旋盖和橡皮垫圈的聚丙烯塑料瓶或有旋盖的优质塑料罐或密封袋）组成，容器主件被装入更大一点的配套的防漏塑料或聚丙烯塑料容器中，然后置于装有吸收性材料和冰袋的聚苯乙烯冷藏泡沫箱内。如果冷藏的方式不是首选的话，应加入50%甘油的生理盐水来防止腐烂。最后，把容器放置于有明显标识的结实的外容器内。标本的标识应清晰且不褪色，还应附注样品的相关说明。

六、国际基准实验室及合作中心

联合国粮农组织和世界动物卫生组织在世界范围内的基准中心（实验室和合作中心）形成了非洲猪瘟的一个网络体系，可以提供相关的建议和帮助。相关人员的名称和联系详情请见附录六。

作为非洲猪瘟应急计划的一部分，各个国家应和某个参考中心建立联系，确定诊断标本的特性和范围，或者将分离的病原体进行确诊或进一步进行特性分析。另外，获得相关的运输信息至关重要，必须在计划中添加补充这些信息内容，运输信息的内容应包括包装方式、冷藏方式、所用标签、所有必需的海关检查或国际航空运输协会的声明书内容，相关的计划中应记载以上相关信息内容。

把突发紧急疫情的疑似和确诊病原体标本送至合适的国际参考实验室进行进一步病原特征分析至关重要，建议呈送几份不同地点和不同发病期采集的样品。此外，向本国之外的实验室寄送样品时必须事先征得接收国的同意，还应事先获得首席兽医官办公室签发的出口许可证，以避免延误样品的呈送。样品必须装置在符合国际航空运输协会标准的容器内运输。

充分利用参考实验室和合作中心提供的培训机会，获得关于诊断试剂设计和标准化方面的专业建议。

第6章　紧急突发疫情的早期反应及应急计划

一、前言

本应急预案主要用于应对非洲猪瘟入侵无疫情国家或地区产生的疫情问题。如果出现了这样的紧急突发性疫情，应主动采取一切措施，迅速将疾病控制在主疫区或者感染区，并在最短时间内根除疫情，以避免该疾病的蔓延并大规模流行开来。

正如前面章节所述，中央主管机构和地方主管机构（州、省、自治区或部门间）及私人利益集团建立伙伴关系、结成联盟至关重要，尤其对那些权利分散型政府或采取联邦制政府的国家，在紧急突发疫情出现时，在国有企业和私人企业之间制定防疫战略计划的国家更是尤为重要。政府当局可以为紧急突发疫情（无论是人为或自然灾害）提供服务和帮助，紧急突发疫病包括跨界动物疫病和外来疾病（如非洲猪瘟）。制定损失补偿政策是应急计划和应急步骤的一部分，应让养猪生产者了解该政策。

在某些国家，彻底根除疾病并不切实可行（如在非洲南部和东部的一些国家，疣猪和其他非洲野猪常呈隐性感染），但并不意味着在这些地区不能采取防疫措施或者不能在当地猪群中根除非洲猪瘟。在非洲猪瘟已成为地方病的国家，可以通过严格限制猪群运输、实施检疫隔离监管和加强养猪生产区的生物安全体系，来建立非洲猪瘟无疫区或生物安全隔离区。主动监测（包括对养殖生产者的观察和对养殖场及屠宰场的兽医检查）是确诊非洲猪瘟疫情的前提条件。

二、影响疾病控制、根除和消灭计划的流行病学特征

有几项流行病学的或其他因素会影响非洲猪瘟疫情的控制、根除和消灭计划。其中有些因素是有利因素，但大多数因素是不利因素。

有利因素：

- 在所有家畜中除了猪之外对非洲猪瘟均不易感。

- 临床症状是鉴定非洲猪瘟疫情是否存在的一项重要指标。

- 有很快康复的可能（如猪群繁殖能力强）。

- 人对非洲猪瘟不易感。

不利因素：

- ASFV抵抗性较强，在污物、已感染非洲猪瘟疾病的猪体组织、鲜肉和猪肉加工产品可以存活很长时间。

- 某些钝缘蜱可传播ASFV。

- 非洲猪瘟在家猪中具有高度传染性。

- 患有非洲猪瘟的家猪具有明显的临床症状，但有时可能会与其他疾病的症状混淆，其中最易混淆的疾病是古典猪瘟；低毒性的病毒株不易检测。

- 养猪业涉及各类养猪生产者。在这些生产者中，有些养猪者是为了生计（如农村和近郊的穷人），而有些生产者则是为了获取高额的商业利润。

- 野猪和非洲野猪易感染非洲猪瘟。

- 目前仍然没有非洲猪瘟的治疗方案和可用的疫苗。

上述因素使非洲猪瘟成为比较难控制和根除的跨境动物疾病。尽管在欧洲、非洲和美洲出现的大量非洲猪瘟疫情表明，通过一致行动和组织有序的疫情控制根除计划可以根除或消灭该疾病。但在大多数情况下，对非洲猪瘟疫情的根除和扑灭工作会殃及大量的健康猪群和可食的健康猪肉，甚至有人认为根除和扑灭工作使养猪生产者蒙受的巨大损失远远超过非洲猪瘟疾病本身带来的经济损失，对那些没有感染非洲猪瘟的养猪者不得不提前屠宰所有猪群来说损失尤为惨重。

三、根除策略

由于没有疫苗，根除消灭非洲猪瘟的唯一可行性策略，就是通过屠宰和扑杀疫区内所有感染或可能感染（接触过感染猪群）非洲猪瘟的生猪。这种方法对根除消灭非洲猪瘟和其他严重的跨境动物疾病（如猪口蹄疫和牛传染性胸膜肺炎）都有效。但是，该措施过于严厉难以让人接受，特别是当需要屠宰大量家畜时尤为如此。在疫情蔓延且疫区存在大量野猪时，该方案注定会失败。

以下是针对非洲猪瘟疾病采取的扑杀政策的构成要素：

(1) 对传染性疾病的早期检测。

● 要求：培训现场人员学习疫情诊断知识，熟悉了解兽医诊断实验室的操作。

(2) 制定在全国范围内实施紧急突发疫情时防治措施的法规。

● 要求：非洲猪瘟是一种应报告卫生当局的疾病，所以在非洲猪瘟疫情暴发后，应立即给有关部门拨款以便能够迅速采取相应的措施；应制定补偿计划；兽医部门负责社会治安的官员应随时待命，并确保全体养猪生产者遵守相关法律法规。

(3) 区化：分为疫区、监测区和无疫区。

● 要求：要了解疫区和无疫区的地域名称（实验室/流行病学单位界面）；限制运输家畜（兽医管理权力机构与警察机关、海关、检验机关或其他安全部门一起监控）。

(4) 阻止疾病传播的检验检疫程序，包括控制猪群运输和颁布禁止出售可能被感染的猪肉产品的禁令。

● 要求：制定和颁发相关禁令（如不遵守则罚款）

(5) 加强非洲猪瘟的流行病学监测。

● 要求：界定兽医服务中的流行病学单位，拥有接受过流行病诊断方法和分析知识培训的动物卫生人员；了解生产和市场链；使养猪生产者、营销商和屠宰场检验人员深刻了解根据已制定程序迅速报告疫情的必要性；考虑在全国范围内实施嘉奖报告非洲猪瘟相关人员的计划。

(6) 立即屠宰已感染或有可能感染（和感染猪群有过接触）非洲猪瘟的生猪，向养猪生产者及时公正地补偿其相应的损失。

● 要求：培训相关人员使用允许（人道）的方式宰杀已感染或有可能感染非洲猪瘟的生猪；制定和颁布国家相关的损失补偿政策法令。

(7) 安全掩埋和焚烧已感染非洲猪瘟的生猪尸体和其他感染物品。

● 要求：了解水电/地理位置，快速掩埋和焚烧，提前制定和颁布要求紧急疫情处理时保持良好环境的法令。

(8) 对感染养殖场进行清洁和消毒灭菌。

● 需要：获取允许使用的适用消毒剂的最新知识以及销售点和库存信息。

（9）在安全期内，感染的养殖场/村庄应停止养殖（如4个疾病潜伏期）。

● 要求：实施增强养猪生产者和地方当局疫情防范意识的计划，考虑嘉奖举报不遵守相关法规政策的行为。

在以上步骤中，其中最重要的一步是做好制定和颁布相关法律法规的工作，这些法律法规的实施时间必须足够长，以便达到阻止疾病入侵或蔓延且保证相关人员遵守这些法律法规的目的。旨在大范围提高不同的利益相关者（养猪生产者、种猪繁殖者、营销商、主管官员、边境检验人员、警察等）的疫情防范意识，计划必须有效且令人信服。

扑杀疫区所有生猪可能是一种短期根除、消灭疾病的资源密集型方法。该方法是否具有成本效益取决于扑杀生猪的数量和采取扑杀措施前非洲猪瘟疫情传播的程度。如果该方法行之有效，扑杀疫区所有生猪的根除消灭方法可以使疫情国在最短时期内消灭疫情。这一点对国际贸易至关重要，因为国际贸易需要所采取扑杀措施步骤的相关证明材料。当整个根除消灭疫情计划链的实施配合完美时（从早期检测到现场的扑杀），扑杀疫区所有生猪政策的效果将会更加显著。包括检测、确诊病例或扑杀措施在内的任何一个环节的延迟，都会导致整个根除消灭疫情计划的失败。

四、区域区划

区域区划是指宣告已采取具体疾病控制措施的地理区域。疫区是对中心区域已集中采取疾病控制措施的传染病或疑似病案集中的地区。区域区划是针对非洲猪瘟入侵所采取的早期疾病控制行为。疫区的大小和形状一般基于地理边界、流行病学或资源方面的考虑。由于非洲猪瘟会通过感染生猪或物品的运输途径进行传播，由于该疾病可能在一夜之间通过公路运输、海运或航空运输传播几百甚至几千千米，所以一味地依靠疫区划分来控制疫情是一种缺乏远见的行为。除非能确保生猪和危险材料的运输（如猪肉从疫区到无疫区）可以被地理屏障阻隔或在港口采取控制疫情的措施（如验关、放行、没收或销毁），在其他情况下，不能仅仅依靠区域区划来达到控制疫病的目的。

区域区划需要在相关机构内部设置兽医检验官的职位（如果需要），负责疾病控制的兽医检验官应接受过相关的培训，其他卫生安全部门应支持兽医检验官的工作。在区域区划时，还应获得动物卫生证和关于家畜生产地、运达地和运输目的（宰杀、育肥或繁殖）的审查和验证资料。由兽医检验官做出的兽医临床评价至关重要。以往的经验表明，在许多国家建立防疫封锁线绝非易事，在这些国家可以很容易地规避这个措施。毋庸置疑，一个远离疫区但管理混乱的养猪场远比疫区内具有良好商业化生产管理流程的养猪场，更易被传染上非洲猪瘟。

无疫区的认可是世界动物卫生组织对非洲猪瘟或者其他疾病全国动物卫生状态评估准则中的一个重要原则，但是它最终取决于兽医服务部门对于其内部和外部利益相关者的保证。

（一）疫区

疫区应包括一个或更多感染非洲猪瘟的养殖场、猪舍或村庄附近周边地区。疫区的大小和形状受当地的地理特征、天然屏障、边境线或其他的流行病学方面等因素的影响。世界动物卫生组织建议疫区区化应遵循的原则包括：对于采用集约化饲养的养殖场而言，疫区指以疾病高发区为中心并至少以10km为半径的同心圆区域；对于采取粗放式饲养的养殖场而言，疫区所指应以50km为半径的同心圆区域。集约式饲养方法意味着可以把猪群安全地限制在猪舍和养殖场内；采用粗放式饲养的猪群由于没有行为限制，因此很难实施疫病控制措施。在处理非空气传播的传染性疾病（如非洲猪瘟）时，使用半径法定义疫区在实践中并不切实可行。在许多国家的乡村，由于那里的猪群得不到很好的疾病控制，因此这些地方应以50km作为半径且应实施代价昂贵的严厉扑杀措施，但很多生产者和生产相关者认为这样的做法没有必要且拒绝执行；每个疫区的面积都很大，对这么大面积的地区提供兽医服务的确是一个比较艰巨的任务。在这种情况下，有可能会出现人员和财力短缺的现象。在划分疫区时，应确定传染病暴发的集中程度。一个管理良好、没有传染病且长期以来一直接受监督检察并遵守已制定的法律法规的养殖场，可以被认为没有疫情。另一方面，应对疫区周边地区实行充分的警戒，这些地区有可能是整个乡村或某一范围区域，该区域的界定应基于由猪群市场交易和其他考虑因素决定的已知生猪运输模式。

在疫情暴发初期，还不知道疫情严重程度时，有必要先建立范围较大的疫区，然后根据主动疾病监测揭示出的真实的疫情程度逐步缩小范围。如果后来发现还存在其他非洲猪瘟疫情或原始疫情传播范围较大，在这种情况下最好考虑把整个乡村作为疫区，并应向邻近乡村和国际组织报告疫情情况。

（二）监测（控制）区

监测区在地理区域上比疫区范围更大，即一个或多个疫区的周边地区。监测区有可能遍布一个省或一个行政区，经常会遍布一个村庄。应对监测区采取以下行为：

* 密切关注养猪生产者、营销商、猪肉加工者、屠宰场或屠宰场检验人员发现和报告疾病的相关信息。
* 加强关于兽医和兽医辅助人员在乡村、近郊和商业运作中查找疾病时，所使用的调查方法和参与性方法相关知识培训的培训次数。
* 加强对疫区入境和对生猪或生猪产品家畜市场及商品市场的控制。
* 提高公众的防疫意识。

（三）无疫区

无疫区是指区域内的生猪从未出现非洲猪瘟临床病例，所有的疑似病例在国家承认的检测中都显示阴性结果，并且非洲猪瘟血清学检测结果呈阳性的生猪数目低于预界定的阀值（1%血清阳性、95%置信度）的乡村地区。

在非洲猪瘟疫情暴发时（当时或历史上曾暴发），可以在非洲猪瘟疫情不泛滥国家的部分地区区划无疫区。因为非洲猪瘟存在潜在的广泛传播性，建议对首次经历过非洲猪瘟的国家的所有地区实施高度监测的措施。在非洲猪瘟无疫区应着重注意实施严格的检疫隔离措施。在检疫隔离期间，应严禁任何疫区疾病的入侵并继续保持高度监测状态以保持始终无疫状态。无疫区应和疫区、监测区一样通报所采取的防范措施和报告疫情的情况，应以最安全的方式尽早与邻村和商业贸易伙伴分享这些信息。

对生猪和猪产品市场链的全面深入了解，对最终确定监测区是至关重要的。监测区可包括也可不包括有可能传染疾病的地区，一定要保证提供无疫区界定的相关描述。

（四）生物安全隔离区

只有那些实施合适标准生物安全措施的集约化生产的养殖场，才有可能免受非洲猪瘟的侵袭。在这种情况下，这些地区可被视为无疫生物安全隔离区，可向这些地区的养猪生产者提供防疫行动准则以持续保持无疫状态。无疫生物安全隔离区的区划，需要获得政府的认证和接受政府组织的检查。无疫生物安全隔离区内的养殖场对保证完整的养猪产业链影响巨大，缘于这些养猪场采取的一系列生物安全措施，从可靠和有质量保证的饲料销售点购买饲料，严格监控生猪的入栏和出栏，根据猪龄对猪群进行分群饲养，全进全出的群养系统被运用于断奶、育肥、屠宰过程。对无疫安全隔离区养殖场的员工进行识别非洲猪瘟或其他传染性疾病相关知识的培训至关重要。另外，要求这些雇工家里不养猪也很重要，因为自家养猪有可能把非洲猪瘟病原体带入无疫区猪群。被视为无疫状态的生物安全隔离区应接受政府兽医的监督，从而能够持续保持无疫安全认证。生物安全隔离区的界定原则也适用于规模不大的养殖场，这些养殖场从业人员应懂得隔离和保护他们猪群的必要性和重要性。

（五）感染场所和危险接触场所

在本应急预案中，感染场所（IP）指一个流行病学实体，在该地区的猪群感染了非洲猪瘟。感染场所有可能是一个单个的养殖场、家庭养殖场、整个村庄、小村落、家畜市场或屠宰场。危险接触场所是指从流行病学角度有理由怀疑该场所发生疑似病例（即使该病例没有显示明显的临床特征的流行病学实体）。这种传染有可能通过近距离的接触发生，可通过流行病学追踪的方式来发现传染病。

五、对疫区应采取的措施

区划非洲猪瘟疫区有两个目的：一是通过检疫隔离和控制家畜运输的方式防止传染病的进一步传播；二是通过屠宰有可能感染疾病的生猪，安全处理生猪尸体和保证消毒处理效果，以尽快去除感染源。

平衡地实现这两个措施取决于环境。如果养殖场把猪群的活动范围限制在安全范围内，拥有充足的监测资源并实施了适当的检疫隔离和运输控制措施，在这种情况下最好只屠宰感染场所内的所有生猪，或者有可能还需要屠宰通过流行病学追踪发现的危险接触场所中的所有生猪（尽管有些生猪表面看上去很健康）。如果疫区内的生猪没有做好疾病控制工作，存在进一步快速传播疾病或传播疾病给野猪的风险，或者没有充足的资源保证监测、检疫隔离和生猪运输控制，建议最好屠宰疫区或疫区内某一特定区域内的所有生猪。

在实际操作中，屠宰没有很好进行疾病控制的生猪远比做好这些生猪的疾病控制工作存在更大的传播危险性，特别是在相关市场没有快速采取补偿性防疫措施时，一定会存在疾病传播现象。最好采取鼓励养猪生产者限制猪只活动，保证只有在发现非洲猪瘟临床病例时才屠宰染病生猪。得到养猪生产者和养猪生产者协会的支持和帮助，对有效控制疫情至关重要。因此，一定要让养猪生产者了解和相信非洲猪瘟疫情的严重危害，不遵守常规要求和法令的严重后果以及运输患病生猪的持续影响。实施疾病控制失败将会对同一地域内的其他养猪生产者造成进一步的危害。

应提供大量价格低廉却效果显著的消毒剂（如2%苛性钠），建议养猪生产者限制进入感染场所人员的次数，并保证每个必须进入感染场所的人员的鞋子在进出感染场所时被彻底消毒（或提供可换的感染场所专门用鞋）。采取所有措施的目的是为了最大可能地减少生猪屠宰数目。

（一）疾病监测和其他流行病学调查

必须对非洲猪瘟进行集中监测。监测时，接受过专门培训的兽医和检测小组应经常对猪群进行临床检查。这些兽医和检测小组必须进行很好的个人消毒，以避免在养殖场间传播疾病。

在发现患病猪群的地区必须进行追溯和追踪调查。追溯调查所指查明首例非洲猪瘟临床病例确诊前3～4周内新近入栏感染场所的生猪的来源，因为这些生猪有可能是传染源，并检查这些生猪的来源养殖场。追踪调查指查明在首例非洲猪瘟临床病例发生前后从感染场所运出的生猪、生猪加工产品、饲料和其他有可能被传染上疾病的物质的最终运输目的地。其后，要检查有可能被这些生猪污染的养殖场。如果生猪已被运往家畜市场，上述的追溯和追踪调查工作会变得更加复杂。

（二）对感染场所和危险接触场所的检疫隔离

应立即对感染场所和危险接触场所进行检疫隔离。在采取进一步疾病控制措施之前，应严禁从感染场所和危险接触场所运出生猪、猪肉和其他有可能受污染的物质，在离开感染场所和危险接触场所之前应对运输车辆和其他运输工具进行全面消毒。

（三）运输控制

应完全禁止从疫区运入或运出生猪、猪肉和猪肉产品。还应注意严禁从疫区走私偷运生猪和猪肉。与疫病控制相关的授权法规应包括对不遵守法规的行为采取罚款措施的条款。因为疫区的家畜市场和屠宰场存在较高的传播疾病的风险，所以应该暂时关闭这些场所。由于了解和认可这些禁令条例会对疫区养猪生产者的经济利益有很大的影响作用，可以通过全面解释禁令目的的方式，鼓励疫区的养猪生产者尊重这些条例，尽快控制疫病以达到恢复正常生产状态的目的。

（四）屠宰感染猪群或有可能感染猪群

不管采取何种屠宰方案（如屠宰感染场所和已确定的危险接触场所内的所有猪或只屠宰感染场所内的猪），必须迅速采取屠宰措施。应该1～2周对危险接触场所进行一次常规检查。

应该要求养猪生产者在屠宰小组到来的前1d集中禁闭所养的猪，应采用人道和安全的屠宰方式屠宰猪。步枪或系簧枪是最常用的屠宰工具。如果切实可行，注射致死法（如注射巴比妥酸盐）可用于屠宰未断奶的猪或所有群。当使用系簧枪时，屠宰人员应了解有时候猪只是被电晕却并没有被宰杀。因此，需要采取合适的措施以确保所有猪只在掩埋和焚烧前死亡。步枪不能在空间狭小的场所使用，因为这些地方存在子弹被弹回的危险。此外，只有经验丰富且拥有所需射击技能的神枪手才可以使用步枪进行屠宰工作，以避免妨害周围其他人群和动物群的安全。

如果没有很好地限制猪群的活动范围或允许猪群在周边的乡村到处觅食，如必要需派遣神枪手小组找到这些猪并射杀它们。能否成功地射杀取关于包括地形在内的很多因素，在射杀前应充分考虑这些相关因素。

对于野猪或者自由放养没有很好管理的家猪，最好不要选择射杀的屠宰方式。在野猪或自由放养的家猪经常出没的地方设置多个捕兽器，在一些疫情很难控制的国家被证明是一种行之有效的方法。如果建立诱捕制度，野生动物管理员提供的关于野猪行踪、饮食习惯、栖息地和数量统计等信息，对诱捕工作至关重要。

玉米糊混合物一般需要发酵5～15d（取决于周围温度）后，才能被用作引诱自由放养猪群的饵料。准备玉米糊时，在一个体积很大的大罐（箱）内装满玉米籽粒和糖浆（或其他现有的糖源）开始发酵，直至密封的罐（箱）内形成气泡和发出带着甜味的刺激性气味。

如果考虑选择诱捕方式，应根据最近猪群的足迹和粪便痕迹（饲料、湿粪和干粪的痕迹）来确定猪群可能出现的地区，然后在确定有猪群出没的空地选定合适的位置，放置已准备好的玉米糊饵料3～7d，吸引野猪或自由放养的猪群。如果有自由放养猪或野猪吃过玉米糊的迹象，可以在饵料周围搭建一个多次捕兽器（笼），在玉米糊内插入一根木杆/木棍，再系一根绳子，当吃玉米糊的猪群拉拽木杆/木棍时，绳子会变松，捕兽器（笼）（3m×3m）的门会关闭。应每天检查捕兽器是否捕获了猎物，应注意检查饵料情况并补充新的饵料。

可查阅联合国粮农组织《通过扑杀措施根除传染病操作步骤》获取更多关于屠宰操作步骤的相关信息。野猪捕捉工作必须咨询相关研究机构和大学的野生动物专家。

（五）安全处理家畜尸体

正确处理被屠宰或自然死于传染病的家畜尸体，必须确保尸体不再存在通过直接或间接方式向其他易感动物传播病原体的风险（如通过吃腐肉、自由觅食或通过食物和水源的污染）。如果地势和地下水位合适且拥有土方工程设备，可通过深埋的方式达到正确处理家畜尸体的目的。另外，如果现场有燃料和可燃物体（如旧轮胎），而且当地的草地和林区不易发生火灾，可以通过焚烧的方式处理家畜尸体。最好能在猪被屠宰的养殖场就地处理被屠宰猪的尸体。如果不能够实行就地处理，可以通过密封（防漏）的车辆运输这些猪尸至疫区内的一个合适的处理地点。应提前做好对所有可能漏出物的消毒工作的准备。此外，运输车辆中途抛锚需要救援也是运输屠宰猪群途中会遇到的问题，需要为此做好准备。

在某些情况下，头几天最好能在动物尸体处理地点安排警卫进行值勤工作。

可查阅联合国粮农组织《通过扑杀措施根除传染病操作步骤》获取更多关于动物尸体处理操作步骤的相关信息。

（六）清洁

清洁包括彻底清扫及消毒感染场所周边环境。对猪群集中的地点、猪舍、猪栏、猪圈和饮水槽的清洁工作要特别仔细全面。

（七）消毒

消毒是屠宰过程中减少周边环境污染ASFV和其他病原体风险的一个极为重要的步骤。用消毒剂喷洒污染物质并不总是行之有效。在消毒前应将固体污染物运走掩埋或销毁。

应运走有可能被污染的物质（如粪肥、铺垫物、稻草和饲料），并用处理家畜尸体的方式处理这些物质。建议烧毁存有利于病毒存活的潜在危险或有钝缘蜱出现且建筑质量较差的猪舍，养猪生产者们并愿意采取该措施。并且如果猪舍位于一个狭小的后院内，紧贴四周的其他建筑物，烧毁这类猪舍将存在一定的危险性，对整个猪舍仔细全面地喷洒有效的杀螨剂和消毒剂，是消毒这类猪舍所能选择的唯一消毒方式。如果不存在钝缘蜱，只需喷洒对杀灭非洲猪瘟很有效的消毒剂就足够了，因为病毒在蛋白质以外的环境不可能存活很长时间。

对ASFV很有效的消毒剂包括2%氢氧化钠、2%苛性钠、酚替代品、次氯酸钙或次氯酸钠（含2%~3%有效氯）和碘化物。

可查阅联合国粮农组织《通过扑杀措施根除传染病操作步骤》，获取更多关于消毒操作步骤的相关信息。

（八）停止放牧期

在屠宰后必须严格进行处理和消毒工作，养殖场所应停止养殖一段时间，该时间由预估的病原体存活时间决定。一般说来，炎热温度气候下的停止养殖时间要短于寒冷气候下的时间。世界动物卫生组织推荐至少应停止养殖40d。在热带地区，较短的一段停止养殖时间就可能达到疫情比较安全的状态，以往经验表明在热带地区即使没有做清洁和消毒工作，停止养殖5d后养殖场就可以安全地进行建群工作；但是对那些采取扑杀措施的疫情集中暴发地，则至少需要停止养殖40d。

如果在疫区内存在引起非洲猪瘟传播的生物媒介，则需要严格使用有效的灭螨剂以避免产生抗性。

六、在监测区应采取的措施

应在监测区采取以下疾病控制措施：

● 应加强对非洲猪瘟的监测工作。应对监测区的猪群每周检查一次，养猪生产者应检查疾病发生和猪的活动范围等情况。应对病猪进行全面检查，并采集诊断标本送至实验室。如果把以上工作委派给了解情况且受过专门培训的养猪生产者，监测工作会更容易进行。

● 应禁止从疫区运输生猪、猪肉和猪肉加工产品。只有在经过健康检查和获得相关许可证后，才允许从监测区向无疫区运输生猪、猪肉和猪产品。

- 在严格遵守现行的动物卫生法典相关规定的情况下，可以允许屠宰场和猪肉加工厂经营业务。

- 在接受监测和严格遵守动物卫生法典相关规定的情况下，可以继续销售健康生猪和合乎卫生要求的猪肉。

七、在无疫区和生物安全隔离区应采取的措施

在无疫区应做的重点工作是防止疾病入侵，收集国际组织认可该疫区是真正非洲猪瘟无疫区所需的相关认证证明材料。

应严格禁止从疫区运输生猪和猪肉产品；只有在官方许可并运往特定目的地的情况下，才允许从监测区运输生猪和猪肉产品。在疫区内管理良好且被确认为非洲猪瘟无疫安全隔离区的养猪场，应被视为流行病学和卫生方面的监测区。如果安全隔离区违反了消毒操作步骤，应由以前至少72h没有去过感染场所的工作人员或工作小组负责检查生物安全隔离区。这些检查的相关记录应一式两份（一份给养猪生产者，一份给地方当局）。

补栏建群

在商定好的停止养殖期限末，如果以前曾被感染过的养殖场或村庄有充足的理由确认没有再次被传染，这些养殖场或村庄可以进行生猪补栏工作。只能在所有以前曾被传染非洲猪瘟的养殖场的哨兵猪补栏数达到正常载畜量的10%后，才可能进行全容量补栏工作。必须对这些哨兵猪进行长达6周的每日观察工作，以保证在全容量补栏工作前能够确定这些生猪没有患上非洲猪瘟。养猪生产者必须了解并明白遵守这些已制定的生物安全操作条例将会带来的相关收益和违反这些条例的持续影响。在建群后，必须对该地区进行集中的疫病监测，集中疫病监测工作必须持续到宣布无疫情状态为止。

从已确认的非洲猪瘟无疫区或无疫国引进猪群重新建群至关重要。如果从别的国家进口猪群，必须要了解这些国家关于猪群重要传染病的传染状况。因建群而使另一种传染病取代非洲猪瘟疫情将会引发另一场灾难，人们又将有可能花费多年的时间和巨额的资金来控制或根除这些新的疾病疫情。

在根除非洲猪瘟后，人们有机会在满足以下条件的情况下，在实施建群计划时

更新猪的品种：

- 补栏的猪群来源可靠（如当地没有被感染疾病的规模化商品猪场或从国外进口）。
- 养猪生产者和市场倾向于选择新型猪品种。
- 通过推广服务增强家畜养殖业实施条例和基本生物安全措施的实施。
- 提高管理水平以适应新型猪品种的饲养。

在补栏建群过程中应采取的一个最重要的措施就是鼓励安全养殖，可通过在猪群保护区或营地内圈养猪群、不喂食泔水或保证泔水煮沸30min并放凉后才喂猪等方式来达到安全养殖的目的。

八、疾病控制/根除成功的关键因素

（一）公共意识和教育

提高疾病控制/根除的公共意识和加强相关的教育工作，应被视为疾病控制/根除所要采取的关键措施之一。需要提高意识的对象主要为受非洲猪瘟疫情感染且已采取非洲猪瘟控制措施的乡村小型养殖场场主和邻近的群体。收音机广播和社区集会是交流的最有效方式。集会是最为合适的交流方式，因为集会允许整个社区人群参与并且有机会询问相关的疾病控制问题，还可以现场发放有助于提高疾病控制/根除公共意识的宣传材料（如宣传小册子和广告画）。

在疾病控制和根除的过程中，应使人们了解非洲猪瘟的本质，发现疑似病例时应该采取的行动，在根除疾病过程中应该采取的措施，严禁的行为，原因解释以及根除非洲猪瘟的好处。还应重点向人们告知非洲猪瘟控制的主要受益人是养猪生产者而非政府。不必要的严厉措施会导致由措施造成的经济损失远远大于由疾病带来的损失，这样根除非洲猪瘟的行动将达不到良好的效果，且不能给人们带来好处。

养猪生产者所采取的防止非洲猪瘟入侵养殖场的良好措施也能同时阻止其他猪病原体的入侵。

（二）补偿措施

按照当前家畜和畜产品的市场价，合理地补偿养猪生产者和其他利益相关者在非洲猪瘟根除计划中因屠宰猪群、没收猪肉产品或销毁私人所有物和财产而遭受的损失至关重要。间接的损失补偿工作远比直接损失补偿工作更难处理和管理，而且很可能补偿得不适当。应及时支付补偿款项，不足额的付款或延迟补偿款项的支付时间都属于不公正的补偿行为，并会阻碍根除非洲猪瘟计划的执行，产生不好的作用。因为不足额补款和延迟补偿会造成养殖者和利益相关者们的不满情绪，使他们缺乏信任感、不愿意合作并可能促使养猪生产者隐藏病情。此外，还会促发为避免损失而进行的疫区生猪非法走私和私下交易。所以，最好能够做到按照当时的市场价对生猪和猪肉产品进行公平及时的补偿。应由经验丰富且独立运作的个人负责补偿估价（只要能够立刻找到该类人员）。此外，一般的估价工作根据生猪、猪肉和其他产品的分类进行。在养殖不同品种猪群的国家，最公平的补偿估价方法是根据屠宰猪群称重，按照切实可行的统一单位重量价格进行补偿。这种方法可以避免因相同猪龄/称重中不同品种生猪造成的差价问题。在征得养猪生产者的同意后，可以用货币补偿的方法替代种猪更换工作。负责补偿估价者包括来自私人企业和国有企业的工作人员，负责补偿估价者应满足两个条件：① 公正，能平衡意见和价格；② 赢得同行信任。

（三）社会支持和恢复工作

对非洲猪瘟而言，针对非洲猪瘟采取的控制和根除计划有可能在流行病暴发和恢复阶段，给感染非洲猪瘟的养猪生产者和社区带来一定的损失和灾害。因此，政府应考虑给予感染群一定的支持和帮助。在感染区（特别是疫区），有可能食物匮乏，需要从无疫区补充供应猪肉或其他类型的动物蛋白质。此外，感染养殖区也有可能需要政府的支持，以帮助它们的非洲猪瘟控制和根除计划尽快结束，恢复到正常状态。政府还需向那些没有感染非洲猪瘟但却因为限制运输和关闭屠宰场的禁令而不能销售生猪的农场及存栏有大量猪群、需要大量饲料的养殖场提供帮助。对于那些不可能实施控制销售和消费屠宰的地区，应该考虑以饲料补贴的形式提供援助。应充分认识到那些面临非洲猪瘟的侵袭而没有感染疾病的养猪生产者是国家的资源，应该对他们进行嘉奖而不是惩罚。

九、对根除疾病疫情和国家无疫区、地方无疫区或无疫生物安全隔离区的验证确认

（一）国际要求

世界动物卫生组织《陆生动物卫生法典》明确规定，如果一个国家3年没有出

现非洲猪瘟疫情，该国可以被视为非洲猪瘟无疫国家。对于那些以前曾出现过非洲猪瘟疫情但已采取扑杀措施且国内的家猪、野猪不再感染非洲猪瘟的国家，该时间期限可减为12个月。强烈建议建立病毒学专项监测制度以证实无疫状态的可信性，并向贸易伙伴和周边国家提供可靠信息。

这种界定方法同时也适用于无疫区。在那些必须向卫生当局报告传染病病案的国家，如果在过去的3年内这些国家的某一地区的所有家猪和野猪没有出现非洲猪瘟临床、血清学或传染病学患病特征，该类地区应被视为非洲猪瘟的无疫地区。此外，对于那些以前曾出现过非洲猪瘟疫情且已采取扑杀措施、国内的家猪、野猪在过去的12个月内不曾患有非洲猪瘟疾病的地区，也应被视为无疫地区。对于这些无疫地区同样强烈推荐建立病毒学专项监测制度，以便验证这些无疫地区无疫状态的可信性并能向其贸易伙伴和周边地区提供相关信息。必须对无疫地区进行清晰的定义和描述。必须宣布和严格执行关于严禁从感染非洲猪瘟的国家或地区向免疫区运输家猪和野猪的卫生健康法规。此外，还应定期检查和监测无疫区间的生猪运输，以保证非洲猪瘟的无疫状态。

最近，世界动物卫生组织采用了生物安全隔离区的概念，以确认和认证某些不存在特定传染病的生产单位或生产链。生物安全隔离区的界定准则还没有最终确定，但这些界定准则应基于已制定的生物安全措施（代表养猪生产者的投资和利益）和遵守执行这些生物安全措施的安全监测证明或记录（一项常规性的命令）。作为安全隔离区的应急计划，每个国家都应根据非洲猪瘟的传播方式制定一套生物安全隔离区的界定准则。该准则可在非洲猪瘟疫情暴发时用于界定和保持免疫生物安全隔离区。制定该生物安全隔离区界定准则应作为应急计划的一个附件。

（二）无疫状态的证明

与牛瘟、猪口蹄疫、传染性牛胸膜肺炎、牛海绵状脑病等传染性疾病不同，到目前为止还不存在确认和认证非洲猪瘟无疫状态的国际统一确认认证法。基于此原因，人们一般按照一些可接受的世界动物卫生组织公告和法规来界定无疫状态。用于再次申请非洲猪瘟无疫国家和无疫区的国际确认及认证的申请材料应包括以下证明文件：

- 这些国家拥有能够做到防止非洲猪瘟再次入侵和蔓延、发现疫情和迅速采取控制和根除非洲猪瘟措施的行之有效的全国兽医服务体系。

- 已建立有效的疾病监测体系，该体系能够与有野猪生存地区的野生动物管理机构一起发生作用，通过提供现场/实验室和屠宰场兽医管理服务定期检查非洲猪瘟疫情。
- 应对非洲猪瘟疑似病案进行全面的调查并准备相关的证明材料，证明材料应包括确定疾病发病率的最后一次诊断结果。
- 进行全面、随机、分层抽样血清学调查，检测结果为阴性。

必须对野猪进行是否患有非洲猪瘟的检测，可通过有目的的捕捉一些有代表性地域内的野猪并检测这些捕捉到的野猪组织的非洲猪瘟抗原和血清抗体，以达到检测的目的。大多数国家有狩猎季节，在狩猎季节中可安排相关人员从为了狩猎和获得野猪肉而射杀的野猪的器官和血液采集标本。血清血检测证据已经可以足够证明野猪是否曾经患有非洲猪瘟。对于提供研究基金的地区，只要能够捕捉到流血昏迷的野猪就可以得到足够的证据。与非洲野猪完全不同，欧洲野猪对非洲猪瘟没有抵抗力，因此在非洲猪瘟疫情暴发后，在疫区监测死去的动物尸体和确定猪群死亡的原因尤为重要。

第 7 章　在紧急情况下的组织安排

一、职责和指挥机构

国家首席兽医官或者与其相当的官员比如兽医局局长（DVS）应该对于管理非洲猪瘟紧急事件做好充分准备以承担全面的技术责任。相应的政府的部长负总责。

近几年来，许多国家的兽医部门都进行了调整和合理化的改革。这包括兽医服务的区域化和权力下放，私有化兽医服务或者政府部门的降级，政策职能和操作职能的分离以及兽医实验室和兽医田间服务的行政职责的分离。

这些新的机构的演变是为了满足提供日常动物卫生服务的需要，但其经常不能适应管理一个重大动物卫生紧急事件的情况，疫情暴发时往往需要基于来自各个方面的最佳信息的分析作出果敢的决定。这些决定必须可以转化成明确的命令，并且可以传达给那些负责执行的机构。必须有途径可以知道这些命令已经得到执行以及执行的效果如何。简而言之，必须制定有效的机制，使得全国兽医主管部门的信息和指示可以传达到疫病根除活动的最前线的现场和实验室，以及将这些地方的反馈信息传达到全国兽医主管部门。

很明显，在出现紧急事件时要迅速有效地采取一系列措施，一个国家的兽医服务部门必须有一个有组织的指挥体系或者直线管理体系，至少是在应对一次非洲猪瘟暴发的应急过程中是这样的。

应该做好前瞻性规划，这样当发生非洲猪瘟紧急事件时，合适的体系和责任归属可以迅速而有效地到位。这包括在发生任何紧急事件之前对以下一项或者几项工作进行组织：

- 达成一致　要举全国之力应对动物卫生紧急事件，首席兽医官承担应对紧急情况的全部责任并直接向部长报告。

- 一个部委之间互相合作的机制　比如警察、军队、财政、野生动物主管部门、教育、媒体以及卫生部门，必要时需成立一个跨部门、跨单位的联合工作委员会；建议这样一个委员会长期存在，以避免在发生紧急事件时组建委员会的官僚主义。

- 与区域性或者省级主管达成一致　那就是当出现动物卫生紧急事件时，各级兽医人员将直接受国家首席兽医官的直线管理，并做好安排以确保各地临床和实验室兽医人员可充分参与到应急准备规划和培训活动中。

- 与全国兽医局协作以提供紧急事件的预警，包括向全国兽医局递交紧急疫情报告。

- 在首席兽医官应对紧急事件的指挥体系中，纳入基本的官方兽医机构，包括全国兽医实验室。

- 与私人兽医组织、大学、其他科研机构签订合同，在动物卫生紧急事件时提供必要的服务。

- 制定条款和条件，如有必要，在紧急事件时雇佣私人兽医作为临时的政府兽医官。

- 与其他国家协商，以在出现紧急事件时提供技术或者业务援助（人力资源）。

在许多国家，私人兽医很少甚至没有，那么有必要依靠非兽医帮助控制疫情。

因此，应该有一种机制可以调动相关领域的现有资源，比如农业延伸服务部门或者社区动物卫生工作者，并对他们进行必要的培训。对于动物疫情控制至关重要的是，确定所有潜在参与者，确保他们准备好在出现家畜流行病时立即行动起来。

二、紧急动物疫病协商委员会（CCEAD）

对于很多国家来说成立紧急动物疫病协商委员会（CCEAD）是很有用的，可以在出现非洲猪瘟（或者其他跨境动物疾病）紧急事件时马上召集起来，并且在应对紧急事件期间定期召开会议。这基本上是一个技术委员会，其角色是审议流行病学和其他疾病控制信息，起草启动应急计划的建议，监督整个行动，并向首席兽医官和农业部部长提出未来活动的规划建议。

CCEAD的组成如下：

- 首席兽医官（主席）；
- 临床兽医服务部门的局长/疾病控制的局长；
- 流行病学部门的一把手；
- 国家级、省级或者地区级兽医服务部门的局长；
- 国家兽医实验室的一把手；
- 疫情暴发地区的区域兽医实验室的一把手；
- 农场主团体或者组织的代表；
- 其他主要团体的代表，比如全国兽医协会或者大学；
- 如果需要的话，技术专家，比如野生动物学家和昆虫学家，如有可能可以包括有应对该种疾病经验的已退休兽医作为观察员。

如果不能实施一个指挥结构，最起码应该建立一个紧急动物疾病协商委员会，这样可以在实施紧急行动时采取协商一致的做法。

在没有发生紧急应急事件时，强烈建议进行模拟演习（案头研讨会或者现场测试练习）以确保沟通和运行计划是可行的，与生产部门（商业的和地方的）应保持联系良好。在进行摸以演习之前，应预先通知邻近国家和国际或者区域性组织以避免消极的影响。

三、全国动物疫病控制中心

国家应该建立永久性的全国动物疾病控制中心。当暴发非洲猪瘟或者其他紧急动物疾病疫情时，该中心应在首席兽医官领导下协调全国紧急疾病控制措施的执行。这个中心应该位于全国兽医局总部，全国流行病学部门应该归属该中心或者与该中心进行紧密的协作。首席兽医官可以向该中心主任分配日常职责以执行政策，中心主任一般是一位高级政府兽医。在紧急事件应急反应中，全国动物疾病控制中心的职责包括：

- 执行首席兽医官和CCEAD认可的疾病控制政策；

- 指导并监督地方动物疾病控制中心的运转；

- 即时更新人员和其他资源的列表，列表中详细说明在哪里可以获得更多的资源；

- 向地方中心分配人员和资源；

- 订购和分发物资（包括不仅仅是非洲猪瘟的各种动物疫苗）；

- 监督行动的进程并向首席兽医官提供技术建议；

- 向首席兽医官提出建议，定义和公布疾病控制区和隔离区；

- 即时更新处于或者引起风险的高风险单位的列表和联系详情；

- 联络参与紧急事件应急的团队，包括那些作为全国灾难计划一部分而建立的团队；

- 起草国际疫情报告以获得区域或者全国无疫认证；

- 管理农民宣传教育计划，包括新闻公告；

- 一般性和财务的行政管理以及记录保存。

全国动物疾病控制中心应该完全配备1：50 000比例的全国地图（或者是一个可以放大到超过这一比例的相关地区的电脑地图数据库），配备电话、无线电、电子邮件和传真等通讯设备，以便与地方兽医部门或者地方动物疾病控制中心和兽医实验室联络。该中心应该连接到紧急疾病信息系统中。

四、地方动物疾病控制中心

在发生非洲猪瘟紧急事件时，离疫点最近的兽医或者农业延伸服务部门的区域办公室应担当起当地动物疾病控制中心的角色。各队人员应该可以在1d之内往返任何监测地点或者其他疾病控制活动的地点。应该事先就确定好临时地方疾病控制中心的地点，比如地方政府办公室。

区域和地方兽医官应该负责各自区域内的疾病控制，他们有权利进入农场、采集样本并采取措施防止其控制区域的生猪和猪肉产品的进出。他们应该配备有采集和运送样本的物资，一台短期储存样品用的冰箱、防护服、消毒剂、一辆汽车和燃料，以及和首席兽医官联系的通讯工具。公共机构应确保他们能得到其他政府部门的协助以防止疾病的传播，比如警察、公用事业部门以及媒体。应该向他们提供物资方便其进行公众宣传活动，对农民开展强化培训和宣传工作。最重要的是，他们应该随时掌握该疾病状态的准确信息，以及在适用的时候扑杀和赔偿水平的准确信息。

第8章　支持计划

支持计划在实施非洲猪瘟或者其他紧急疾病的应急行动计划时提供支持。

一、财务计划

资金支持滞后是妨碍对紧急疫情作出快速反应的一个主要制约因素。立即投入哪怕少量的资金可以节省随后的大量开支。因此财务预算是疫病防控准备工作的重要组成部分。

应做好财务预算以保证在发生紧急疫情时可以马上提供紧急资金。这些经费是兽医部门正常运行费用之外的必需开支。经费预算应由政府部门批准，包括经济规划当局和财政部门。

应急经费可以涵盖整个控制/根除行动的开支。然而通常应急经费可以作为一个现成的来源，确保兽医部门立即行动，支持行动初始阶段的开支，开展疫情和控制计划的评审。一旦对实地情况有更多的了解，并向政府部门进行了汇报，获得的追加资金可用于疫病根除。

应该事先明确规定资金发放的条件。通常在下列情况下应向首席兽医官提供资金：

- 确诊或者怀疑发生非洲猪瘟或者别的紧急疫情；
- 疫情可以得到控制或者根除；
- 疾病控制计划已经获得批准并开始实施。

这些经费可以以专项资金的形式拨付，或者按规定从政府账户中提取一定金额的资金。

在某些国家，政府和私营业界都愿意向非洲猪瘟和其他疾病的应急计划提供资金，因为各方就消除各种疫病后公共和私人收益的性质和比例达成了一致。需要通过一个资金支付方案，各方根据行动的全部费用按固定的比例出资，或者各方支付特定部分的资金。如果私营业界要出资的话，必须认定其会从哪些部分受益，从而由其来分担这个成本。可能包括加工业、贸易商和农民组织。还必须商定如何从私营业界筹款。可以征收畜牧业税收，比如牲畜交易或屠宰税，放入安全基金或者行业保险。个人自愿保险政策对于防止某种疾病或者疾病控制行动的损失时令人满意，但是用于筹措行动资金就差强人意了。

对整个紧急疾病根除行动提供全部资金支持可能会超出一个国家的承受能力。在这种情况下，应该进行预先的规划以确定可能的国际捐助者，包括粮农组织或者其他国际机构的紧急支持。应该事先制定经费申请程序和递交申请的要求。

经费预算应该包括疾病根除行动中牲畜或财产遭受损失的牧户赔偿，受到销售禁令影响的健康猪养殖户的饲料补贴，对那些由于疫病控制生活受到严重影响如食物短缺的人们提供紧急援助。

这样的经费预算除了农业或者畜牧部门的参与，还应该获得其他相关部委（比如财政、商务、农村发展和总理）的支持。

二、资源计划

准备资源计划的第一步是制定一个资源储备清单。列出应对中等规模的非洲猪瘟疫情或者其他的高优先级的新发病疫情所需资源，包括人员、设备和其他物资。以下列表大体列出所需资源，但并不完全。

全国动物疾病控制中心所需资源：

- 高级疾病控制兽医和流行病学家；
- 兽医或者野生动物生物学家；
- 昆虫学家；
- 执行、后勤、财务和行政官员；
- 记录和处理流行病学和其他信息的人员；

- 1∶50 000和1∶10 000比例的地图；

- 电脑和相关设备；

- 与地方总部通讯的工具，比如电话、传真机和电脑；

- 小额现金经费（责任制）。

地方动物疾病控制中心所需资源：

- 高级疾病控制兽医和流行病学家；

- 技术支持、执行和行政官员；

- 办公室；

- 办公设备；

- 地图；

- 电话和传真机；

- 小额现金经费（责任制）；

- 疾病控制运行的形式文件。

在某些情况下，需要能发送电子邮件的电脑。

诊断实验室所需资源：

- 经过培训的实验室人员；

- 运行良好的标准实验室设备；

- 运行良好的重要突发疫情的专用设备；

- 所进行试验的诊断试剂；

- 用于将标本运往参考实验室的国际认可的容器；

- 将样本运往参考实验室的操作流程。

诊断/监控所需资源：

- 兽医和兽医支持附属人员；

- 交通工具；

- 地图；

- 通讯设备，包括全球定位系统设备；

- 该疫病的宣传单页或者海报；

- 采集和运输诊断样本的设备；

——采血设备；

——剖检所需材料；

——冰盒；

——批准使用的消毒剂、肥皂和清洁剂；

——擦洗刷子。

- 猪的绑定设备。

屠宰、掩埋和消毒所需资源：

- 监管兽医和其他人员；

- 交通工具；

- 用于获批的猪扑杀方式的设备；

- 防护服；

- 动物的绑定设备；

- 翻斗叉车和运土设备；

- 批准使用的消毒剂、肥皂和清洁剂；

- 擦洗刷子；

- 挖斗机和刮土机；

- 高压喷水设备；

- 如果尸体不被焚烧，用于覆盖尸体的生石灰；

- 焚烧燃料，一般是混有少量汽油的柴油，以及助燃的旧轮胎，用于加快空气流通和维持高温。

检疫和牲畜流动控制所需资源：

- 执法队；

- 交通工具；

- 路障；

- 指示牌和布告。

应该制定一个现有资源的列表，包括规格、数量和位置。应保存一份专业人员的登记簿，列出他们对于非洲猪瘟的资质和经验。全国疾病控制中心和区域疾病控制中心应该每年至少更新一次资源列表和人员登记簿。

比较需要的资源和现有资源列表，不足之处就会一目了然。利用资源计划可以确定如何纠正这些不足之处。模拟演习也能发现资源计划中的差距和不足，以便做出改正。

通过以下几种方式可以获得必要的额外资源：

- 列出可以采购、租用或者租借到基本设备和补给品的单位；
- 集中储备难以获得的物品如消毒剂，以及需要时间来准备的物品如形式文件；
- 协调其他政府部门提供人员和设备，比如从工程和运输部门获得推土设备，从国防部门获得通讯设备；
- 协调兽医协会，在出现紧急事件时临时雇佣或者借调兽医工作者或者兽医学生。

由于国际资源有限，诊断试剂的供应是个特殊问题。应该咨询非洲猪瘟国际参考实验室获得可靠的诊断试剂 (www.oie.int/ or http://empres-i.fao.org/empres-i/home)。

值得注意的是，为了保持足够的诊断能力并确保试剂有效，实验室应该定期对已知和未知样本进行比对试验，将试验样本送往世界动物卫生组织和粮农组织的参考实验室进行比对试验，即便结果是阴性。强烈推荐参与邻近国家和基准实验室组织的交叉试验。通过电子邮箱empres-shipping-service@fao.org联系粮农组织，以便将样本送到世界动物卫生组织或者粮农组织参考中心进行非洲猪瘟确诊或者病毒特性确认。

应该每年更新资源计划和库存列表。

三、立法

作为准备计划的一部分，必须制定相应的法律和法规，为开展疫病控制行动提供立法框架和权利。包括如下法规：

- 把非洲猪瘟和其他优先等级的动物疾病列为强制报告的疫病；
- 允许官员或者其他指定人员进入农场或者其他畜牧企业，进行疾病监测，包括采集诊断样本，实施疾病控制；
- 授权宣布感染地区和疾病控制区；
- 授权检疫农场或其他畜牧企业；

- 授权禁止牲畜、牲畜产品或者潜在被污染的物质转移，以及签发特定动物卫生条件下的转移许可；

- 授权对感染或潜在感染的动物以及污染或潜在污染的产品和材料进行强制销毁与安全处置，并给予公平的补偿；

- 授权其他疫病控制行动；

- 对在疫病控制过程中牲畜和财产受损的户主提供补偿，规定补偿标准；

- 允许在高风险企业、牲畜交易市场和屠宰场强制实施业务条例，授权在这些地方实施疫病控制行动；

- 在适当的地方，授权动物的强制标识。

对于由联邦政府统治的国家，全国的动物紧急疫情的立法应该是统一和一致的。在自由贸易协定区（比如欧盟）的各国之间，牲畜和动物产品交易不受限制，同样要注意这一点。

第9章　行动计划

行动计划是一整套指示，涵盖发生非洲猪瘟疫情时要实施的控制措施，从首例疑似疫情到最终根除。该计划详述了所要采取的行动，从疑似非洲猪瘟疫情的首次报告开始。

本章对于非洲猪瘟疫情每个阶段采取的行动提供了通用指南，每个国家的兽医管理组织结构有所不同。因此，各国都应制订行动计划，明确规定每步行动的责任人。应明确猪场主与临床、国家兽医机构之间的沟通途径，告知各相关方。在出现疑似非洲猪瘟病例（或者别的动物疾病紧急事件）时，这些沟通途径可加强被激活的指令链。行动计划的成功取决于指挥链每个环节按规定发挥作用。

国家应该准备详细的、应用于非洲猪瘟和其他流行性疾病的通用操作规范。对于高风险企业如动物运输、肉类加工厂或者牲畜市场，需要额外的手册规定其动物卫生操作条例。

当面对全国的或者区域性动物疫病紧急事件时，有的国家可能希望参考现有的和已经实践检验过的偶发/紧急事件计划，用于控制中心管理、消毒、动物销毁和处置程序、公共关系、估价和补偿、实验室准备、人工授精、乳品加工、肉类加工、饲养场、销售场站和运输（如澳大利亚兽医紧急计划"AUSVETPLAN"）。然而，不同的国家可以达到的标准是不同的，建议国家或者地区制定自己的基于当地条件的企业手册。这些计划应该根据需要经常进行审议和修订。

一、调查阶段

当兽医部门收到非洲猪瘟疑似疫情报告时就应开始调查阶段。人们应该清楚地理解，通过直接或者间接的途径如地方当局向兽医部门的或者动物卫生部门的人员报告非洲猪瘟或其他严重动物疾病的疑似病例，是每一个公民应尽的法律义务。疑似首发病例（猪的异常高死亡率）最有可能由动物卫生官员、屠宰场或肉类卫生官员、农民和牲畜所有者、村领导、私人兽医从业者或者牲畜相关的非政府组织代表报告给地方兽医当局。

一旦收到疑似非洲猪瘟的报告，在调查阶段必须采取如下的行动：

● 由经过培训的国家兽医权威对报告进行调查，包括采样送到实验室检测；

● 实验室检测；

● 防止疾病扩散；不管是否具有法律权利，在确认非洲猪瘟前必须尽最大努力获得社区的合作，以防止活猪和猪产品的流动；

● 将临床和病理学发现向中央和省级兽医当局进行汇报；

● 在实验室诊断结果出来之后向所有相关单位（中央和地方的）进行报告；

● 由有足够非洲猪瘟知识的人员对调查阶段报告的证据进行持续评估，并作出审慎的决定，以确定是进入到警报阶段还是停止进一步的行动。

在到访可能被感染的场所后，调查小组组长应该确保采取适宜的消毒程序，以避免调查小组成员将疾病带出该场所。

不管是冷藏的还是防腐处理的样本，应该毫无拖延地送往可以进行诊断的实验室。在不具备非洲猪瘟实验室诊断能力的国家，应该把样本送到国际认可的参考实验室。

如果现场调查显示存在其他疫点，不管是感染物质的源头或者接受方，这时如果首发病例的诊断标本已经送交检验，那么应该立即对这些地点进行调查，并应采取与首发病例相同的程序。

从农场层面到国家兽医当局的沟通渠道可能几乎没有或者有很多链接，这取决于国家的大小和兽医组织层次。当可能为非洲猪瘟时，应该尽快报告给兽医局局长。依据调查的错误信息发出警报可能带来不便和不必要的开支，但是，由于对非洲猪瘟相关知识不全面的认识而错过首发病例，其后果就是一场灾难。在先前没有被感染的国家，首次被发现的病例极有可能不是首个发生的病例。

如果调查显示情况不是非洲猪瘟，或者如果可以确诊是另一种病，可以宣布这是一次假警报，结束行动。宣布假警报的同时总是应该对那些报告疑似病例的人公开表示感谢，以鼓励人们可以放心大胆地报告与非洲猪瘟相似的病例而不用担心被证明是错误的。要控制家畜的重大疾病，最重要的是形成一种风气，基于综合病症而不是特定病症报告疑似病例（如非洲猪瘟、典型猪瘟和细菌性脓毒症的猪肠道出血综合征症状；或者口蹄疫、猪水疱病和猪传染性水疱的水疱症状）。

二、警报阶段

如果临床和流行病学结果均表明是非洲猪瘟，特别是如果在短时间内各个猪龄段的猪大批量地死亡，必须采取的主要行动是：

- 实验室诊断确诊；
- 防止从疫点向外传播；
- 发现其他可能的疫点；
- 向兽医服务主管官员报告该事件。

兽医局局长或者首席兽医官应该：

- 确保在基层实施控制的措施到位，例如，感染场所的隔离以及禁止生猪和猪肉产品的流动；

- 在实验室确诊，启动全国非洲猪瘟应急准备计划，或者，如果很有可能发生（临床和流行病学证据），至少准备启动这个计划；

- 启用应急资金（在理想环境下）或者作出安排，确保资金到位可用于进行额外的现场调查，以确定暴发区域的范围；

- 确保设备、物质和运输都到位；

- 任命并派遣一支非洲猪瘟专家团队，这个团队应该包括1名流行病学家，1名实验室诊断专家和1名疫情控制官员，并提供运行和技术支持；

- 通知警察、军队和其他政府部门待命，可以召开一次跨部门委员会会议，如果这是合作的一个先决条件的话；
  - 划定控制区和监测区；
  - 警告省级和地区的首席兽医官，因为非洲猪瘟可能远距离迅速传播。

应该警告邻国的兽医局局长，发生的猪病可能影响到邻国的家畜。因为在边境可穿越的国家之间，非洲猪瘟可能快速跨境传播，一份慎重的声明和警报一般会得到邻国兽医部门的高度赞赏，即使是还没有确诊。

如果有全国和地方的养猪农民协会，尽快把情况通报给他们，这有助于在非洲猪瘟确诊后得到他们的支持和合作，并且有助于执行隔离。

三、行动阶段

如果确诊为非洲猪瘟，并且宣布非洲猪瘟紧急状态后，就开始行动阶段。需要立即采取的行动是：

- 非洲猪瘟感染的国际通报；
- 为控制活动获取政治支持；
- 跨部门委员会会议；
- 公众宣传行动；
- 及时对感染和接触猪进行扑杀，并给予补偿，对现场进行消毒（1周）；
- 防止疫点的猪和猪肉产品流动；
- 建立非洲猪瘟的全国监测。

四、国际通报

应该由兽医局局长向世界动物卫生组织和粮农组织等全球性组织及区域性组织提交疫情报告，并且应该正式告知邻国和贸易伙伴。

拖延向邻国报告疫情会引起非洲猪瘟控制不力和政治关系的严重后果。

五、获得政治支持

在任何疫情发生前，应该让主管兽医的部长认识到最重要的几种流行病的后果，可能对家畜生产、商业和经济增长产生影响或者对人类健康造成直接影响。在确诊非洲猪瘟之后，应该立即安排会面，向部长简要汇报目前形势、疫病真实情况、影响疾病控制的立法和疾病控制措施的预算。同时应该说明如果疫情不能得到控制，将会给国家带来的损失的实际估算，估算应该事先准备，根据通货膨胀和情况变化，比如养猪业的增长和现代化，定期更新。应该得到准许启用非洲猪瘟控制的专用应急资金（或者其他紧急疾病支持财务体系）。

六、大众宣传行动

有效的、有组织的大众宣传行动可能是非洲猪瘟控制的最重要的支持，并且必须成为行动计划中固有的一部分。各个国家的具体国情决定了最为成功的宣传类型，但是某些基本规则适用于所有国家：

- 利用多种传媒。最好的可以渗透偏远地区的手段就是广播节目，因为那里的人们可能在出版好多天之后才能收到报纸，并且可能没有电视。也需要通过电视和报纸发表声明。发送手机短信息也可以。
- 广泛分发的吸引眼球的海报和小册子可增强行动的力度。
- 避免哗众取宠和不真实的声明，比如说非洲猪瘟可以引起人类发病。集中宣传真正的不利方面，比如家庭餐饮成本的增加。
- 公众集会是向人们通报这种疾病的有效途径，可以让他们提问并提供信息。
- 吸取其他国家的经验，强调非洲猪瘟的严重后果。
- 通过定期更新的方式让大众了解行动的进展情况。
- 由非兽医人士发布来自首席兽医官的消息往往比首席兽医官本人担任发言人更好一些。

如果有全国的和地方性的养猪农户组织，政治的明智之举是确保告知他们最新的形势发展情况。

七、扑杀、销毁和消毒

应该由配备相应设备的团队进行被感染和与被感染猪有接触猪的销毁工作，以畜主能接受的人道的方式进行扑杀，处置尸体的方式要防止死灰复燃和猪肉被使用，并且对场所和人员自身进行消毒。建议对尸体和被感染的材料比如垫料和剩余饲料进行深埋或者焚烧处理。应该在受到影响的场所或者尽可能靠近这些场所进行处理。不建议将可能受感染的尸体运到远的地方，因为受感染的液体洒漏、车辆故障和偷盗等危险会使情况变得更糟。已经知晓情况的养猪农户不会愿意装载着潜在感染物质的车辆出现在他们的房屋周围。另外，将尸体转移到远处的掩埋地点不符合禁止猪从疫区内向外流动的命令，并且会造成不良的公众影响。扑杀猪之后应该立即对养猪场进行净化和消毒，销毁所有的材料如粪便、垫料和剩余饲料，并对水和木质饲料槽进行净化和消毒。用2%次氯酸钠、2%氢氧化钠或者基于清洁剂的杀病毒药进行消毒。团队成员应该穿戴防护服，并且在每次行动之后对自身、特别是手和靴子进行清洁和消毒。

在开始销毁之前，必须保证猪的所有者可以以市场价得到补偿。一种办法是在养猪场人员在场的情况下对扑杀的猪进行称重以示价格的公平；另一办法是按幼猪、小猪或者成年猪3个等级进行分类。对于种猪或者珍贵品种，可以在实施紧急行动之前由公共和私营业界商定一个计划进行处理。

八、防止流动

管理和防止活猪和猪产品的流动经常是控制过程中最困难的工作之一。通常基于：

- 针对流行病或者当宣布进入流行病的紧急状态时就生效的立法；这些立法得到执法部门的支持，包括兽医局、警察和部队；
- 当传统方法无效时，通过生产者和公众的配合来防止流动；
- 对强制扑杀进行补偿以避免非法流动和暗中交易；
- 对违反行为进行有效惩罚的制度。

任何全国行动计划应该包括创新的措施以支持流动控制或流动管理，这其中包括让养猪业的代表参与路障检查，分发宣传单页和海报说明非法流动的后果，以及对举报非法流动的奖励，这个奖励一定要超过不举报所得的好处。

如果设置路障来支持控制，路障必须是有效的并且包括对活猪以及猪肉产品的搜查。如果对车辆的车轮进行消毒，必须要有效地进行。但除非是在潮湿条件下短距离运输，否则车辆不太可能保持受非洲猪瘟病毒污染状态很长时间。

九、监测

应该由地方动物卫生官对非洲猪瘟以及其他可能与非洲猪瘟相混淆的猪群的监测，地方动物卫生官应该赢得养猪者和任何其他利益相关者的支持，并且应该明确报告和交流的路径及界限。监测工作可以通过在疫区和最有可能被感染的地区举办公众宣传日得到促进。养猪记录中有全国猪群的存栏情况，应该进行更新。在引入哨兵猪或者重新饲养之后，对所有养猪生产者、特别是那些在先前非洲猪瘟疫区周围地区的养猪者，应该至少走访2次，中间间隔2周，以确保没有失控的猪只死亡发生（应该进行报告，"否定的报告"或者零报告比空白好）。对非洲猪瘟非常熟悉的兽医官员应该对所有牲畜市场和屠宰场进行检查并询问销售者。他们应该有权扣留那些有可疑病症的，或者来自死亡率增高的养猪场的，位于或者接近疫区的养猪场的猪。被宰杀的猪的血样和器官可提交给国家诊断实验室进行非洲猪瘟的检测。应该提倡信息的定期报告和发布，比如每周或者每两周的流行病报告。

可以通过当地的、区域性的及全国的非洲猪瘟诊断和管理研讨班加强监测。应该定期举行研讨班以确保新进人员可以得到信息和培训。也需要对先前的培训内容进行相当的更新，特别是在很长一段时间没有疫情暴发之后。

十、结束阶段

当没有非洲猪瘟确诊时，兽医局局长应该通知所有各方停止紧急状态。如果已经确诊了非洲猪瘟，兽医局局长认为疫区的疫情遏制、控制和消除的工作都已经达到工作目标，并感到满意时，可开始进入退出阶段。在最初疫情暴发后多久可以进入退出阶段取决于疫情的发展，包括是否发现其他疫区、疫情的程度以及控制/扑灭措施的成功。如果在最初的疫情暴发之后2个月内没有进一步的暴发，就可以继续进行生猪及猪产品的正常交易，尽管在至少前1~2个月要在高强度的兽医监管下进行。在扑灭和消毒之后40d可以在先前感染的养猪场引入哨兵猪，或者如果该养猪场是孤立的并且在该地区没有活跃的疫点还可以更早些。如果这些猪在引入之后2~3周之内没有表现出病症，那么极有可能疫情已经被控制住了。

第10章　培训、检测和应急计划的修订

一、模拟演习

在任何疾病紧急事件发生之前，模拟演习有助于测试和改进应急计划。模拟演习是疾病应急反应队伍建立以及人员培训的重要手段。

进行模拟演习时，应为演习设计疾病暴发场景，尽可能使用真实数据，比如牲畜位置、头数和贸易线路。一个场景可以涵盖一次真实的疫情暴发的一个或多个阶

段，实例说明了各种可能的结果。但是无论是场景还是演习都不应该太过复杂或者太长。最好一次测试一个系统，比如，一个地方疾病控制中心的运行。模拟演习可以是纸面练习（案头）、模拟活动（现场测试）或者两者相结合。每一次模拟演习结束时，应该对演习结果进行评估以发现哪些地方的计划需要修改以及进行更进一步的培训。

只有在疾病控制的各个环节都经测试证明后，才能进行一次全面的疾病暴发的模拟演习。在此之前实施的演习可能达不到预期目标。必须注意避免媒体和公众将模拟演习与真实的暴发相混淆，所以在事先应该通过媒体告知大众和邻国。在启动摸拟演习之前数周通知世界动物卫生组织（OIE）可以避免误解。

因为非洲猪瘟是一种跨境动物疾病，与邻国联合进行疫病防控模拟演习是极为重要的，但是只有在全国计划已经进行到相当程度之后方可进行。

二、培训

所有工作人员应该就非洲猪瘟紧急事件从角色、职能和责任等方面接受全面的培训。关键岗位上的人员需要接受更多的强化培训。值得注意的是，首席兽医官职位以下的任何工作人员都有可能在发生疾病紧急事件时缺席或者需要被替换。因此，每一岗位都要有相应的备份人员，并接受培训。

三、应急计划的定期更新

应急计划需要定期审议和更新，以反映环境的变化。当审议和更新非洲猪瘟应急计划时，应该考虑如下的因素：

- 在本国或者本国以外该病的流行形势；
- 新的非洲猪瘟疫情威胁；
- 牲畜生产系统以及内贸外贸要求的变化；
- 全国立法或者兽医部门、其他政府部门的组织结构以及职权是否发生变化；
- 由培训或者模拟演习及主要利益相关者（包括农民）的反馈而得到的国内和邻国的防控经验。

FAO 和 OIE 非洲猪瘟参考实验室

（引自http://www.oie.int/eng/OIE/organisation/en_listeLR.htm）

1．Facultad de Veterinaria, Laboratorio de Vigilancia Sanitaria (VISAVET), HCV Planta sótano, Universidad Complutense

Dr J. M．Sánchez-Vizcaíno (2)

Avda．Puerta de Hierro s/n, 28040 Madrid

SPAIN

Tel: (34.91) 394.40.82 Fax: (34.91) 394.39.08

Email: jmvizcaino@visavet.ucm.es

2．Institute for Animal Health, Pirbright Laboratory

Ash Road, Pirbright, Woking, Surrey GU24 ONF

UNITED KINGDOM

Dr Chris Oura

Tel: (44.1483) 23.24.41 Fax: (44.1483) 23.24.48

Email: chris.oura@bbsrc.ac.uk

3．Onderstepoort Veterinary Institute, Agricultural Research Council

Private Bag X5, Onderstepoort 0110

SOUTH AFRICA

Dr Baratang Alison Lubisi

Tel: (27.12) 529.92.33 Fax: (27.12) 529.94.18

Email: Lubisia@arc.agric.za